U0239292

饲用天然活性物质
定性定量方法研究进展

蒋林树　刘　明 ◎ 主编

SIYONG TIANRAN HUOXING WUZHI
DINGXING DINGLIANG FANGFA YANJIU JINZHAN

中国农业出版社
北　京

图书在版编目（CIP）数据

饲用天然活性物质定性定量方法研究进展 / 蒋林树，刘明主编 . —北京 ：中国农业出版社，2023.11
ISBN 978-7-109-31287-6

Ⅰ.①饲…　Ⅱ.①蒋…②刘…　Ⅲ.①饲料作物－定量方法－研究进展　Ⅳ.①S54

中国国家版本馆 CIP 数据核字（2023）第 203787 号

中国农业出版社出版

地址：北京市朝阳区麦子店街 18 号楼
邮编：100125
责任编辑：王森鹤　周晓艳
版式设计：杜　然　责任校对：吴丽婷
印刷：北京通州皇家印刷厂
版次：2023 年 11 月第 1 版
印次：2023 年 11 月北京第 1 次印刷
发行：新华书店北京发行所
开本：787mm×1092mm　1/16
印张：15.25　　插页：5
字数：220 千字
定价：96.00 元

版权所有 · 侵权必究
凡购买本社图书，如有印装质量问题，我社负责调换。
服务电话：010-59195115　010-59194918

编写人员

主　编：蒋林树　刘　明

副主编：敖长金　王建舫　邵彩梅

　　　　夏　冰　潘予琮

参　编（以姓氏笔画为序）：

马　慧　王文欢　乌仁张嘎　文　君

邓露芳　甘　玉　白悦然　李　磊

张文晔　赵小博　赵玉超　赵学军

俞海峰　姚巧粉　郭　亮　萨茹丽

曹正操　符　静　扈瑞平　董彦君

熊安然　缪亚娟

FOREWORD 前言

过去几十年，抗生素由于其能有效抑制动物肠道病原微生物的生长而被广泛应用于畜禽生产中，但长期使用抗生素导致微生物耐药性增强及在动物产品中残留的问题，使畜牧行业认识到必须开发抗生素替代品。含有大量活性物质如酚类、多糖、黄酮等的天然植物提取物具备抗氧化、抗菌、抗炎等功能，被认为是具有巨大开发和应用潜力的饲料添加剂，近年来备受关注。农业农村部宣布自2020年1月1日起，退出除中药外的所有促生长类药物添加剂品种，且改革和完善了天然植物原料进入饲料原料目录的审批流程，这为天然活性物质开发与应用带来了新的机遇。

然而，活性物质含量和种类受季节、地域、植物部位及制备工艺变化影响较大，导致同种植物同种部位的提取物中功能组分差异也较明显，进而影响了试验结果的比较及产品的推广利用。目前，针对饲用产品开发的专业化企业数量还非常少，且规模小，不具备自主研发能力，同时存在产品制备方法不一、标准缺乏、价格较高等问题。此外，动物营养学家对天然活性物质制备这一环节也认识不足。诚然，现代色谱和光谱技术的发展使生物活性化合物的分析比以前更容易，但产品效果仍然取决于制备方法和优化的参数等。制备方法不同有可能导致同类产品在动物上的研究数据难以相互比较，影响了研究结果的深入解读和归纳总结。

近年来，北京农学院奶牛营养学北京市重点实验室围绕饲用天然活性物质制备开展了大量工作，目前取得了阶段性理论和技术研究成果。本书汇集了蒋林树等科研人员在饲用天然活性物质提取工艺、结构鉴定及定量方法方面的研究成果，有望促进饲用天然活性物质的开发利用，有助于对活性物质的生理活性进行全面研究，促进其饲用开发和产业升级。

本书的出版得到了2022年北京市教委分类发展项目的资助，特此表示感谢。

由于编者水平有限，书中不当之处在所难免，恳请读者批评指正。

编　者

2023年8月

CONTENTS　　　目录

CHAPTER 1

饲用天然活性物质概述

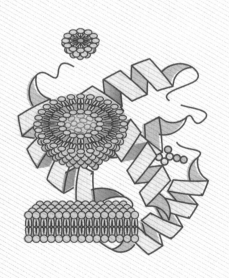

饲用天然活性物质新产品创制的关键要素分析

天然植物中含有酚类、多糖、生物碱、挥发油、苷类和有机酸等多种活性物质。动物营养学研究表明，日粮中添加这些植物提取物或活性物质，能够调节机体免疫、促进动物生长等，被认为是天然的抗生素替代饲料添加剂。农业农村部宣布自 2020 年 1 月 1 日起，退出除中药外的所有促生长类药物添加剂品种，且改革和完善了天然植物原料进入饲料原料目录的审批流程，这为天然活性物质的开发与应用带来了新的机遇。

活性物质虽来源广泛，但其含量和种类受季节、地域、植物部位及制备工艺变化影响较大，导致同种植物不同部位的提取物含有的活性物质化学结构和分子质量差异明显，造成其在动物体内代谢途径不一致，进而影响了试验结果的比较及产品的推广利用。因此，本文综述了饲用天然活性物质新产品创制的需要注重的几个关键要素，旨在为建立新产品安全性和有效性的评价体系，为深入开展天然活性物质饲用与机制研究提供参考。

1 我国饲用天然活性物质产品创制的现状

天然活性物质产品，又名植物提取物产品，是以植物为原料，经过物理化学提取分离过程，定向获取或富集植物中某一种或多种有效成分，而不改变其有效成分结构而形成的产品。而随着植物活性物质在畜禽养殖上的潜在功效不断被人们所认识，饲用天然活性物质产品的开发应用成为未来畜牧业的发展的重要方向之一。

2012 年，《饲料和饲料添加剂管理条例》经国务院修订实施后，农业部制定发布了配套规章和规范性文件，其中在《饲料原料目录》中，列出了药食同源的饲用天然植物 117 种；在《饲料添加剂品种目录》中，列出了杜仲叶提取物等 12 种植物提取物产品。这些原料或添加剂产品具有改善畜禽肠道健康、增强动物免疫机能等生理功能，将不同程度地填补促生长药物饲料添加剂退出后的技术空白。此外，自 2020 年开始，农业农村部从提供审批事前咨询服务、减少新产品评审材料要求、针对性地制定评审要求、优化评审工作流程和增加评价试验机构等方面建立了天然植物产品审批绿色通道，加快新产品审批速度，从政策角度鼓励饲用天然活性物质新产品创制。天然活性物质制备与肉蛋奶品质提升技术已列入国家"十四五"重点研发计划——畜禽新品种培育与现代牧场科技创新重点专项实施方案的任务布局。

饲用天然活性物质新产品按照分离纯化程度，可分为全提取物、组分提取物和纯化提取物。全提取物是天然植物材料经过提取、浓缩之后，未经分离纯化得到的含有多种功能组分类别的产品；组分提取物是植物粗提物经过分离后，可针对一种或多种组分的已知化合物进行定性定量分析的产品；纯化提取物是植物材料经过更严格的提取、分离纯化之后得到单一成分的产品，纯度一般不低于90%。

图1描述了饲用天然活性物质产品的创制流程。中关村中兽医药产业技术创新战略联盟已经制定的黄芪、甘草、金银花、绞股蓝4个品种的干燥物、粉碎物和粗提物等12个团体标准已于2021年1月30日开始实施。但现有的可饲用植物提取物种类繁多，仍普遍缺乏国家标准和行业团体标准等。这导致许多企业在产品创制方面，只有企业标准。没有充足的标准可以参照，导致各个企业难以使用统一的方法对从植物源头进行规范化研发。天然植物中活性物质的组成和含量会因气候、温度、季节、土壤和其他因素而异，这些变异都让饲用新产品创制面临更大挑战。其次，检测指标的缺乏，导致生产的产品是否合格存在争议，进而影响到产品的销售。而在畜禽饲喂上的试验研究，多出现生理生化指标结果不一致或矛盾的现象，这进一步阻碍了活性物质在畜禽上的推广应用。

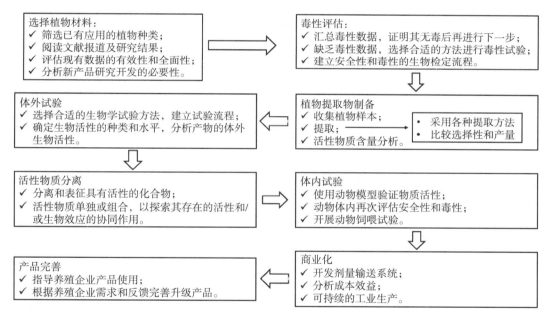

图1　饲用天然活性物质产品创制流程

2　原材料标准化

Simpraga等（2016）将植物称为"化学工厂"，同一物种的不同植物提取物在动物体内中会产生不同的生理和病理反应，主要就在于植物次级代谢物的复杂性和变异性。植物生长的地理区域、气候、环境应激、生长和收获期等，这些因素中的每一个都会对天然植物的化学成分产生影响。为了保证最终产品的质量和功效，天然活性物质原材料的标准化是新产品创制的必然要求，这是能否生产合格产品的第一步，也是至关重要的一步。原材料的采收季节、采收部位、加工方式及贮存件与制备产品的内在质量有直接关系。因此，对植物材料的采收季节、采收部位、加工方式、贮存条件等制定简便的标准操作规程，是非常有必要的。

首要影响因素是植物材料的基源，也就是遗传因素。由于植物同物异名、同名异物等原因，导致提取物市场品种混乱。而在试验研究方面，国内动物营养学界对植物来源缺乏关注，往往只说明了"种"或"属"的提取物，缺乏拉丁学名进行有效辨识，在与国际相关研究比较时，往往证据并不充足。这方面可参考中药质量控制标准、国家药典标准及相关部门颁布的标准都要求"一名一物"。因此，饲用活性物质新产品创制的前提是必须确定原植物的科名、中文名及拉丁学名等。例如，不同的紫锥菊物种中含有的紫锥菊苷、醇酰胺、咖啡酸衍生物、黄酮类化合物和精油含量方面差异明显。

决定活性物质类别的首要因素是遗传，但各组分积累含量可能与环境因素关系更为密切。特别是地理因素，造成同一物种在不同产地的活性物质含量不同。例如，姜黄（*Curcuma longa* L.）是姜科的一种常见草本植物，其根茎具有较大的应用价值，但研究显示出不同地理来源的姜黄素含量和精油成分的差异显著。因此，新产品创制，必须考虑物种的最佳产地，以及确定不同产地下某活性物质的指纹图谱。其次，要考虑植物材料的采收时间。植物提取物产品应用的物质基础是其中含有的活性物质，而活性物质的质和量与植物原材料的采收时间（包括采收期和采收年限）关系密切。植物材料的生长发育期不同，其所含的活性物质含量差异较大。冬季采集的罗勒草（*Ocimum basilicum* L.）富含含氧单萜，而夏季采集的罗勒草富含倍半萜。因此，应根据有效成分积累规律和可采收率来综合确定最佳采收期。此外，植物采收部位也是一个考虑因素。例如，车前草的不同部位含有不同种类和含量的多糖、多酚、环烯醚萜苷、咖啡酸衍生物、黄酮类化合物和生物碱。应确定植物不同采收部位中活性物质的含量变化规律，确定适宜的采收部位。

3　提取分离工艺优化

采用传统提取工艺如液-液萃取、固相萃取和固相微萃取等面临的主要问题是萃取时间长（2～12 h）、昂贵和高纯度的有机溶剂消耗量大、有机溶剂挥发、选择性低、热不稳定化合物的分解等，导致这些传统工艺不适合未来的饲用新产品创制。为了克服传统提取方法的局限性，新方法开始不断被探索应用，包括超声辅助萃取（UAE）、微波辅助萃取（MAE）、酶解辅助萃取（EAE）、脉冲电场辅助萃取（PEFAE）、超临界流体萃取（SFE）和加压液体萃取（PLE）等，被认为是绿色工艺。所有工艺都有其优点和缺点，提取技术的选择需要依据植物种类和目标化合物的种类来进行，这方面已经有大量综述（图2）。尽管针对这些方法的研究已经有大量学术论文和专利，但工业上仍未能广泛应用。因此，需要在工业应用的情景下，来优化这些新型绿色方法并提高其规模化生产的适应性。

植物提取物可能包含数千种成分，要想富集某类或某种成分就必须进行分离纯化，通常

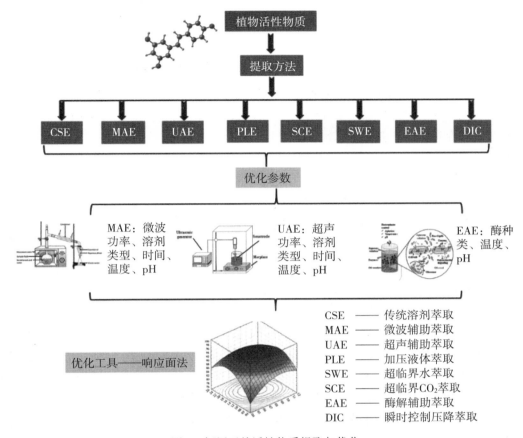

图 2   饲用天然活性物质提取与优化

需要结合多种分离技术，主要取决于待分离化合物的溶解性、挥发性和稳定性。粗提物可经大孔树脂、凝胶过滤、膜分离、重结晶法等进行纯化富集。如果需要制备纯化提取物产品，还应该采用快速柱色谱（FCC）、中压液相色谱（MPLC）、制备型高效液相色谱（Prep-HPLC）和高速逆流色谱（HSCCC）等进一步纯化。Sticher（2008）针对天然植物产物分离制备中的常用技术及其技术原理、溶剂体系选择和应用示例等做了全面详细的阐述。Prep-HPLC 和 HSCCC 是目前最重要和最常用的分离制备纯产物的方法，适合大批量制备。在过去的 20 年中，Prep-HPLC 的使用已成为分离纯化天然活性物质的主要手段之一。且随着众多色谱柱和设备制造商的竞争，Prep-HPLC 系统的相对成本有所下降，许多研究团队已经能够拥有并掌握 Prep-HPLC 系统。HSCCC 是在逆流色谱的基础上进行了根本性的改进，分辨率、分离时间和上样量均有提高，可在数小时内高效分离多克数量的样品。此外，高效提取、分离和纯化方法的联合应用成为新趋势，如 SFE/MAE 与 HSCCC 从天然植物中提取、分离和纯化得到的产物纯度可达到 98%～99%。每种方法均有优缺点，新产品创制之前，研发人员必须根据预期的天然产物的物理化学性质来评估合适的提取和分离方法，进行大量试验优化条件参数，以提高产品的得率或纯度。

4　产品质量控制

质量控制是评价活性物质产品创制能否合格的关键一环。针对活性物质产品多成分、多靶点复杂体系的特点，如何科学有效地评价其质量是研究的热点问题。质量控制要求活性物质产品的特性、纯度和有效成分符合既定规格，且控制污染物，并在规定条件下制造、包装、贴标签和保存，防止掺假。

4.1　指纹图谱

指纹图谱是指植物材料经过制备后，采用现代仪器分析技术，通过图像、图形、光谱等图谱或数据反映天然植物中所含活性物质的种类和含量，是一种综合的、可量化的鉴别模式。其特点主要表现在两方面，一是整体性，能够全面反映植物化学成分的种类和含量，相比单一成分的定性定量，更能从整体上反映提取物的有效成分；二是稳定性和特征性，其将色谱图转化为数据，在缺乏标准品的情况下仍可以对其成分进行鉴别，提供更加丰富和有用的信息，有效保证产品的质量稳定。

应用最广泛的是高效液相色谱（HPLC）和超高效液相色谱（UHPLC）连接光电二极管阵列检测器（PDA）、荧光检测器（FD）和质谱（MS）等，具有分辨率高、重复性好、效率高的特点。高分辨率质谱（HRMS）、带电气溶胶检测器（CAD）和和蒸发光散射检测器（ELSD）常用于植物提取物的非靶向分析。此外，气相色谱（GC）结合火焰离子检测器（FID）和 MS、超临界流体色谱（SFC）、超高效超临界流体色谱（UHPSFC）、电感耦合等离子体质谱（ICP-MS）、核磁共振（NMR）、傅里叶变换红外光谱（FT-IR）以及高效薄层色谱（HPTLC）也已被采用。

天然植物中活性物质的首选分析技术是 HPLC 结合 PDA/UV 检测器，这可能是因为目前大多数实验室都比较成熟地建立了该方法。而 UHPLC 近年来也越来越普遍，FD、CAD、ELSD 和最常见的 MS 等检测手段正在替代 UV。虽然 GC 可用于挥发性物质的分析，但 SFC 及其增强形式 UHPSFC 更具应用前景。而 SFC 是一种强大的分析手段，在定性、定量方面有较大的选择范围，可实现传统 LC 无法实现的异构化合物的分离，具有较好的应用前景。图 3 给出了各种分析技术及其检测方法在鉴定特定活性物质方面的适用性。指纹图谱的建立应该能包含大部分成分或指标性成分的全部，通过峰位顺序、比值等反映植物产地的特征性。此外，样本制备、分析过程和数据采集等都需要规范化操作，不同机构、不同操作人员重复的结果应在误差合理范围之内，以体现指纹图谱的稳定性。

4.2　一测多评

一测多评（QAMS）是另一种常用的质量评价模式，基于植物提取物中某一对照品的典型组分作为内标，同时对多个成分进行含量测定，建立该组分与其他待测组分之间的相对

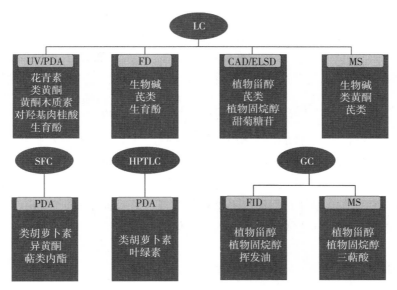

图 3   天然活性物质分析技术的适用性

校正因子，其他组分则根据对照品的图谱确定色谱峰，进而采用相对校正因子计算其组分的含量。QAMS 仅需测定内标的含量，就可以对多个组分定性定量，减少了检测时间，降低了检测成本。随着研究的深入，QAMS 已经形成了较为成熟完善的科学评价体系，流程包括色谱的优化和验证、色谱稳定性评价、评估和验证 QAMS 的可行性，QAMS 计算值与外标法实测值的相对标准偏差小于 5% 时，则可以准确评价天然活性物质产品质量。目前，QAMS 已成功用于党参、淫羊藿、黄连、黄芪、黄芩、连翘等多种中药材的质量评定。针对饲用天然植物提取物多成分、多靶点的特点，单一成分往往很难表达产品质量状况，多成分质量控制是未来趋势。饲用新产品在创制推广应用上必然要面临成本难题，而 QAMS 则可以有效解决对照品短缺问题，降低检测成本，适合在新产品创制中采用。

5   组分协同作用评价

天然活性物质的生物活性取决于其生物可及性和生物利用度，但动物肠道吸收某组分化合物之后可能导致其他组分的生物利用度发生变化，进而影响后者的生物活性。全提取物和组分提取物产品是多种植物化学物质的组合。通常认为，不同组分的代谢物可相互作用产生比单独化合物更强的生物活性，也称为组分的协同作用。此作用可能是调节多种途径、多种细胞和炎症标志物的结果。以姜黄素和胡椒碱组合的研究为例，在结肠和肝脏中，胡椒碱可抑制姜黄素的葡萄糖醛酸化，增加姜黄素的生物利用度，同时肠道微生物菌群代谢这些化学物质，反过来也影响微生物组成，最终提高血液和组织中化合物的水平。

但是，两种或多种组分组合并不总是能增强特定的效果。除了协同作用之外，还可产生叠加（即组合效应等于混合物中各个组分的总和）或拮抗（组合效应小于混合物中单个成分的总和）效应。为了有效评价多组分之间的相互作用，可参考 Chou 等（2006）建立的方法，即组合指数（CI），CI<1 表示协同，CI=1 表示叠加，CI>1 表示拮抗。对于 A 和 B 在 50%活性时的二元组合：$CI_{50}=C_A/IC_{50}$（A）$+CB/IC_{50}$（B），其中 CI_{50} 为 50%活性时二元混合物的组合指数；C_A 和 C_B 分别为提取物/化合物 A 和 B 在具有 50%活性的混合物中的比例剂量；IC_{50}（A）和 IC_{50}（A）是每种化合物 A 和 B 提供 50%活性的单剂量。对于 n 种组分组合在 x%活性时，$^{n}(CI)x=\sum_{j=1}^{n}\frac{(D)j}{(Dx)j}$，其中 $^{n}(CI)x$ 是组合指数，$(D)j$ 是各提取物/化合物在具有 x%活性的混合物中的比例剂量，$(Dx)j$ 是每种提供 x%活性的单剂量。基于这个 CI 方程，CalcuSyn、Chalice、CompuSyn、Combenefit、Genedata Screener、SynergyFinder 等多个软件已开发并广泛用于评估活性物质的相互作用。值得注意的是，活性物质在动物体内与其他养分的相互作用要复杂得多，进一步详细研究将有助于填补知识空白，有利于功能产品的针对性创制和畜禽饲喂优化。

6　动物试验评价

由于植物提取物产品成分的复杂性和变异性，导致动物体内试验之间的相互比较存在较大问题。而动物试验研究中动物品种、动物数量、预饲时间、采样时间、添加剂量水平，以及试验条件、试验环境和牧场管理等，这些复杂因素让试验数据很难重复。因此，饲用天然活性物质的动物体内研究必须在试验动物数量、试验设计和数据分析等细节方面要更加科学规范。畜牧兽医学科专业学会等应在动物试验设计和数据管理分析方面制定相关标准，在创新研究设计、基于新技术的数据管理方面不断接轨国际，满足饲用天然活性物质新产品创制的需求。动物摄入的活性物质产品也要进行化学表征。而当前大多数研究都普遍缺乏这一关键数据，造成随后的指标结果不可比较。

除了评定常规的基础指标如营养物质消化、瘤胃发酵、免疫、抗氧化、生产性能和畜产品品质外，未来饲用新产品的开发评估需要注重：①确定评估功能组分产品的等效性（即评估不同厂家或同一厂家的不同批次的同一种产品能否产生相同的生物效应的指标）的方法；②明确在畜禽体内发挥作用的活性成分和生物反应模式；③评估活性物质的吸收、分布、代谢和消除。最终目标是产生足够的高质量研究数据来支撑新产品应用的决策。

7　完善标准管理

医药上很多出版物记录了植物原料和简单成品的最低质量标准，其中包括《欧洲药典》《美国药典》《中华人民共和国药典》和《港本草标准》等。这些高质量专著包含了单个植物药的特性、成分、含量、纯度和效果，列出了在良好生产规范（GMP）的关键工序。表 1 为欧盟药品管理局（EMA）、美国食品药物管理局（FDA）、中国食品和药品监督管理局（SFDA）相关药典和标准中对植物提取物质量标准的要求比较与分析。

表 1　欧盟 EMA、美国 FDA、中国 SFDA 关于植物提取物质量标准的对比

项目	欧盟标准	美国标准	中国标准
定义	＋＊（必须描述提取率）	—	—
重金属	±＊（有时只控制限度）	＋	—
性状	±＊（植物来源和种类）	—	＋
光谱/色谱指纹图谱鉴别	＋＊（应有特异性）	＋	±
活性成分的化学鉴别	±＊（应有特异性）	＋	±
活性成分的含量测定	＋	＋	＋
生物活性测定	—	—＊（若活性强）	
农残检测	±＊（注意潜在残留）	＋	—
异物和混杂物	＋	＋	—
总灰分	＋	—	—
酸不溶灰分	±	—	—
水溶性浸出物	±	—	—
可萃取物	±	—	—
炽灼残渣	±＊（根据工艺决定）	＋	—
粒度	—＊（如注射剂）	—	—
水分	＋＊	—	—
硫酸盐灰分	±＊（根据工艺决定）	—	—
霉菌毒素	±＊（注意潜在污染）	—	—
外观	＋＊（感官定性描述）	＋	＋
溶剂残留	＋	＋	—
微生物限度	±	＋	—
动物安全性试验	—	±＊（如注射剂）	—
外源性毒素（如黄曲霉素）	—	＋	—
内源性毒性（如吡咯双烷类生物碱）	—	＋	—
影响原料药生产的其他细节	—	＋	—
放射性同位素污染	—	±＊（放射性元素）	—
用于重量表示的规格	—	＋	—

注：＋为必需项目；—为不作要求；±为可适当减免；＊为注释。

　　参考植物药的标准，政府部门可制定宏观的法律法规、提取物标准，用于监管所有饲用植物产品的创制：①健全标准项目，包括产品的基本项目即植物名称、产地、性状、鉴别、保质期、包装等，增加杂质检测、特征/指纹图谱，安全性指标即重金属、有害元素、黄曲霉素等，有效性指标即有效组分/特征主成分或类组分及其含量。②明确监管部门、评价试验机构、生产企业在标准实施中的地位、责任和义务。政府部门可约束企业严格执行 GMP，对产品制造设施、掺假等行为进行监督，对新产品要求企业出具第三方评价试验机构报告。企业在原料选择、GMP 执行和上市监督方面有义务遵守质量标准。③建立以企业为主体，高校、科研院所和行业协会共同参与的标准提高激励机制，各方在生产和科研方面应关注原

料变更、工艺更新、检测数据变化等，不断提高新产品创制的标准水平。饲用天然活性物质产品标准和规范化生产体系的建立，将从硬件设备和软件技术各方面对企业提出更高要求，提高行业准入门槛，从而起到净化市场、规范企业行为，突破现阶段从动物试验研究到生产应用的瓶颈。

8　小结

为了充分发挥天然植物在禁抗背景下的优势，推动畜牧业高质量发展，饲用天然活性物质新产品必须采取标准化、规范化创制，以期能够有效且安全地调控动物生长与健康。完整的饲用活性物质产品创制应从植物基源、产地、采收加工、提取分离、活性物质定性定量、协同等相互作用评价、动物试验评定等多层次多要素把控产品质量。未来，政府部门、生产企业、科研单位应逐步联合建立饲用天然活性物质的质量标准，尤其是原料采收加工、提取和检验这三个重要环节，探索构建适合畜禽生产的新产品创制体系。

饲用天然活性物质制备方法研究进展

含有大量活性物质的天然植物提取物具备抗氧化、抗菌、抗病毒、抗炎、抑制胃肠道甲烷排放等功能，被认为是具有巨大开发和应用潜力的饲料添加剂，而受到越来越多的关注。认识并优化饲用天然植物提取物的制备工艺，对揭示植物活性功能组分、生物学作用及机制，建立活性物质结构、含量和饲喂效果的关系至关重要。

1 饲用天然活性物质研发前景与行业现状

2018 年，我国将黄芩和甘草等 117 种药食同源的天然植物列入饲料原料目录。2020 年，宣布退出除中药外促生长类药物饲料添加剂品种后，农业农村部改革和完善了新饲料添加剂产品审批制度，针对天然植物提取物在事前咨询、缩短研发周期、数据共享和适度放宽检测要求方面进行了制度优化，激发了众多企业和科研单位研制开发新产品的积极性，天然植物活性物质应用研究与开发迎来新阶段。

在医药健康和食品化工等领域对植物活性物质需求的带动下，我国专业的植物提取物企业已经超过 1 000 家。国内诸多企业已经开始针对饲用提取物产品进行投入，并开发了特定产品，如黄芪提取物和丝兰提取物等。但是，针对饲用产品开发的专业化企业数量还非常少，且规模小，不具备自主研发能力，同时存在产品制备方法不一、标准缺乏、价格较高等问题。虽然一些产品已进行了饲喂试验，但在畜禽生产上并不具备效益优势，限制了饲用天然植物活性物质在动物上的商业化应用。这与中小企业在提取、分离、纯化和鉴定所需的新技术应用缺乏、制备工艺优化不足有关。

另外，科学研究方面，动物营养学家往往对活性物质制备这一环节认识不足。诚然，现代色谱和光谱技术的发展使生物活性化合物的分析比以前更容易，但产品效果仍然取决于制备方法和优化的参数等。制备方法不同有可能导致同类产品在动物上的研究数据难以相互比较，影响了研究结果的深入解读和归纳总结。而随着制备仪器和工艺的不断发展，植物活性物质的提取效率、分离纯度和鉴定准确度正在不断提高，这也将有助于其生理活性的全面研究，促进饲用开发和产业升级。

饲用天然活性物质包括酚类、生物碱、挥发油、苷类、多糖和有机酸等。要获得大量且较纯的植物活性功能组分是一个复杂的过程，包括植物初步筛选、提取、分离纯化和结构解析等。图 1 展示了饲用天然活性物质制备研究的基本流程。

第 1 步是选择植物品种和部位。一方面，可根据文献报道及传统的应用经验，评估某种植物试验数据的可靠性，选择合适的物种和部位；另一方面，基于化学分类学研究，暨某些

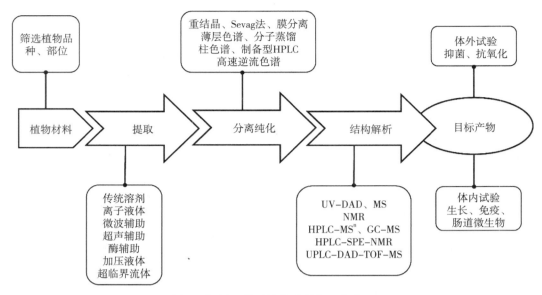

图 1　饲用天然活性物质制备工艺流程

注：UV-DAD，紫外-光电二极管阵列检测器；MS，质谱；NMR，核磁共振；HPLC-MS^n，高效液相色谱-质谱联用；GC-MS，气相色谱-质谱联用；HPLC-SPE-NMR，高效液相-固体萃取-核磁共振联用；UPLC-DAD-TOF-MS，超高压液相色谱-电二极管阵列检测器-飞行时间质谱

植物类别含有特定类型的化合物或次级代谢物，因此与它们的分类相关的植物也可能含有相同的化合物或代谢物。选择植物后，要收集和鉴定植物材料，即收集特定植物或其部分，如叶、茎、树皮、花、种子或根，以供进一步分析。

第 2 步是活性物质的提取。由于天然活性物质的多样且复杂，制备工艺也呈现出多样化特征。传统溶剂萃取（CSE）主要包括液-液萃取（LLE）、固相萃取（SPE）和固相微萃取（SPME）。CSE 工艺虽然简便易上手，但制备效率低，耗费大量有机溶剂，造成环境污染。近年来，超声辅助萃取（UAE）、微波辅助萃取（MAE）、酶解辅助萃取（EAE）、加压液体萃取（PLE）、亚临界水萃取（SWE）、瞬时控制压降萃取（DIC）、超临界 CO_2 萃取（SCE）等新型绿色方法开始涌现。

第 3 步是活性物质的分离纯化。植物材料的粗提过程中会有多种杂质同时被提取出来，因此，活性物质的分离纯化十分有必要。传统的分离纯化方法主要是重结晶法、纸色谱（PC）、柱色谱（CC）和薄层色谱（TLC）。CC 和 TLC 因其方便、经济、适用多种固定相而仍被广泛使用。新型的分离方法有分子蒸馏（MD）、凝胶渗透色谱（GPC）、离子交换色谱（IEC）、大孔吸附树脂色谱（MARC）、制备型高效液相色谱（Prep-HPLC）、高速逆流色谱（HSCCC）、超临界流体色谱（SFC）和分子印迹技术（MIT）等。表 1 总结了主要的新型绿色提取、分离纯化工艺的原理、所需仪器设备和优缺点，以供参考。

第 4 步是活性物质的结构解析。通常采用的手段包括薄层色谱、柱色谱、快速色谱、高效液相色谱-傅里叶变换红外光谱、气相色谱-质谱、液相色谱-质谱、核磁共振光谱、HPLC-二极管阵列检测、毛细管电泳-二极管阵列检测、电喷雾等。最后是设计体内、体外试验对活性物质进行生物学效果验证。

所有这些过程中，活性物质提取和分离纯化所用的时间占比最多，因此选择合适的制备方法不仅关系到目标产物得率和纯度，也关系到结构解析的准确性，更关系到体内、体外评价的可靠性。基于文献总结，图2（彩图1）展示了饲用天然植物六大活性物质常用的制备方法，下文将详细介绍这些活性物质的提取和分离纯化研究进展。

表 1   天然活性物质的主要新型制备工艺

制备工艺		原理	仪器设备	优点	缺点
提取	MAE	微波辐射加热水，导致目标化合物从样品中释放出来	微波萃取仪	缩短提取时间，减少溶剂消耗	需要过滤
	UAE	超声波产生空化，破坏样品细胞壁	超声波清洗器	缩短提取时间，减少溶剂消耗，适合热敏感化合物	参数需要根据植物类型进行优化
	EAE	添加特定的酶，破坏细胞壁和水解结构多糖和脂质体来提高回收率	恒温水浴锅	高效、温和、环保	酶解要求特定环境
	PLE	高温高压促进了目标化合物的释放	氮吹仪，加压流体萃取仪	萃取率更高，减少溶剂消耗	不适合耐热性化合物，溶剂需要认真选择
	SWE	热水强化萃取过程，而压力使水保持液态	亚临界萃取仪，水泵	成本低，环境友好，时间短	设备昂贵
	SCE	超临界 CO_2 选择性地把极性大小、沸点高低和分子质量大小不同的成分依次萃取出来	超临界 CO_2 萃取装置	不使用有机溶剂，速度快，萃取分离二合一	设备昂贵，维持成本高
	DIC	短时间的高温和快速的压降提高了萃取物的质量	真空泵，冷却系统，压缩机，蒸汽发生器	减少了时间和溶剂消耗，残留可用于其他化合物的提取	效率取决于参数的优化
分离纯化	MD	高真空下，根据组分蒸发速率差异实现分离	分子蒸馏塔，进料装置，脱气装置，真空系统	提取温度低，受热时间短，分离能力强	设备复杂，投资大
	MARC	大孔结构、性质稳定的树脂对化合物选择性吸附	大孔树脂吸附柱	条件温和，成本低，操作简便，应用广泛	耗时长，有机溶剂消耗大
	GPC	经过色谱柱，根据相对分子质量大小差别而被分离	凝胶渗透色谱仪	操作简便	色谱柱分离度低
	IEC	根据组分对固定相树脂亲和力不同而得到分离	离子交换色谱仪	吸附量大，回收率高	耗时长

（续）

制备工艺		原理	仪器设备	优点	缺点
分离纯化	Prep-HPLC	根据组分在固定相和流动相中分配系数的差异而实现分离	制备型高效液相色谱仪	柱效高，分离重复性好，高通量纯化	峰形拖尾
	HSCCC	两相溶剂体系可在高速旋转螺旋管内建立单向性流体动力学平衡，一相作为固定相，另一相作为流动相，连续洗脱时可保留大量固定相	高速逆流色谱仪	回收率高，分离快速，制备量大，操作简单	溶剂体系的选择依据还未完全建立
	MIT	待分离的物质为印迹模板，制备对该类物质有选择性识别功能的高分子聚合物为固定相	分子印迹亲和柱	分子识别性强，选择性高	识别过程慢

注：MAE，微波辅助萃取；UAE，超声辅助萃取；EAE，酶解辅助萃取；PLE，加压液体萃取；SWE，亚临界水萃取；SCE，超临界 CO_2 萃取；DIC，瞬时控制压降萃取；MD，分子蒸馏；MARC，大孔吸附树脂色谱；GPC，凝胶渗透色谱；IEC，离子交换色谱；Prep-HPLC，制备型高效液相色谱；HSCCC，高速逆流色谱；MIT，分子印迹技术。下同。

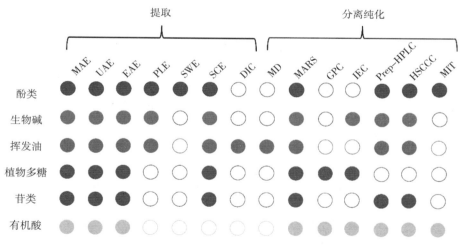

图 2   不同天然活性物质常用的制备工艺

注：实心圆圈表示常用方法

2   不同活性物质制备方法研究进展

2.1   酚类化合物

酚类化合物是饲用天然活性物质中最大的一类，其结构及分子质量丰富多变，在畜禽上被证明具有抗氧化、提高免疫力等功能，主要包括酚酸、黄酮、黄酮醇、二氢黄酮醇、异黄酮、香豆素、花青素和多酚等。表2列举了国内外部分关于酚类化合物制备方法研究中的植物来源、方法、优化条件。众多提取方法中，MAE和UAE的方法较为成熟，应用最广，最具代表性。采用CSE、EAE和MAE提取大豆皮中的花青素，发现MAE优化后的产量为5 094.9 mg/L，而CSE和EAE分别为（1 246.89±68.45）mg/L和（4 064.77±163.23）mg/L，可见微波辅助具有显著优势。与CSE相比，在优化条件下，应用UAE使甘菊花中酚类物质产量提高了6.1倍，抗氧化能力提高了3.4倍。因此，UAE可以提高酚类物质的回收率并减少溶剂用量，降低成本，可以作为CSE的最佳替代方法之一。此外，植物基质的酶解可以释放结合的酚类物质，果胶酶、纤维素酶、半纤维素酶和淀粉酶等被证明可以用于酚类物质的提取。

表2 酚类化合物的新型制备工艺

制备工艺	活性物质	来源	方法	优化条件
提取	多酚	柑橘	MAE	丙酮：51%，功率：500 W，时间：122 s，液料比：25
	黄酮和花青素	黑桑	SWE	时间：60 min，温度：60 ℃
	多酚	苜蓿	EAE/SCE	温度：68 ℃，压力：20500 kPa，乙醇：96%
	白藜芦醇	葡萄皮渣	EAE	纤维素酶：70 U/μL，液料比：20，时间：150 min，温度：40 ℃
	黄酮	迷迭香	UAE	超声功率：400 W，时间：10 min，温度：10～70 ℃
	多酚	蒲公英	MAE-UAE	乙醇：50%，温度：50 ℃，微波功率：350 W，微波时间：3 min；超声功率：240 W，超声时间：60 min
分离纯化	多酚	葡萄条枝	MARC	树脂型号：ME-1，吸附流速：2 mL/min，静态吸附时间：10 h，乙醇洗脱体积：75%
	多酚	芍药	HSCCC	两相溶剂：石油醚-乙酸乙酯-水（1：9：10，V/V/V）；石油醚-乙酸乙酯-丁醇-水（1：9：0.5：10，V/V/V/V）
	黄酮	甘草	2D-HPLC	样品装载量：500 mg/mL，进样量：2 mL，流速：60 mL/min
	花青素	黑豆	Prep-HPLC	流动相A：5%乙酸水溶液，流动相B：乙腈，固定相：GLP-ID C18柱
	黄酮	红松	MARC	样品浓度：2 mg/mL，pH：5，水洗体积：3BV，乙醇：50%-2BV
	黄酮	甘草	MC-AR	提取物浓度：2 mg/mL，甘草黄酮/CaCl₂：1/0.5，CaCl₂：0.1 mol/L+10 mL

常用的酚类纯化方法主要有MARC、超滤膜法和反相HPLC。应用最多的是MARC，大孔树脂是一种常用的有机高分子吸附剂，已广泛应用于植物活性物质的分离纯化，特别是黄酮类化合物。树脂的选择应考虑其结构和极性，如表面积、孔径，极性较低的树脂对极性低或非极性化合物有较强的吸附能量。采用EAE提取红松中的黄酮，然后用大孔树脂进行纯化，使黄酮的纯度从33.8%提升到61.7%，体外试验证明了纯化产物具有较强的抗氧化性。另外，金属络合也非常适用黄酮类化合物的分离纯化，利用黄酮和金属离子形成黄酮-金属离子络合物。经过滤，提取物中不能与金属反应的杂质被去除，然后，具有较强络合能

力的物质与络合物反应，捕获黄酮-金属离子络合物中的金属离子，并释放出黄酮类成分，从而增加黄酮类化合物的含量。该方法简单、高效、容易实现工业化。例如，采用 MAE 结合胶束萃取了甘草中的黄酮，然后采用金属络合＋反溶剂重结晶法纯化，黄酮纯度从 36.47％提高到 90.32％，且具有较强的 2,2-联苯基-1-苦基肼基（DPPH）自由基清除能力。

Prep-HPLC 是经典的分离纯化手段，柱效高、分离重复性好，可进行紫外-质谱在线检测，因而被广泛使用。Prep-HPLC 可进一步分为一维（1D-RPLC）和二维（正相×反相，2D-NPLC/RPLC），其中 2D-LC 在分离复杂混合物上效率更高。研究较多的还有 HSCCC，它是一种无载体的全液体分配色谱系统，与硅胶、制备型反相 HPLC 等方法相比，其具有样品回收率高、耗时少、环保等特点。因此，HSCCC 特别适用于从植物中分离纯化高极性化合物如多酚。由于其优越的分离能力和回收率，HSCCC 在天然植物产物的制备中的应用正在稳步增长。例如，Shu 等（2014）首次采用 HSCCC 从芍药花中分离了 8 种酚类化合物，且纯度均高于 97％。鉴于酚类化合物分布的广泛性及其改善动物健康的重要性，大规模的工业化生产是发展趋势，因此，探索低成本的 Prep-HPLC 和 HSCCC 将极大地促进畜牧业对植物酚类物质的利用。

2.2　生物碱

生物碱是存在于天然植物中的碱性含氮有机化合物，大多含有复杂的环状结构。饲用上有研究的生物碱包括苦参碱、石松碱、血根碱，来源包括苦参根、石松、野百合、博落回等。传统工艺提取生物碱普遍使用的有机溶剂有己烷、甲醇、乙醇等，通过这些溶剂萃取成功制备了它们，并证实了它们的许多特性，如制备后产物的抗胆碱酯酶、抗炎、抗菌、抗真菌和抗病毒活性等。表 3 列举了采用新型工艺制备生物碱的研究。应用新方法 SCE、PLE、MAE 等提取生物碱，缩短了提取时间、减少了溶剂消耗、提高了产物质量。与有机溶剂相比，深共晶溶剂（DES）具有低毒和生物可降解等优点，被证明是适合生物碱的新型高效萃取介质。采用 DES 提取苦参根中的苦参碱，发现 DES-2（氯化胆碱∶丙二酸＝1∶2，与 50％水）和 DES-8（氯化胆碱∶乙二醇＝1∶2，与 30％水）产物得率最高，达到 21.04 mg/g。另外，多技术组合应用也是研究的热点，如 Zhang 等（2015）组合 MAE 与双水相萃取（APTE）从苦参根中提取苦参碱，将 MAE 与浊点萃取组合，使用 Triton X-100-NaCl-HCl 制备体系提取野百合中生物碱，这些方法的优化和组合使得生物碱得率更高。

生物碱的分离应用较多的是柱色谱，研究方向主要集中在填料选择，包括大孔树脂、硅胶等。研究表明，吸附生物碱应选择弱极性树脂，以 AB-8、D-101 和 HPD100 应用最多，需要优化上样量、吸附温度和样品液浓度等。但由于大孔树脂质量参差不齐，导致纯化效果不稳定，往往回收率很低，特别是含量低的生物碱容易损失。硅胶作为另一种常用的吸附剂也被不断改进，质量比大孔树脂更稳定，采用硅胶分别作为 TLC 和快速柱色谱的填料能成功分离秋水仙和蒙古荛的生物碱。除了常见的大孔树脂和硅胶外，羟丙基葡聚糖凝胶填料（Sephadex-20 LH）作为新型填料也进入研究人员视线，它是以分子筛作用力为主、兼具分配作用机制、分离效率良好的填料，可在化合物分离后期使用。采用乙醇粗提马齿苋生物碱，然后运用正-反相硅胶柱色谱分离，再采用 Sephadex-20 LH 柱色谱进行分离可得到一种具有抗乙酰胆碱酯酶的新生物碱。

表 3　生物碱的新型制备工艺

制备工艺	活性物质	来源	方法	优化条件
提取	总生物碱	野百合	MAE-CPE	Triton X-100：4%，液料比：100，温度：80 ℃，时间：10 min
	总生物碱	桑叶	UAE	乙醇：70%，超声功率：800 W，温度：40 ℃，时间：20 min
	血根碱等	博落回	UAE	乙醇：95%，超声功率：180 W，温度：50 ℃，时间：80 min
	石松碱	石松	SCE	压力：30 000 kPa，温度：40 ℃
	荷叶碱	荷叶	MAE-SPME	甲醇：1%甲酸，75：25，功率：300 W，液料比：40，时间：2 min
	石松碱	石松	PLE	溶剂：1%甲醇酒石酸，温度：80 ℃，压力：11 000 kPa
分离纯化	总生物碱	益母草	MARC	树脂：SP825，乙醇：60%，吸附流速：1 mL/min
	黄柏碱等	黄柏	HSCCC	溶剂体系：石油醚-乙酸乙酯-甲醇-蒸馏水（5：1：2：4）
	萜类生物碱	乌头	Prep-HPLC	流动相 A：0.1%三乙胺（水溶液），流动相 B：乙腈，固定相：ZORBAX Extend C18 column
	甾体生物碱	藜芦	Prep-HPLC	流动相 A：0.1%甲酸（水溶液），流动相 B：0.1%甲酸（乙腈溶液），固定相：Thermo Acclaim 120 C18 column
	血根碱等	鱼腥草	HSCCC	乙醇：70%，溶剂体系：二氯甲烷-甲醇-盐酸水溶液 $[C_4(mIm)][BT_4]$（4：2：2：0.015）
	吡啶生物碱	蒙古芄	FCC	硅胶：200～300 目，洗脱液：$CHCl_3$ 和 $CHCl_3$-CH_3OH

2.3　挥发油

挥发油也被称作精油，是具有挥发性芳香气味的物质，以萜类为主，包括单帖、倍半萜以及含氧衍生物。饲用上关注较多有牛至精油、大蒜精油、桉树精油、沙葱精油、艾叶精油、肉桂精油等。传统的制备方法是水蒸馏法，但产量较低。UAE、MAE 和 EAE 的应用有效提高了挥发油萃取效率。表 4 列举了采用新工艺的研究进展，可以看出，目前研究最多的是 SCE，其不使用易爆或有毒溶剂，无毒性残留物、产物得率高、芳香族化合物保留率较好，适合分离植物精油。应用优化的 SCE 使莎草精油得率可达到 1.82%，是传统提取方法的 3 倍多。但是，用 3 种方法即酶辅助溶剂萃取法（4 h）、酶辅助水蒸气蒸馏法（4 h）和 SCE（30 min）提取油樟叶精油，发现 SCE 工艺效率虽高，但产物得率和抑菌活性均次于 MAE 和水蒸气蒸馏法。这说明对于 SCE 的应用仍需要进一步验证优化。

挥发油组成较为复杂，直接采用色谱分离纯化很难获得单一成分。因此，挥发油一般需要经过 MD 初步分离后再进行色谱分离。MD 是新型的液-液蒸馏技术，适用热敏性化合物的分离，可与 SCE 联合用于挥发油等组分的提取分离。随后，可采用 GS-MS 对挥发油进一步分离鉴定。用 HSCCC 分别从胡椒叶和红叶果的水蒸馏产物中可成功分离 4 种和 3 种挥发油组分，纯度均高于 90%，用时低于 2 h。进而，Wang 等（2020）建立了离线 DPPH-GC-MS-HSCCC 流程，先用 DPPH 和 GC-MS 筛选抗氧化活性强的温郁金精油，然后采用 HSCCC 进行分离，形成了一套高效的精油筛选、鉴定和分离方法，具有分离分辨率高、检测灵敏度高、结构鉴定容易的优点，同时目标化合物可以定向分离。总之，挥发油的提取、分离和纯化界限往往并不明显，SCE 同时兼有提取和纯化的能力，但 SCE 的维持成本较高，目前还处于实验室小试阶段，对于饲用天然植物挥发油的制备仍是巨大挑战。

表 4   挥发油的新型制备工艺

制备工艺	活性物质	来源	方法	优化条件
提取	倍半萜烯（青蒿素）	黄花蒿	SCE	温度：60 ℃，压力：40 MPa，CO_2 流速：4×10^{-5} kg/s
	百里酚油	百里香	PLE	压力：410 MPa，液料比：10，保压时间：4 min
	枸杞精油	枸杞	MAE	溶剂：石油醚（30～60 ℃），微波功率：575 W，液料比：26，微波时间：7 min
	精油	油樟叶	EAE	溶剂：戊烷和乙醚（1∶2），纤维素酶：0.6%，温度：45 ℃，液料比：10
	精油	金橘	UAE-MAE	超声功率：210 W，超声时间：30 min，微波功率：300 W，微波时间：6 min
	肉桂精油	阴香叶	EAE-MAE	酶浓度：0.7%，pH：5，液料比：11.50，温度：40 ℃，酶解时间：6 h，微波功率：510 W，微波时间：37 min
	艾叶精油	艾叶	SCE	温度：45 ℃，压力：30 MPa，时间：120 min，CO_2 流速：90 kg/h
分离纯化	柠檬烯等	北五味子	MD	温度-真空度：1 级 80 ℃，50～10 000 Pa；2 级 150 ℃，10～500 Pa；3 级 170 ℃，10～50 Pa
	松萜等	鱼腥草	MARC	树脂：D101，吸附时间：3 h，乙醇：90%，样品：7 BV（0.225 mg/mL）
	樟烯等	胡椒叶	HSCCC	溶剂体系：正己烷-乙腈-乙酸乙酯（1∶1∶0.4）
	莪术烯等	温郁金	HSCCC	溶剂体系：正己烷-乙腈-乙醇（5∶3∶2），正己烷-乙腈-丙酮（4∶3∶1）
	桉油精等	艾叶	SCE-MD	进料速度：300 g/h，真空压：20 Pa，温度：100 ℃

2.4　植物多糖

植物多糖是由多个单糖以糖苷键形式连接起来的大分子活性物质。目前，沙蒿多糖、茯苓多糖、马齿苋多糖、当归多糖、黄芪多糖、苜蓿多糖、枸杞多糖等已在畜禽上开展了饲喂效果评价，证明植物多糖具备抗炎、抗氧化、调节机体免疫功能，可作为新型饲料添加剂。植物多糖的研究较多，因而提取工艺也更成熟，应用最广泛的方法是水提醇沉法，其利用多糖的羟基与水易形成氢键、而不易与醇类形成氢键的特点，加入乙醇即可使多糖沉淀，缺点是容易造成了有效成分的大量流失。另一种传统的制备方法是热水提取，但存在提取时间长、温度高等缺点。表5列举了采用新工艺提取植物多糖的研究，即通过比较 CSE、MAE 和 UAE 三种提取桑叶多糖的效果，发现 UAE 优化条件的得率较高，这表明了 UAE 在制备多糖上的优势。也有报道称，MAE 制备可能导致部分多糖降解，因此使用 MAE 时，微波功率和时间需要进一步优化。通过检验 MAE-UAE 联合提取的方法，发现产物枸杞多糖的抗氧化活性比传统方法更高，体现了方法组合的提取优势。但是，也有报道称，EAE 同样可以用于植物多糖的提取，如组合纤维素酶、果胶酶、木瓜蛋白酶，优化提取条件，使苜蓿多糖得率达到 5.05%。但 EAE 很少单独使用，通常与其他提取方法组合使用，以提高多糖的得率。

植物多糖的分离纯化工艺相对简单。粗多糖的提取液往往与蛋白质、色素、无机小分子等杂质混在一起，需要将这些杂质去除，以免影响多糖的质量和纯度及后续结构表征的可靠性。在众多植物多糖的纯化方法中，常用的是 Sevag 法、MARC、GPC 和 IEC 等。Sevag 法利用氯仿-正丁醇溶液可以将游离蛋白变性成为不溶性物质，从而过滤蛋白，是多糖制备除蛋白最有效的方法，应用最为普遍。除蛋白之后，一般需要再经 CC 进一步纯化。同分离纯化色谱柱组合使用可以取得更好的效果。对藜麦种子多糖粗提物进行 Sevag 法除蛋白，然后使用离子交换柱 DEAE-Cellulose 52 洗脱，洗脱液装载到凝胶柱 Sephadex G-50，进一步纯化得到 7 种多糖。基于文献总结，植物多糖分离纯化常用的离子交换色谱柱包括 DEAE-Cellulose、DEAE-Cellulose 52、DEAE-Sepharose CL-6B 和 DEAE-Sepharose FF 等，凝胶渗透色谱柱有 Sephadex G、Sephacryl S 和 Sepharose CL。植物多糖分离纯化方法简单经济，但如何选择最佳的色谱柱和纯化条件优化仍鲜有报道，针对种类繁多的饲用植物多糖，分离纯化工艺的进一步优化选择是今后重点研究的方向。

表 5　植物多糖的新型制备工艺

制备工艺	活性物质	来源	方法	优化条件
提取	沙蒿多糖	沙蒿	MAE	温度：60 ℃，pH：3.87，时间：70 min，功率：523 W，液料比：328
	枸杞多糖	枸杞	MAE-UAE	pH：9，微波：10 min，95 ℃，超声：30 min，50 ℃，循环 2 次
	桑叶多糖	桑叶	UAE	功率：60 W，时间：20 min，液料比：15
	苜蓿多糖	苜蓿	EAE	纤维素酶（2.5%）＋木瓜蛋白酶（2.0%）＋果胶酶（3.0%），温度：52.7 ℃，pH：3.87，时间：2.73 h，液料比：78.92
	当归多糖	当归	UAE	功率：180 W，时间：45 min，温度：90 ℃，液料比：7
	甘草多糖	甘草	SCE	温度：62.6 ℃，压力：37.7 MPa，时间：82.9 min
分离纯化	藜麦多糖	藜麦	IEC	DEAE-Cellulose 52＋Sephadex G-50
	荷叶多糖	荷叶	GPC	Sephadex G-100
	香菇多糖	香菇	MARC	树脂：D301，DEAE-Cellulose 52 ＋ Sephadex G-150
	竹叶多糖	竹叶	MARC	树脂：D101，流速：1 mL/min
	甘菊多糖	甘菊	GPC	DEAE-Sepharose ＋ Sephadex G-100
	沙棘多糖	沙棘	IEC	粗多糖：10 mg/mL，DEAE-Cellulose 52

2.5 苷类

苷类是糖或糖的衍生物与另一非糖物质通过糖的端基碳原子连接而成的一类化合物，又被称为配糖体。按化学结构类型，苷类可以分为香豆素苷、蒽醌苷、皂苷、黄酮苷等。饲用上关注度最高的是皂苷，其可调控反刍动物瘤胃发酵，抑制甲烷排放。表6列举了苷类化合物的新型制备工艺。除了 MAE 和 UAE 外，新型绿色溶剂 DES 也普遍用于苷类的制备，如采用 DES（氯化四甲铵＋乙二醇）提取甜叶菊中的甜菊醇苷，辅以超声萃取，发现 UAE＋DES 提取的甜菊糖苷是传统溶剂的 3 倍，证明了 UAE＋DES 在提取苷类化合物上的优势。目前，高速剪切均质萃取（HSHE）和离子液体（IL）萃取是苷类制备工艺的研究热点。高速剪切技术是一种新型的均质粉碎技术，已用于多种天然植物活性物质的制备。使用 59% 乙醇作为溶剂，采用 HSHE 提取甜叶菊中制备甜菊糖苷，证明 HSHE 的制备效率比 MAE 和 UAE 更高，这也为苷类制备提出了一个新思路。IL 具有不挥发或极低挥发性、热稳定性好、溶解性强等特点，是新型的绿色溶剂。Ji 等（2018）研究证明，与传统 UAE 相比，基于 IL 溶剂（1-丁基-3-甲基咪唑醋酸盐）的 UAE（IL-UAE）对甘草微观结构的破坏更大，从而使得黄酮苷和三萜皂苷提取效率更高，且 IL-UAE 的提取时间短，液料比小。因此，IL 作为绿色萃取溶剂在苷类萃取上具有广阔的应用前景。

苷类的分离纯化方面，国内外应用最多的技术有 MARC、Prep-HPLC 和 HSCCC 等。在提取苷类成分时，亲水成分如糖和单宁常成为粗提物中的杂质。弱极性大孔树脂吸附杂质后，杂质容易被水洗脱，然后用不同乙醇洗下吸附的苷类，得到纯度较高的目标化合物，此方法在皂苷的分离中十分常用。根据许多文献中皂苷制备的大孔树脂吸附和解析特性，证明 AB-8 和 D101 型吸附量大、易解析且重复性能好，是分离苷类化合物较为理想的树脂类型。但是，在分离粗提物中多聚体与苷类方面，CC 还存在不足，而 Prep-HPLC 和 HSCCC 作为先进的分离技术可以有效地实现两者分离。采用 HSCCC 从红葡萄皮中分离出 3 种花色苷，纯度均高于 95%。另外，MARC 也可联合 Prep-HPLC 或 HSCCC 制备分离苷类。例如，Li 等（2021）制备荷叶青中的皂苷，先用 D101 树脂纯化，再用硅胶柱色谱洗脱，然后结合 Prep-HPLC 分离得到 4 种三萜皂苷。因此，优化以 MARC 为代表的柱色谱与 Prep-HPLC 联用，发挥各自特点，是苷类化合物高效提取的关键。

表6 苷类的新型制备工艺

制备工艺	活性物质	来源	方法	优化条件
提取	黄酮苷、三萜皂苷	甘草	IL-UAE	离子液体：1.5 mol/L $[C_{4MIM}]$ A_c，液料比：10，萃取时间：20 min，浸泡时间：8 h
	甜菊糖苷	甜叶菊	HSHE	乙醇：59%，时间：8 min，温度：68 ℃
	甜菊糖苷	甜叶菊	UAE-DES	温度：59.4 ℃，时间：70 min，振幅：90%，DES 溶剂：氯化四甲铵＋乙二醇
	甜菊糖苷	甜叶菊	MAE-UAE	微波温度：51 ℃，微波时间：16 min，超声温度：50 ℃，超声时间：43 min
	淫羊藿苷	淫羊藿	DES	DES 溶剂：乳酸＋氯化胆碱，3.14 mL，水：17.5%（V/V），时间：21 min
	花色苷	紫甘蓝	MAE	微波功率：315 W，时间：6 min，液料比：10

（续）

制备工艺	活性物质	来源	方法	优化条件
分离纯化	花色苷	葡萄皮	HSCCC	溶剂体系：乙腈-正丁醇-甲基叔丁基醚-水-三氟乙酸（1：40：1：50：0.01）
	三七皂苷	三七叶	MARC-Prep-HPLC	树脂：D101，乙醇：60%，流速：10 mL/min，两相溶剂体系：乙腈-水（33：67）
	花色苷	荷叶	MARC-HSCCC	树脂：AB-8，上样浓度：2 g/L，上样流速：1 mL/min，溶剂体系：水-甲基叔丁基醚-正丁醇-乙腈（6：1：3：1）
	芒果苷	芒果	HSCCC	溶剂体系：正丁醇-甲醇-水（6：1：6）
	甾体皂苷	麦冬根	MARC	树脂：D101，上样浓度：2 mg/mL，pH：2，洗脱流速：1 mL/min
	三萜皂苷	荷青花	MARC-SGC-Prep-HPLC	树脂：D101，乙醇：50%，硅胶柱洗脱：氯仿-甲醇-乙醇-水-甲酸（2：2.8：4：1：0.5），流动相A：乙腈，流动相B：0.1%甲酸水溶液

2.6 有机酸

有机酸是存在于天然植物中的具有羧基的一类有机化合物，如草酸、苹果酸、苯甲酸、水杨酸、绿原酸、柠檬酸、富马酸、阿魏酸、咖啡酸等。有机酸的酸性可以降低动物肠道pH，抑制有害菌，有利于肠道有益菌生长，从而促进养分消化吸收，也被视作替代抗生素的新型饲料添加剂。相较于其他功能组分，有机酸的制备工艺受到的关注度较低。表7列举了采用新工艺制备有机酸的研究进展。饲用上关注度较高的阿魏酸主要采用酶法提取，采用阿魏酸酯酶（0.02 U/g）和木聚糖酶（3 475.3 U/g）提取玉米穗富含的阿魏酸，产物得率达到了1.69 g/kg，提取效率明显提高。联合应用离子液体、酶解和超声辅助（IL-EAE-UAE）并优化条件提取山楂中柠檬酸，与水浸提法比较，2种方法提取到的柠檬酸含量接近，但前者提取时间是25.3 min，远低于后者的4 h。可见，UAE与EAE组合运用可加强对植物细胞壁的破坏，释放更多有机酸，两者在协同萃取有机酸上具有明显优势。

有机酸分离纯化方面，以MARC、Prep-HPLC、HSCCC和pH区带精制逆流色谱（pH-zone-refining CCC）等方法为主。联用大孔树脂306与GPC，进而使用Prep-HPLC对蔓三七叶中的绿原酸和异绿原酸进行分离制备，两者纯度均达到96%以上，具有良好的自由基清除作用。HSCCC的制备工艺也在不断得到优化，如溶剂体系的改良。将离子液体作为HSCCC两相溶剂体系的改良剂，分离制备金银花提取物中的绿原酸，纯度为97.5%。pH-zone-refining CCC是近年来在传统逆流色谱上发展起来的特殊逆流色谱分配技术，根据化合物的解离常数和疏水性质差异而实现分离，上样量是传统HSCCC的十几倍，且目标产物纯度更高，非常适合生物碱和有机酸的制备。制备分离麦麸中阿魏酸的2种立体异构体，采用了两步分离措施，先使用HSCCC（己烷-乙酸乙酯-甲醇-水＝2：5：2：4），再运用pH-zone-refining CCC（己烷-乙酸乙酯-乙腈-水＝2：5：2：2）得到反式-阿魏酸和顺式-阿魏酸的纯度分别为99%和98%，说明了pH-zone-refining CCC分离制备有机酸的高纯度优势。

表 7　有机酸的新型制备工艺

制备工艺	活性物质	来源	方法	优化条件
提取	柠檬酸等	山楂	IL-UAE-EAE	离子液体：0.039 mol/L ［B(MIM)］，纤维素酶：1.06%，液料比：29.84，酶解温度：55 ℃，酶解时间：25.3 min
	阿魏酸	甜玉米穗	EAE	阿魏酸酯酶：0.02 U/g，木聚糖酶：3 475.3 U/g，pH：4.5，温度：45 ℃
	阿魏酸	麦麸	EAE	阿魏酸酯酶：4 g/L，pH：7.5，温度：55 ℃，时间：5 h
	绿原酸、咖啡酸等	蒲公英	UAE-EAE	液料比：300，甲醇浓度：40%，超声时间：120 min，超声温度：60 ℃，纤维素酶：0.1%，pH：4
	绿原酸、咖啡酸等	川续断	UAE	液料比：35，温度：20 ℃，超声功率：100 W，超声时间：5 min，乙醇浓度：44.76%，时间：20 min
分离纯化	总有机酸	金银花	MARC	树脂：HPD100，上样浓度：1 mg/mL，上样体积流量：0.7 mL/min，乙醇：95%
	绿原酸和异绿原酸	蔓三七叶	MARC-GPC-Prep-HPLC	树脂：306，乙醇：30%；凝胶柱：SephadexLH2，流动相 A：乙腈，流动相 B：0.5%甲酸水溶液
	阿魏酸	甜茶	HSCCC-Prep-HPLC	HSCCC 溶剂体系：正己烷-乙酸乙酯-甲醇-水（1∶10∶2∶9），流动相 A：0.4%乙酸水溶液，流动相 B：甲醇
	绿原酸	金银花	HSCCC	树脂：306；溶剂体系：乙酸乙酯-水-［C6MIM］［PF6］（5∶5∶0.5）
	阿魏酸	麦麸	HSCCC-pH-zone-refining CCC	HSCCC 溶剂体系：己烷-乙酸乙酯-甲醇-水（2∶5∶2∶4），pH-zone-refining CCC 溶剂体系：己烷-乙酸乙酯-乙腈-水（2∶5∶2∶2）

3　活性物质制备研究存在的问题与展望

卢德勋于 2004 年首次提出了饲料营养活性物质组学理论，强调多种营养活性物质组合和整体功能，产品应用应融入动物营养工程技术体系，这为活性物质产品研发提供了理论指导。当前，虽然涌现了以微波、超声、酶、超临界流体等为代表的新型辅助萃取手段，以及以柱色谱、Prep-HPLC 和 HSCCC 等新型分离纯化方法，但方法学研究也存在诸多问题：①制备工艺的研究大多只关注某植物中的一种（类）活性功能组分，多种活性物质在动物体内代谢可能产生协同效应提高生物活性和生物利用度，因此对于单一组分如果追求太高纯度，则可能造成制备成本提高。②制备工艺优化的条件不一，即使同是 MAE 和 UAE，但选择的优化参数不同，导致大量研究无法进行比较和归纳；研究结果更注重产物的得率，而对制备过程中活性物质的分子结构损害程度缺乏关注，而这直接关系到制备后物质的生物活性。③研究文献多基于实验室规模，大量试验数据是在小试条件下优化的，优化的工艺参数与工厂化差距大，甚至不适合工业化生产。

对此，适合畜禽生产的天然活性物质制备工艺体系亟待建立：①应进一步优化工艺，吸纳各种组分制备的特点，建立并优化同时提取多种组分的工艺，分离纯化后要结合结构解析和体外、体内试验综合评价多组分提取物的相互作用，确定适宜的纯度，最大化地利用天然植物的价值。②建立制备工艺优化的标准体系，明确 MAE、UAE、EAE、IL、SCE 等独立或联合应用应优化的条件，针对不同植物及不同目标化合物，建立一套优化参数值的参考范围。制备工艺研究不仅要关注产物的得率，也要注重植物材料的来源和标准化，采用光谱等检测手段，评估产物的降解或结构受损情况。③以市场化为导向，联合畜牧企业开展调研，可选定某一类植物或某一类活性物质作为突破口，建立适合工业化生产的质量控制参数，广泛开展中试试验，降低制备成本。此外，组分制备应充分认识到产品融入饲用技术体系的必要性，考虑活性物质与饲粮营养成分的相互作用、动物不同生理阶段、不同饲养决策目标和环境因素等，以使活性物质在动物体内达到精准营养的效果。

4　小结

　　天然植物是一个十分复杂的体系，从繁多的植物中提取和分离各种活性物质，是促进天然活性物质饲用化必须要解决的课题。本文总结了各活性物质的主要制备方法，重点介绍了具有饲用潜力的六大活性物质制备研究进展。未来，应重点推进绿色制备工艺优化，加强方法的联用，强调制备效率，提高目标化合物得率和纯度。针对畜牧业特点，建立从植物筛选到组分制备，再到体内、体外试验，以及从实验室研究到工厂化生产的研发流程，以不断开发低成本、环境友好且利于动物生长和健康的植物活性物质产品。

饲用天然活性物质构效关系的研究进展

植物饲料中天然存在着对畜禽具有生理促进作用、能够维持机体免疫和氧化平衡等特殊营养调控或保健功能的一类营养活性物质，利用营养活性物质进行调控成为后抗生素时代保证畜禽绿色健康养殖的重要策略。2018 年国家将甘草、黄芩等共 117 种天然植物列入《饲料原料目录》。2019 年国家发布了《天然植物饲料原料通用要求》，这些药食同源特性的天然植物被列入《饲料原料目录》以及国家相关标准的出台，为推动饲料中的营养活性物质的研究奠定了重要基础。但饲用天然植物活性物质因产地来源、收获季节、使用部位、加工方式等影响，其分子结构、生物学功能也会存在较大差异，传统营养价值评价技术已经无法解决其构效关系的问题。饲用天然活性物质根据其结构不同，可分为萜类、生物碱、苯丙素类及其衍生物、醌类、鞣质、甾体共六大类，具有复杂的结构-功效关系网络，从而导致对其的研究与应用严重滞后于产业发展的要求。

本文通过解析饲用天然活性物质结构-功效关系，结合其当前研究难点，探讨了指纹图谱技术、植物代谢组学、网络药理学以及构效关系预测模型等研究方法，以此为基础探索饲用天然活性物质构效关系研究的未来发展趋势，以期为天然活性物质在畜禽养殖中的精准高效利用提供理论依据。

1 饲用天然活性物质结构-功效解析

物质的化学结构是其发挥生物学作用的物质基础，也是鉴定其活性成分以及在动物体内发挥生物学作用时的重要结合位点。饲用天然活性物质具有复杂的结构-功效关系网络（图 1）。

黄酮类化合物是苯丙素类物质中种类最丰富的成分，通过研究 7 种不同黄酮类化合物的构效关系发现，C2—C3 双键、酚羟基的位置和数量以及糖苷化等是影响其抗氧化活性的主要结构。此外，黄酮类化合物中的芳香环 B 还具有抑制乳腺癌耐药蛋白（BCRP）的作用，C4′位的甲氧基、C5 位和 C7 位的羟基或其他疏水基也对抑制 BCRP 有重要影响，而当这些位置与葡萄糖等空间位阻较大基团结合时，黄酮类化合物对 BCRP 的抑制作用将会减弱甚至消失（图 2）。还有研究发现，黄酮苷元比黄酮苷对环氧合酶-2（COX-2）mRNA 的抑制活性更强；且主要受到 C8 位的糖苷取代基、C4′位甲氧基和 C2—C3 双键这些结构的影响。多酚的生物活性受双键结构、酚羟基的位置、酚羟基的数量以及糖苷化等多种结构的影响。白藜芦醇是一类具有强氧化性的多酚类化合物，其生物活性与其母核上的游离酚羟基的数目、位置直接相关，尤其是 C3 位的羟基或 C4′位的羟基，因此保留或保护更多的游离酚羟基具有更强的药理活性。因此，化合物的结构在某种程度上决定了该物质的生物功能及活性强弱。

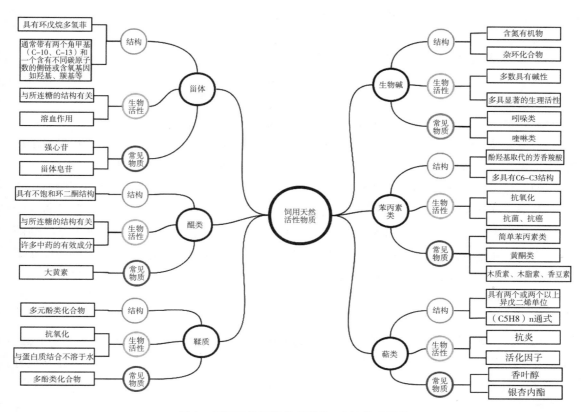

图 1　饲用天然活性物质结构-功效关系网络

通过对十二种类胡萝卜素与清除自由基相关的量子化学参数进行计算，发现类胡萝卜素的活性位点主要集中于碳碳双键，并且酮基对类胡萝卜素的活性影响大于其他基团。绿原酸（chlorogenic acid）的定量构效关系分析结果表明，绿原酸的原子质量、原子分布、原子形状和大小、原子量和原子极化率、电负性、离子电流等结构因素与绿原酸及其异构体的潜在敏化作用显著相关。使用体外模拟胃肠道仿生系统研究聚

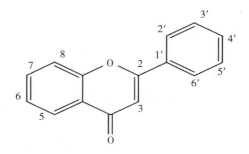

图 2　黄酮类化合物的基本结构

半乳糖 PGal、聚葡萄糖 PDX、聚甘露糖 PMan 的人体胃肠道消化液水解及其被结肠微生物发酵的特性，结果表明聚甘露糖对拟杆菌属中的 *Bacteroides thetaiotaomicron* 和 *Bacteroides uniformis* 具有选择性促进作用，这可能与其特定的单糖构成和分子结构有关。甘草中的三种皂苷类化合物如甘草酸、单葡萄糖醛基甘草次酸和甘草次酸中与保肝活性有关的结构都在五环三萜上，并且其活性受糖环结构和数目的影响。在厚朴酚的 C-9 和 C-9′ 位增加取代基的体积或者取代基的正电性有利于其抑制小瓜虫精氨酸酶活性的提高。因此，物质的结构与其生物活性具有紧密的相关性，饲用天然活性物质构效关系的研究将有助于阐明其

作用机制，从而实现天然活性物质的精准高效利用。

2   饲用天然活性物质构效关系研究难点

饲用天然活性物质的研究滞后于产业的发展除了因为其复杂的构-效关系之外，研究方法的不确定、不完善也是导致化学成分与作用效果分离的重要原因。

研究发现，饲用天然活性物质除了单独饲喂发挥生物学作用之外，在生产应用过程中还存在协同作用，全植物物质/提取物或各种营养活性物质组合的作用效果往往比每种已知化合物的单独效果的总和更有效。膳食硒（一种抗氧化矿物质）和绿茶配合使用被证明在预防异常隐窝病灶（ACF）和结肠肿瘤的形成方面比两种物质单独使用更有效。没食子酸（50 mg/kg）与法莫替丁（10 mg/kg）对大鼠胃黏膜的保护具有协同作用。对 10 种果茶浸剂的研究表明，在果茶浸剂中另外添加一定量的抗坏血酸后，总酚含量和抗氧化能力的协同作用增强；然而，向已经含有抗坏血酸的浸剂中加入蜂蜜会拮抗地降低总酚化合物和抗氧化能力。因此，饲用天然活性物质构效关系复杂，在研究饲用天然活性物质的过程中应更注重物质之间的相互作用以及它们的整体功能，而不是仅对单一活性成分进行研究。

此外，构效关系研究方法不完善也是阻碍饲用天然活性物质构效关系研究的重要方面。苹果花是一种具有抗氧化和酪氨酸酶活性的植物，具有复杂的化学成分，但对于其化学成分与活性的剂量效应关系尚不完全清楚，从而导致化学成分与药效学分离。竹叶粗提取物和纯化合物已被证明具有多种生物活性，如抗炎、抗病毒、保护心血管、预防癌症，尤其是具有抗氧化活性。然而，竹叶品种繁多，分类混乱，就化学成分而言，药理学报告最常将某些活性归因于各种提取物而不是特定化合物，这使得很难在化学成分和药理活性之间建立联系，从而导致难以确定主要活性化合物，因此，揭示饲用天然活性物质构效关系的研究方法是目前亟待解决的科学难题。

3   饲用天然活性物质构效关系研究方法

随着现代信息学技术的发展，一些基于数据库的研究方法在天然活性物质的构效关系研究中取得了重要进展。当前研究物质构效关系的方法主要有指纹图谱技术、植物代谢组学、网络药理学以及构效关系预测模型等。

3.1   指纹图谱技术

近年来，基于高效分析化学技术的指纹图谱技术已经成为研究天然活性物质发挥作用的主效因子和主要成分的常用方法之一，在天然活性物质的定性定量研究中得到了广泛应用。指纹图谱技术指采用电泳、层析、色谱、质谱、色质联用、核磁共振等现代分析技术，构建天然活性物质的特征指纹图谱，从而实现对天然活性物质的有效成分和标志成分进行快速检测，对物质本身质量的监测，以及天然活性物质与植物来源的相关性分析。通过指纹图谱技术研究发现枸杞中的主要抗氧化成分为山柰酚、绿原酸、异鼠李素和槲皮素。建立的高效液相色谱指纹图谱检测方法可初步确定黄芩提取物抑菌药效物质基础主要为汉黄芩苷、汉黄芩素以及白杨素-7-O-葡萄糖醛酸苷。对小麦粉和小麦麸皮的风味物质进行图谱分析，发现生长在作物不同部位的风味物质的成分结构不同。波谱技术结合体内外试验验证为天然活性物质的构效关系研究提供了重要的技术途径。

　　然而，指纹图谱技术操作过程复杂，物质的定性定量检测会受到提取方式、浓缩方法、测定程序，即流动相、色谱柱的选择等多方面的影响，具有一定的局限性。基于数据库的饲用天然活性物质构效关系研究方法成为未来重要的发展趋势。

3.2　植物代谢组学

　　植物代谢组学以植物为研究对象，通过结合指纹图谱技术，利用色谱、质谱等现代分析手段，能够识别和定量细胞、组织和生物体液中的大量小分子代谢物，从而实现对特定植物中的所有次生代谢物的定性和定量分析。当前，植物代谢组学已被广泛用于生物医学、食品营养和作物研究，也越来越多地用于畜禽研究与监测。采用气相色谱串联质谱和核磁共振扫描相结合的方式，通过主成分分析，研究不同炮制淫羊藿对肾阳虚证的调节作用，发现炙淫羊藿对肾阳虚证的干预效果最强。

　　随着组学技术的发展与普及，一些代谢物数据库如 HMDB、KEGG、Metlin、GMD 和 SMPDB 通过整合代谢产物的化学式、分子质量、化学分类、化学性质、所在的代谢通路和质谱图等，提供了鉴定代谢物的生物学作用、生理浓度、疾病关联、化学反应、代谢途径和参考光谱的全面信息。随着现代分析技术的进步及数据库的完善，植物代谢组学已经成为揭示饲用天然活性物质分子机制的主要方法之一，然而，其在代谢物化学结构鉴定以及数据的分析等方面仍然存在着技术瓶颈。首先影响最大的是分析手段的限制性，无论是气质联用，还是液质联用，在检测灵敏度、仪器精密度和试验耗费时间过长等方面，都无法满足日益增长的试验需求；其次是数据分析方法不够高效和便捷，代谢组学试验得到的海量数据导致数据处理任务繁重复杂，再加上数据库覆盖面不广，从而导致科学试验成果没有得到高效、全面的利用。

3.3　网络药理学

　　目前，将天然活性物质应用于畜禽健康养殖往往停留在验证阶段，缺乏机制层面的相关研究。网络药理学是基于活性成分-靶点-免疫相互作用网络进行系统分析的先进技术，可以用于解释生物系统与活性物质之间的复杂关系，筛选多种活性成分的协同作用，为生物活性化合物的发现、机制研究、质量控制等诸多领域提供了新的视角。天然植物活性物质主效因子不明确是导致对其研究瓶颈的关键问题之一，因此迫切需要一种能够识别多种化合物的综合方法。网络药理学提供了一种简单的方法，通过将化合物映射到疾病基因网络中来寻找潜在的生物活性化合物。

　　女贞子是一种化学成分较多的奶牛饲料添加剂，在实际应用过程中具体由其哪些关键成分发挥哪些具体作用从而达到促进泌乳目的、改善乳品质的机制尚不明确。通过网络药理学研究发现，女贞子主要通过熊果酸、齐墩果酸等化学成分作用于白蛋白（ALB）等多个靶点，从而调控机体激素分泌、蛋白质合成、能量代谢及细胞增殖等多种生物学功能来达到促进奶牛泌乳的作用；乌锦颗粒治疗羔羊痢疾的分子作用机制可能是基于山奈酚、豆甾醇及表儿茶素等化合物。四妙丸通过汉黄芩素、吴茱萸次碱和小檗碱等 16 个有效成分作用于TNF、IL4、ESR1 等 11 个靶点发挥治疗痛风的生物通路过程。

3.4 构效关系预测模型

构效关系（SAR）预测模型是一种利用数据库研究天然植物活性物质的重要方法，可以大大减少研究和质量控制过程中的研发时间和科研成本，在天然活性物质构效关系研究上具有广阔的应用前景。SAR 通过使用一种计算机语言来表示化学结构，以描述生物活性所必需的复合结构特征，同时还可用于识别药团（生物活性化合物结构的这些部分，确定它们对特定生物受体的效力）和预测已知结构但没有生物数据的化合物的生物活性。采用 SAR分析设计和合成一系列查尔酮衍生物，然后评价其抗氧化活性，发现在查耳酮的不同位置引入电子释放基团和庞大的杂原子基团会增加分子的活性。

3.4.1 定量构效关系

定量构效关系（QSAR）是在 SAR 的基础上，建立天然植物活性物质的结构与活性参数之间定量关系的数学模型，可用于识别和描述与分子性质变化相关的化合物的结构特征，从分子水平上阐明营养活性物质的作用机制。QSAR 通过将数据库中获得的分子结构和活性参数进行回归分析和多元统计等数学化处理，建立两者之间的回归模型，之后对该模型的预测能力进行验证和优化，用来对未知化合物的活性进行筛选和评价。

利用一系列具有抗氧化活性的 20 种吡唑并吡啶衍生物构建 QSAR 模型，以揭示对抗氧化活性的影响的重要因素，验证从重要描述符推导出的抗氧化活性的机制基础是合理的。还可建立稳健可靠的 QSAR 模型，用于描述和预测杂环和席夫碱吡啶二羧酸衍生物的抗氧化活性。使用遗传函数算法进行 QSAR 研究可评价姜黄素衍生物的抗氧化性能。通过 3D-QSAR 模型研究发现在已知结构的青蒿素的 10-C 上引入较长且支链较少的侧链，或改变 11-O 为氮杂环且在氮上修饰电负性小空间位阻小的基团均可能会提高青蒿素的抗疟疾活性。通过 QSAR 预测模型筛选和评价天然植物活性物质，可为探究其主效成分及主效因子指明方向，并且还可以探究其在动物机体内的作用机制。

3.4.2 分子全息定量构效关系

分子全息定量构效关系（HQSAR）方法是介于 2D-QSAR 和 3D-QSAR 之间的 2.5D-QSAR 方法。相比于 2D-QSAR，HQSAR 方法可提高模型的预测能力，并且无须 3D-QSAR方法进行复杂的分子叠合过程和化合物构象的选择。HQSAR 计算方法与 2D-QSAR 和 3D-QSAR 计算方法完全不同，HQSAR 方法原理是以分子全息图（分子亚结构碎片）作为结构描述符表征化合物的结构信息，利用偏最小二乘法建立物质分子全息描述符与物质活性之间的数学模型，从而得到化合物的分子全息定量构效关系。

HQSAR 模型主要通过原子的颜色显示单个原子对化合物活性的贡献图，从而准确预测未经测试化合物的活性。使用 HQSAR 创建了一个能够预测氨基吡啶等化合物对 SaFabI 的抑制作用的模型，并且通过贡献图发现向 Ala-95 提供氢键的基团以及与疏水残基相互作用的基团可能对生物活性至关重要。有研究根据 HQSAR 色码图设计了 7 个有较高抗乳腺癌活性的 1-6-苯硫基胸腺嘧啶（HEPT）化合物，还可通过 HQSAR 的原子贡献图发现 6-O-芳基酮内酯衍生物的抗菌活性与其 14 元大环骨架、取代基的体积以及侧链结构均有关。

4　饲用天然活性物质构效关系研究发展趋势

指纹图谱技术和植物代谢组学都存在着操作过程烦琐、数据库不足等限制，而网络药理学作为医学中作为疾病筛选的一种手段，在动物上的应用还比较有限，关于一些疾病的致病机制还尚未清晰。而构效关系模型的构建极大地减少了研究步骤和时间成本，利用化合物结构与功能之间的对应关系，可以实现对已知和未知化合物的筛选和评价。基于目前饲用天然活性物质构效关系研究方法存在的一些局限性，特征指纹图谱数据库结合定量构效关系模型构建有望成为未来研究饲用天然活性物质构效关系的主要发展趋势。

饲用天然活性物质构效关系研究的目的：①将不同产地、不同来源、不同批次的饲用天然活性物质按种类、结构、功效关系进行分类整理并构建特征指纹图谱，实现饲用天然活性物质的快速定性定量分析。②通过体内、体外试验，结合特征指纹图谱数据库，探究饲用天然活性物质对畜禽生理功能和代谢的影响，揭示其发挥生物学功能的主效因子、发挥作用的主次顺序以及对动物生产性能、免疫相关基因表达调控的分子机制，建立饲用天然活性物质的主效因子数据库。③通过定量构效关系构建饲用天然活性物质构-效关系网络模型，实现畜禽饲粮的精准配合，为天然活性物质在畜禽养殖中的应用奠定理论基础。

5　小结

通过指纹图谱技术、植物代谢组学、网络药理学以及构效关系预测模型等方法研究饲用天然活性物质的构效关系已经取得了重要进展，但均存在一定的局限性。基于饲用天然活性物质复杂的构-效关系网络，通过特征指纹图谱数据库结合定量构效关系模型，建立一种快速、准确、高效的预测模型或定性定量分析技术体系并实现构效关系的可视化，将成为饲用天然活性物质构效关系的主要发展趋势。

饲用天然活性物质-生物学功能-作用
靶点关系网络研究进展

随着动物营养与饲料科学发展需求的不断变化，饲用植物的研究得到了业界的重视。我国《饲料原料目录》规定了 117 种饲用植物可作为饲料添加剂来源或饲料原料使用。每种饲用植物中含有多种活性物质，这些组分可以在动物机体内发挥抗炎、抗氧化及免疫调节等作用，缓解以自由基稳态失衡主导产生的氧化应激—炎症反应—免疫应激三方联动效应。由于天然活性物质结构复杂、功能多样，导致其在饲料与饲料添加剂中的利用和发展受到了限制，因此阐明活性物质-生物学功能-作用靶点关系的机制成为迫切需要解决的科学问题。在医药学中，通常使用网络生物学方法解决此类复杂机制的研究，如中草药机制的探索、药物与疾病的内在靶点联系等。借助医药领域的生物网络思想，开展饲用天然活性物质-生物学功能-作用靶点关系网络研究意义重大。

1 活性物质-生物学功能-作用靶点关系网络研究现状

1.1 研究方法

1.1.1 网络生物学

网络生物学是一种研究生物网络关系的有力工具，2004 年由 Barabasi 等提出，其核心思想是以网络节点的联系为基础，简要说明整个生物反应过程。网络生物学主要用来研究基因、蛋白、生物进化、细胞代谢、麻醉机制、语言科学和大脑神经等医药学领域的难题，在非静态的生物问题中具有独特的优势。由于生物机体的反应是一个动态平衡，特别是在代谢途径、炎症途径、氧化还原以及激素调节方面，大量生物途径在时空尺度上形成了复杂的模式，导致无法对每一个生物反应途径进行剖析研究，即无法使用单一因素预测其行为。使用网络学的方法揭示复杂网络中潜在的靶点，并在分子与细胞层面做好疾病的诊断、预后和预防方面的工作成为网络生物学研究的主要内容。例如，利用网络生物学方法发现了很多生命过程中的潜在位点，将 BC3Net 推理算法应用于 333 例前列腺癌患者的基因表达谱中，并使用基因富集（GPEA）重点分析了基因的相互作用，可为临床研究提供基础。以天然产物为研究对象，能建立发现抗癌药物的药理学策略。有学者为系统生物推断网络更新了一些先进的算法，讨论了 PIDC、Phixer 等在癌症研究中的应用。之后的科学研究逐渐发现了网络生物学在识别新的治疗靶点方面的潜力，在药学中发展出了一门针对药理进行研究的学科：网络药理学，并依托数据库的建立和发展，促进了中草药网络药理学的发展。

1.1.2　网络药理学

Hopki 于 2007 年首次提出网络药理学概念。网络药理学是一种阐明药物靶标和疾病蛋白关系的方法。网络药理学的研究思路主要是运用公共数据库对重要的有效成分进行清洗，通过海量靶点信息挖掘真正起治疗作用的关键靶点，并根据关键靶点寻找具有相同影响作用的物质，如图 1 所示。因为生命系统的复杂性决定了生物学网络状联系的本质，故计算机网络工具解决生物问题具有天然的优势。网络药理学的先进性在于其打破了传统药理研究低生产力的"单一药物、单一靶点、单一疾病"的思想，致力于通过现有的疾病现象和现有的治疗效果，双向寻找其中的关键激活靶点，定性地证明治疗通路是否存在，最终利用其验证通路，实现治疗层面的精准打击。目前，体内的消化和代谢仍然是研究生命科学的一个热点和难点，是很多营养与治疗研究不可避免的干扰因素。网络药理学的一个很重要优势在于其绕过了功能组分在体内消化和代谢的过程，使用了生物利用度和类药性指标代替药物在血液或组织中的代谢程度，从数据清洗层面避免了繁重的工作量。目前，该技术已经成为发现潜在靶点的重要范式，很多研究者分别利用网络药理学找到了玉屏散治疗变应性鼻炎的作用机制；基于网络的研究方法揭示了钩藤生物碱治疗高血压的作用机制，并发现其具有减轻阿尔茨海默病的功能。但是网络药理学的局限性在于只能从物质和表观上判断是否存在生物学通路的定性分析，尚不能开展深层次的了解物质含量是否会引起不同功能的定量研究。因此网络药理学是一门仅用于评估药物有效性、作用机制以及发现低毒药物的方法，剂量方面尚需要生物学试验进行验证。

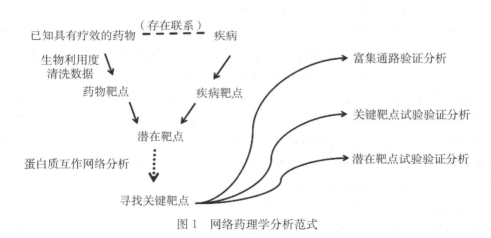

图 1　网络药理学分析范式

1.2　研究思路

关键作用靶点的挖掘与验证是活性物质-生物学功能-作用靶点关系网络研究的核心工作，如图 2 所示。从活性物质下游和生物功能上游挖掘共同作用靶点，并且对挖掘到的数据进行数据库验证（蛋白质互作）和生物验证，以保证数据挖掘的准确性。最终通过预测手段找出相似化合物再次进入验证，扩增关系网络的数据量。

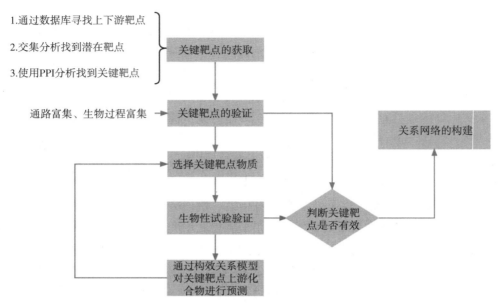

图 2   活性物质-生物学功能-作用靶点关系网络建立思路

1.2.1   关键靶点的获取

关键靶点的获取思路与经典的网络药理学相同，都是对已被证实的功能与组分关系进行挖掘。组分与功能存在联系代表着组分进入机体后，所影响的下游靶点会与产生功能的上游靶点相重合，重合部分就可能是组分影响功能的生物学通路。为了挖掘这种潜在联系，首先需要使用数据库获取活性物质和生物学功能的上下游靶点，并对挖掘的数据利用韦恩图进行交集分析，找出潜在靶点。但是，潜在靶点并不一定代表着蛋白之间存在影响关系，没有相互作用的蛋白并不能作为影响生物功能的介质。故需要对潜在靶点进行蛋白质互作网络（PPI）的分析或通路富集分析，PPI 网络的主要功能就是从数据库中查找蛋白之间是否存在相互作用。通过 PPI 或通路富集分析验证的靶点称为关键靶点，往往是通过网络学分析得到的关键结果，如有学者采用网络药理学方法探究桃仁-红花药在活血化瘀的机制研究中，在数据库挖掘潜在靶点基础上，分别应用 Scifinder 和 Pharm Mapper 搜集和预测化学成分的已知靶点与潜在靶点，应用 DAVID 数据库进行 KEGG 通路注释分析，最终通过桃仁-红花药对 17 个化学成分返回了 74 个已知靶点，并且已知靶点与改善血流动力学、抗凝血、抗炎、调控细胞凋亡和增殖四个模块有关。在基于网络药理学探讨人参-茯苓药对治疗老年性痴呆的作用机制中，通过 TCMSP 数据库与 DAVID 数据筛选出人参-茯苓药对 28 个活性成分，其中人参 22 个、茯苓 6 个，得到 89 个药物靶点，包括雌激素受体、雄激素受体、孕激素受体、毒蕈碱乙酰胆碱受体 M3、毒蕈碱乙酰胆碱受体 M1 等，其关键靶点的筛查为药物作用机制的探索奠定了基础。

1.2.2   关键靶点的验证

关键靶点的获取来源于数据库比对，得出的结果对分析过程以及数据准确性的依赖很强。所以，数据需要通过通路富集再次进行验证。通路富集验证主要是通过分析通路是否隶属于预期的生物功能范围或相关通路，以确定该条通路或生物过程是否有效。例如，在研究五味子的关键靶点是否对哮喘起作用时，关键靶点的富集生物过程中平滑肌收缩具有很高的显著性，通过病理学认定平滑肌收缩相关功能是导致哮喘的病因之一。在丹参治疗急性/慢性酒精性肝病和非酒精性脂肪肝的作用机制研究中应用了网络药理学，通过网络分析后找到了丹参中 6 种潜在的活性成分，在富集生物途径中发现这 6 种活性成分与调节脂质代谢、抗氧化和抗纤维化有很强的相关性，这些生物途径具有保肝的效果，故可认为挖掘的关键靶点与丹参治疗效果相关。利用网络药理学方法研究白花败酱草治疗溃疡性结肠炎的作用机制时，通过数据库分析得到潜在交集靶点，利用 String 数据库和 Cytoscape3.7.2 软件构建药物疾病交集靶点 PPI 网络，成功地从 169 个潜在靶点中找到了 AKT 是其潜在的核心靶点，并且这些靶点参与的信号通路主要与 PI3K/AKT 信号通路有关，这些靶点被磷酸化激活后其首要的功能就是激活 NF-κB，并诱导 NF-κB 释放大量的炎性因子如 IL-6 和 TNF-α 等，在病理学中与炎症诱因一致，故可认定该关键靶点与治疗溃疡性结肠炎之间的关联。

1.2.3　关键靶点上游化合物的验证

通过数据库挖掘以及验证关键靶点的方法全程由数据分析完成，需要对关键靶点进行生物性试验验证，以保证结果的可靠性。通常选择与关键靶点相关性最强的化合物作为验证材料开展试验。通过数据库比对检索 21 个栀子活性成分，并富集发现外源化合物代谢、核受体转录、血小板糖蛋白介导激活级联和血小板活化 4 条相关的通路，并依此选择栀子水提取物作为大鼠药理试验验证预测药物进行试验，发现栀子水提物能改善胆汁淤积大鼠的血清生化异常，成功验证了网络药理学的机制研究结果。基于网络药理学对清肺排毒汤进行分析，经过通路验证以及生物途径验证后选择了射干麻黄汤和麻杏石甘汤作为验证方剂，通过生物试验验证发现其是清肺排毒汤最有效的功能单元。因此，关键靶点上游化合物的筛选主要有两个方法：①通过数据库查找化合物作为验证材料；②选择具有关键靶点验证的化合物与不含关键靶点验证的化合物作为对比，设计对照试验。选择化合物后，采用细胞试验或生物试验的方法证明化合物具有预期的生物学功能。经过试验验证的化合物可以作为一条新的活性物质-潜在靶点-生物学功能信息。若无预期的试验结果，则否定关键靶点的预测。

1.2.4　通过构效关系模型对关键靶点上游化合物进行预测

定量构效关系（QSAR）来源于药学开发技术，实质上是一种以亚结构为中介挖掘物质与功能关系的数据分析与统计，其原理为找到以结构为单元的共性关系，并依据规律关系进行机制探索和药物开发。定量构效关系就是一种认识部分结构的方法，常用于预测未知化合物的物理化学性质以及通过预期性质来寻找具有相同功效的新成分。关系网络的构建从化学验证试验中确定了一条可以影响生物功能的功能组分，现在根据构效关系的方法可以预测更多的化合物，以获得更多的数据。预测到新的化合物后再次进入生物性试验验证其可靠性。例如，针对 38 个喹啉酮类 IDH1 小分子抑制剂，运用 CoMFA 和 CoMSIA 研究了该类化合物分子结构与抑制活性的关系，发现该类化合物与蛋白结合主要通过氢键相互作用，根据构效关系模型设计了 8 个新化合物，所设计的新化合物活性较高。通过网络药理学发现了甘草黄酮抗痤疮关键成分和靶点后，通过 HipHop 方法构建了甘草黄酮药效团模型，以结构预测了由 1 个疏水基团、2 个氢键受体基团组成的甘草黄酮最优药效团，建立了甘草黄酮的结构特性与抗痤疮活性之间的构效关系。

1.2.5　关系网络的构建

通过对多个试验得到的活性物质-潜在靶点-生物学功能信息进行分析整合并规范化处理，得到一条标准的"活性物质-潜在靶点-生物学功能"信息，存入 MySQL 数据库统一管理。达到一定的数据量后，使用 Cytoscape 软件绘制体系的网络关系图，描述以靶点为节点的饲用植物网络关系，形成完备的关系网络挖掘范式，为活性物质的试验提供更多的理论基础。以调节奶牛热应激的天然活性物质挖掘过程为例，形成的关系网络挖掘范式如图 3 所示。

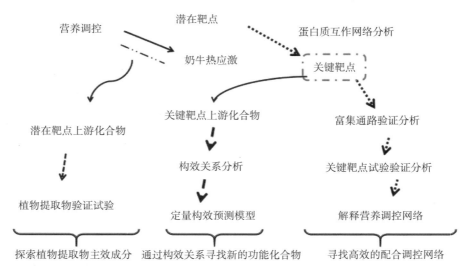

图 3　基于营养调控奶牛热应激的活性物质-生物学功能-作用靶点关系网络挖掘范式

1.3　核心思想

网络药理学是活性物质-生物学功能-作用靶点关系网络的重要研究方法。在营养调控网络中，很多研究尚未解释营养调控和靶点的关系，而网络药理学的核心就是关键靶点的探索，所以二者解决的问题是相似的。网络药理学和关系网络关键点比较如表 1 所示。早在 2010 年，Dancik 等通过研究表明，天然植物提取物的靶标高度相关，并更倾向于蛋白质相关，这也为饲用植物靶点的网络性提供了理论证明。

表 1　网络药理学和关系网络关键点比较

关键点	网络药理学	关系网络
数据来源	数据库、试验数据	试验数据、部分数据库的数据
数据类型	药物影响的靶点疾病上游的靶点	活性物质影响的靶点所产生的功能的上游靶点
拟解决的问题	找出关键靶点	找出关键靶点

（续）

关键点	网络药理学	关系网络
作用	基于关键靶点预测相同功能的物质	以关键靶点为联系节点构建关系网络，找出物质和功能之间的联系，为精准营养提供数据基础

活性物质-生物学功能-作用靶点关系网络可以为生命调控发现更多的调控因子，找到对生产适合且高效的调控成分，提高生产效益，为科学研究提供方向和思路。活性物质-生物学功能-作用靶点关系网络的应用问题实质上就是潜在靶点的应用问题，因为物质功能关系网络的结果就在于发现营养与功能中的潜在作用，明晰反应的功能原理，所以活性物质-生物学功能-作用靶点关系网络有三个基本的任务：一是通过寻找和挖掘潜在作用靶点，整合生命反应的作用机制，绘制揭示营养调控的综合生物反应网络；二是以其中特殊的生物途径为研究对象，寻找和筛选更多的营养调控物质，推进营养调控物质的研究与发展；三是为植物提取物调控研究提供更多的理论基础。

2　活性物质-生物学功能-作用靶点关系网络在饲用植物领域的研究现状

建设植物药物配体-靶网络在动物营养与功能关系中具有重要意义。可惜的是，很少有研究使用潜在靶点的分析去寻找物质与表观的关系。2013 年，Gu 提出将天然产物作为药物发现和药理学研究的对象应用到化学库中，并对天然产物的分子描述符、化学空间分布和生物活性进行了分析，发现天然产物具有广泛的化学多样性、良好类药性，并且可以与多种细胞靶蛋白相互作用。接着重建了具有 7 314 个相互作用的药物靶标网络，并建立了预测网络模型。并且描述了一个应用系统药理学方法的实例，通过整合天然产物的多元药理学和大规模癌症基因组学数据，在系统生物学框架下研究精确肿瘤学。这些研究的主要内容多为天然产物与靶标之间的关系，且建立了很多数据库，但很少涉及生物学功能的研究。一直以来，中草药和植物提取物的研究方法基本落脚于"还原论"和"反向药理法"，虽然通过这些方法明确了一些靶点，但是目前植物提取物仍缺乏试验数据。例如，有些植物提取物的研究缺乏可信度的原因在于，其研究没有通过潜在通路和靶点解释植物提取物的表观功效，使得对植物提取物发挥活性的作用机制研究并不明晰，对于植物提取物作用机制的研究结果不信任。尽管植物提取物中的混合物普遍被认为在发挥治疗或功能性作用中优于单物质，但很少有研究讨论其机制，从试验和数据上都不足以支撑这一假说。植物提取物研究结果不稳定的原因有两方面：其一，植物提取物中成分较多，含量未知，主效因子不明确；其二，不同时期、不同产地、不同品种的植物中，成分含量与比例较不稳定，缺乏准确客观的重复性验证。所以活性物质-生物学功能-作用靶点关系网络的研究本质上就是通过靶点分析的方法，反向寻找上游起到作用的分子集团，去除没有进行靶点影响的无效物质，避免上述的两大问题，为植物提取物功能的探究提供新的思路。

3   活性物质-生物学功能-作用靶点关系网络在饲用植物领域面临的挑战

3.1   生命活动的复杂性是影响网络构建的主要障碍

吸收、分布、代谢和排泄是药代动力学的核心，代谢网络的复杂系统扰乱了物质生物学功能的判断。这就为活性物质-生物学功能-作用靶点关系网络的构建带来了很大的障碍。网络药理学的解决方式是通过生物利用度（OB）和类药性（DL）判断物质是否进入到循环系统，从而判定物质是否参与潜在靶点的激活。关系网络研究可以适当借鉴这种方法去解决这个难题。另外需要考虑的是，生物系统行为具有几个基本特性，包括滞后性、非线性、可变性、相互依赖性、收敛性、弹性和多平稳性。这些基本属性揭示了生物系统的复杂程度，彻底解释了生物学功能的机制需要通过消化代谢网络、稳态环境网络、细胞靶点网络等多个复杂系统共同考虑。所以在设计活性物质-生物学功能-作用靶点关系网络的研究方案时，务必要考虑生物系统的复杂性，再去设计验证试验等。

3.2   数据的准确性是分析准确的前提

活性物质-生物学功能-作用靶点关系网络和网络药理学的基本原理都是依赖于已有的表型数据库和物质数据库信息，从表观向潜在进行推断和分析，找出相应的靶点，应用于生产或实践。但是如果获取的原始数据缺少科学性和重复性，那么推断出的结果就不具有可信度。另外，饲用天然活性物质的组成含量在不同的试验研究中均存在一定差异，在不同地区、不同维度、不同自然地理环境、不同保存方法和时间的饲用植物中存在的组分无法达成绝对一致，行业需要规范化组分的标准，才能保证结果的准确性。

3.3   数据库是构建网络分析的重要前提

网络药理学在国内蓬勃发展的原因不只是药学技术的革新，而更多是依赖数据库的建立以及关系网络思想的进步。自 2017 年中国药科大学正式发布中药系统药理学数据库与分析平台（TCMSP）以来，我国对中草药网络药理学的研究呈井喷式增长（图 4）。而最早提出网络生物学的研究仍没有太大进展。所以，网络关系的理解和研究很大程度上依赖相关数据库的信息，构建相关的信息库或数据库是进行网络分析的前提。

4   展望

动物营养学的发展是一个长期的过程，学科需要不断提出新的假设和新的验证来丰富行业的内容，使用先进的技术解决营养活性物质机制研究的难题。而网络学的研究可以发现潜在靶点的功能，不断地揭示每种物质的作用，为饲料配方提供更多的选择。我国减抗替抗政策施行已三年有余，很多研究都是通过营养与免疫的手段达到减抗替抗的目标。其中，植物提取物和中草药的作用不容小觑。笔者期望以活性物质-生物学功能-作用靶点关系网络研究

图 4　网络生物学与网络药理学在中国知网研究的关注度分析

注：通过对中国知网上的发文量进行分析，以"网络生物学"和"网络药理学"作为关键字搜索，并使用中国知网内置分析工具，以年度发文量作为关注度得出以上表格

为基础，通过研究植物提取物相关通路与饲料添加剂的配合去实现更好的营养与免疫效果，甚至配合定量构效关系手段去寻找未发现的营养调控物质，加速营养与功能关系的探索。并且关系网络的研究方法在一定程度上避免了营养成分加性问题的讨论，由于网络状分析的本质，营养成分之间的组合效应或相互影响被列入分析与计算范围，这与卢德勋先生提出的动物机体三方联动的体系具有思想上的相似性。但在目前，营养与功能关系网络的研究仍存在很大缺陷，该方法无法定量预估作用的量级关系，无法做到真正的精准营养，这是未来仍要解决的问题和探索的方向。

CHAPTER 2

饲用天然活性物质提取及指纹图谱构建方法

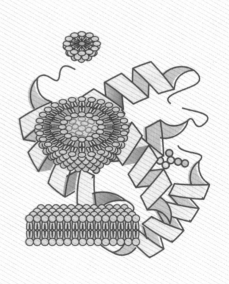

饲料样品预处理方法

同一种类饲料中往往含有多种营养活性物质，在着手研究其主效成分之前，要大致了解该种饲料中含有哪些类型的成分，才便于根据各类化合物的性质选择合理的研究方法，这就需要对饲料样品进行预处理。对于青绿饲料和常用的新鲜饲料，要先将样品在 65 ℃下充分干燥、粉碎、过筛，然后进行预处理。预处理分为两大类：一类是单项预处理，即为了寻找某一种成分而进行的针对性的检测，如甾体皂苷及其苷元是合成甾体激素的前体物质，因此在自然界中寻找甾体皂苷及其苷元时，就要建立简便而具有针对性的预处理方法；另一类是系统性预处理，即在未知的前提下对饲料中的可能成分进行检测和鉴定。

预处理的基本要求是简单便捷，并且结果要尽可能的精确。由于各类营养活性物质之间存在一定的协同作用或拮抗作用，因此直接将饲料原料进行试验具有一定的盲目性，因此需要对样品进行预处理以保证结果的可靠性。一般先采用不同极性的溶剂对样品分别进行提取（按照极性递增的顺序），再有所侧重的进行进一步的筛选。一般常用的溶剂极性为水＞甲醇＞乙醇＞丙酮＞亲水性有机溶剂＞正丁醇＞乙酸＞乙酸乙酯＞氯仿＞乙醚＞苯＞四氯化碳＞二硫化碳＞乙烷＞亲脂性有机溶剂等。

预处理的原理是根据各类可能含有的化合物进行成分分类，选择各类成分特有的化学反应如显色反应、沉淀反应、荧光性质等一般定型试验。具体操作一般采用试管进行。如果植物提取液的颜色较深也可以采用纸片法或者薄层法，即把样品和试剂滴在滤纸或者薄层上，来观察颜色变化。如果这样还是难以显色，可进一步采用色谱法将各类成分分别在滤纸或者薄层上初步分离后用显色剂进行显色判断。

在饲用植物成分的预分离试验中，通常将样品分别用石油醚、95％乙醇和水提取。这样便可以把大部分营养活性物质提取出来（表1）。

表1　不同溶剂提取液提取的主要化合物类别

水提取液提取的 主要化合物类型	乙醇提取液提取的 主要化合物类型	石油醚提取液提取的 主要化合物类型
氨基酸、多肽、蛋白质、糖类、有机酸、皂苷	生物碱、黄酮类、蒽醌、香豆素、三萜内脂、甾体皂苷、酚类、鞣质、有机酸	甾体、三萜类、挥发油、油脂

1 水提取液预处理

取饲料样品的干燥粉末约 10 g，加水 100mL，室温下浸泡过夜或者于 50～60 ℃水浴 1 h左右，过滤。滤液可供糖类、苷类、皂苷、有机酸、酚类、生物碱、多肽、氨基酸、蛋白质等化学成分的定性分析。

2　乙醇提取液预处理

取饲料样品粉末约 10 g，加 95％乙醇 100 mL，水浴加热回流提取 1 h，过滤。滤液可用于进行鞣质、酚类、有机酸等化学成分的检测。其后将滤液减压浓缩至浸膏状，置于研钵中加少量 5％盐酸搅拌提取，分取酸液进行生物碱的预处理。残留浸膏分为两部分，一部分以少量乙醇（约 15 mL）溶解，溶液可作黄酮类、蒽醌等化学成分的检测；另一部分溶于乙酸乙酯（约 20 mL），溶液转移至分液漏斗中，加适量 5％氢氧化钠溶液振荡，酚类物质及有机酸等化合物存在于下层碱水溶液中，分取乙酸乙酯层，用蒸馏水洗掉碱性成分，则主要含有中等极性非酸性成分，可进行萜类及萜类内酯、香豆素、甾体化合物等化学成分的测定。

如样品为叶类等叶绿素含量较高的植物，其大量叶绿素会妨碍显色试验的进行，因此应尽可能先除去叶绿素，以免影响预处理的效果。方法一：将植物的 95％乙醇提取液用水稀释至 70％左右浓度，倒入分液漏斗后加入等体积石油醚或汽油振摇，大部分叶绿素进入上层石油醚中，分取乙醇提取液，低温减压浓缩至浸膏状再进行预处理。方法二：向乙醇提取液中加入适量活性炭，趁热过滤，即可脱去一部分叶绿素。

3　石油醚提取液预处理

取饲料样品粉末约 10 g，加 100 mL 石油醚浸泡 2～3 h，过滤，滤液倒入蒸发皿或者低温减压浓缩，提取物可进行甾体、萜类、挥发油与油脂等化学成分的测定。

需要说明的是，预处理仅是初步分析，由于很多定性试剂并不是完全专一的仅与某种成分反应，加上所含成分复杂，可能相互干扰，因此不能根据预处理的结果肯定或否定某种成分存在。例如，用以检查生物碱的碘化铋钾试剂，对香豆素、萜类内酯等中性化合物也能发生反应，只是对生物碱更敏感，能立即产生橘红色沉淀，而对中性内酯类化合物反应较慢，需放置片刻才有红色沉淀出现。当植物中的中性内酯类化合物含量较高时就很难以时间区别，这时就容易把内酯类化合物误认为是生物碱。又如，麻黄碱虽是生物碱，对碘化铋钾试剂却呈阴性反应。另外，植物内有些成分的含量很低，运用一般的预处理方法可能不易发现；同时，可能存在难以预料的新型成分，以目前的预处理方法不一定能全部检测出来。因此，要完全肯定或否定某类化学成分的存在，往往需要通过进一步的图谱检测进行确定。

天然活性物质的提取纯化方法

我国饲料种类丰富，为了阐明饲用植物中的活性物质组成和物质基础，充分利用其抗菌、抗炎、抗氧化等生理功能，并为后抗生素时代开发新型功能性饲料添加剂奠定基础，首先必须对天然饲料原料进行提取，才能更好地将有效成分进行溶出，并加以检测和利用。因此，提取是研究饲用植物营养活性物质的第一个步骤，也是测定有效成分的必须工作。提取是指采用适当的溶剂和方法，将目标成分尽可能完全从植物中提取出来，同时尽可能避免破坏或减少杂质的溶出。常用的提取方法主要以溶剂提取法为主，但近年来在植物有效成分提取方面出现了很多新技术和新方法。不同的植物种类含有的有效成分和含量不同，对应的提取方法也有所不同，提取方法的选择是否合理、操作是否正确，将直接影响有效成分的分离纯化和检测结果。

提取前需要根据饲料的性质和使用部位对其进行预处理，主要包括粉碎、切断和干燥，以增加提取的效率。对于干燥的根茎类饲料可将其粉碎成粗粉，增加植物与溶剂的接触面积，提高提取效率。但如果粉碎过细，表面积过大，反而会影响溶剂的扩散速度，同时杂质的溶出率会随之增加。一般情况下，种子类植物由于油脂含量较高，通常先选用压榨法或者石油醚脱去油脂；叶、茎类的植物饲料因含有较多的叶绿素，通常先除去叶绿素再进行检测；对于苷类成分的提取，为防止酶的水解，可以使用乙醇或沸水处理，抑制或杀灭酶的活性。

1 提取方法

溶剂提取法是提取天然植物有效成分最常用的方法，主要是根据天然植物中各类化合物在不同溶剂中的溶解度不同，选择对有效成分溶解度最大，对杂质溶解度最小的溶剂，将植物中的有效化合物提取出来。其作用原理是溶剂穿透植物细胞壁，溶解溶质，形成细胞内外溶质的浓度差，将溶质渗透出细胞膜，达到提取的目的。影响溶剂提取效果的因素有很多，主要是溶剂的种类和提取方法，但也要注意植物的粉碎度、提取温度、提取时间等因素，必要时需要进行优化选择。

溶剂提取法的关键是选择适当的溶剂，选择溶剂的要点是根据饲用植物中的化学成分与溶剂之间存在"相似相溶"的规律，即亲水性的化学成分易溶于亲水性的溶剂，难溶于亲脂性的溶剂，反之，亲脂性的化合物成分易溶于亲脂性的溶剂，难溶于亲水性的溶剂。溶剂或化合物成分的亲水性或亲脂性，可通过其极性的大小来估计，对化合物成分而言，如果两种化合物基本母核相同，其分子中官能团的极性越大或极性官能团数目越多则整个分子的极性越大，亲水性就越强。若非极性部分越大或碳链越长则极性越小，亲脂性越强，而亲水性就越弱。如果两种化合物成分结构类似，分子的平面性越强，亲脂性就越强。如果化合物结构中含有酸性或碱性基团，常可与碱或酸反应生成盐而增大溶解性。

1.1 浸渍法

适用于有效成分遇热易破坏或含大量淀粉、果胶、树胶、黏液质的天然植物的提取。浸渍法的操作是将天然植物粉末或者碎片装入适当的容器，加入适宜的溶剂如水、乙醇或烯醇等浸渍。间断式搅拌或者振荡，浸渍至规定时间，使其有效成分溶出的一种方法。本法操作简单易行，但提取效率低，并且如果以水作为溶剂时，提取液易于发霉变质，需注意添加适当的防腐剂。

1.2 回流提取法

使用易挥发的有机溶剂加热回流提取植物成分的方法，必须采用回流装置，以免溶剂挥发损失，并且可以减少有毒溶剂对试验操作人员的毒害和对环境的破坏，适用于脂溶性较强的天然植物成分的提取，如蒽醌、萜类等。若用甲醇或者含水乙醇等溶剂提取，可提取水溶性化合物且杂质较少，提取效率高，但溶剂消耗量较大，操作比较麻烦。由于受热时间长，因此对热不稳定成分的提取不宜采用此法。

1.3 超声波提取法

超声波指频率高于 20 kHz、人的听觉阈以外的声波，具有频率高、波长短、方向性好、功率大、穿透率强等特点。饲用植物中许多有效化学成分为细胞内成分，提取时需要破碎细胞壁或细胞膜，而现有的化学和机械方法破碎细胞往往很难取得理想的效果，从而影响提取结果。超声波提取法以其独特的提取机制及理想的提取效果，在化学成分的提取中已经显示出了明显优势。

超声波提取法的原理是利用超声波辐射产生的强烈的空化效应、机械振动、扰动效应、高的加速度、乳化、扩散、击碎和搅拌等多种作用，击破植物细胞壁，并增加物质分子运动的频率和速度及溶剂的穿透力，从而加速目标成分进入溶剂，实现高效、快速提取细胞内容物。

（1）空化效应　一般被认为空化效应是超声提取的主要机制。通常情况下，介质内部或多或少地溶解了一些微气泡，这些气泡在超声波的作用下产生振动，当声压达到一定值时，气泡由于定向扩散（rectied diffusion）而增大，形成共振腔，然后突然闭合，这就是超声波的空化效应。这种气泡在闭合时会在其周围产生几千个大气压的压力，形成微激波，它可造成植物细胞壁及整个生物体破裂，而且整个破裂过程在瞬间完成，有利于有效成分的溶出。

（2）机械效应　机械效应指超声波在介质中的传播可以使介质质点在其传播空间内产生振动，从而强化介质的扩散、传播，这就是超声波的机械效应。超声波在传播过程中产生一种辐射压强，沿声波方向传播，对物料有很强的破坏作用，可使细胞组织变形、植物蛋白质变性；同时，它还可以给予介质和悬浮体以不同的加速度，且介质分子的运动速度远大于悬浮体分子的运动速度。从而在两者间产生摩擦，这种摩擦力可使生物分子解聚，使细胞壁上的有效成分更快地溶解于溶剂之中。

（3）热学作用　与其他形式的能一样，超声波在介质中的传播过程也是一个能量的传播和扩散过程，即超声波在介质的传播过程中，其声能不断被介质的质点吸收，介质将所吸收的能量全部或大部分转变成热能，从而导致介质本身和药物组织温度的升高，增加了药物有效成分的溶解速度。由于这种吸收声能引起的药物组织内部温度的升高是瞬间的，因此可以使被提取的成分的生物活性保持不变。

此外，超声波还可以产生许多次级效应，如乳化、扩散、击碎、化学效应等，这些作用也促进了植物体中有效成分的溶解，促使有效成分进入介质，并与介质充分混合，加快了提取过程的进行，并提高了药物有效成分的提取率。

超声波提取的特点：①提取效率高。超声波独具的物理特性，能促使植物组织破壁或变形，使植物中有效成分提取更充分，有利于植物资源的充分利用。②提取温度低。超声提取的最佳温度在 40～60 ℃，避免了常规煎煮法、回流法长时间加热对有效成分的不良影响，适用于对热敏物质的提取。③提取时间短。超声波强化植物组分的提取通常在 20～40min 即可获得最佳提取效率，提取时间较传统工艺缩短 2/3 以上。④适应性广。超声波提取不受化学成分性质、分子质量大小的限制，适用于绝大多数种类植物成分的提取。⑤能耗少。由于超声波提取无须加热或加热温度低，提取时间短，因此能大大降低能耗。此外，超声波提取还具有提取物有效成分含量高、有利于进一步精制、操作简单易行、设备的维护和保养方便等优点。

1.4　酶解提取法

酶是由活细胞产生，并可在细胞内或细胞外起催化作用的一类蛋白质。具有催化效率高、作用专一性强和催化条件温和等特点，用于工业可提高生产率，降低能耗，改善劳动条件，减少污染，简化工艺程序，还可以生产出其他方法难以得到的产品。因此，酶不仅用于食品和化工行业，还可用于基因工程、细胞工程等新技术领域。在饲用植物提取中的应用研究只有十几年的历史，但已取得了较好的效果，还有很大的发展空间。

大部分植物的有效成分都是包裹在细胞壁内，而植物药的细胞壁是由纤维素、半纤维素、果胶质、木质素等物质构成的致密结构。在提取药食同源类植物有效成分的过程中，有效成分向提取介质扩散时，必须克服细胞壁及细胞间质的双重阻力。选用适当的酶作用于药用植物材料，如能水解纤维素的纤维素酶、水解果胶质的果胶酶等，可以通过酶反应，温和地分解细胞壁及细胞间质中的纤维素、半纤维素、果胶质等成分，破坏细胞壁的致密构造，引起细胞壁及细胞间质结构产生局部疏松、膨胀、崩溃等变化，减小细胞壁及细胞间质等传质屏障对有效成分从细胞内向提取介质扩散的传质阻力，从而有利于有效成分的溶出。在提高溶出效率的同时，还可选用木瓜蛋白酶、菠萝蛋白酶、葡萄糖苷酶等适当的酶作用于植物，将通常认为无效的杂质如淀粉、蛋白质、果胶等分解去除，为后续的分离精制、改善提取澄清度创造有利条件。选用适当的酶还可以促进某些极性低的脂溶性成分转化成易溶于水的糖苷类成分而利于提取。

2　营养活性物质提取新技术、新工艺、新方法

2.1　超临界流体萃取法（SFE）

2.1.1　超临界流体萃取的基本原理

超临界流体萃取分离过程是根据超临界流体对脂肪酸、植物碱、醚类、酮类、甘油酯等具有特殊溶解作用的特性，利用超临界流体的溶解能力与其密度的关系，即利用压力和温度对超临界流体溶解能力的影响而进行的。在超临界状态下，将超临界流体与待分离的物质接触，使其有选择性地按照极性大小、沸点高低和分子质量大小将混合成分依次萃取出来。当然，对应各压力范围所得到的萃取物不可能是单一的，但可以通过控制条件得到最佳比例的混合成分，然后借助减压、升温的方法使超临界流体变成普通气体，被萃取物质则完全或基本析出，从而达到分离提纯的目的，因此超临界流体萃取过程是由萃取和分离组合而成的。

2.1.2　超临界流体萃取特点

超临界流体萃取的特点包括：①可以在接近室温（35～40℃）及 CO_2 气体笼罩下进行提取，有效地防止了热敏性物质的氧化和逸散，因此在萃取物中保持着药用植物的全部成分，而且能把高沸点、低挥发度、易热解的物质在其沸点温度以下萃取出来。②使用 SFE 是最干净的提取方法，由于全过程不用有机溶剂，因此萃取物绝无残留溶媒，同时也防止了提取过程对人体的毒害和对环境的污染。③萃取和分离合二为一，当饱含溶解物的 CO_2-SCF 流经分离器时，由于压力下降使得 CO_2 与萃取物迅速成为两相（气液分离）而立即分开，不仅萃取效率高而且能耗较少，节约成本。④CO_2 是一种不活泼的气体，萃取过程不发生化学反应，且属于不燃性气体，无味、无臭、无毒，故安全性好。⑤CO_2 价格便宜、纯度高、容易取得，且可在生产过程中循环使用，从而降低成本。⑥压力和温度都可以成为调节萃取过程的参数，通过改变温度或压力达到萃取的目的。压力固定，改变温度可将物质分离；而温度固定，降低压力可使萃取物分离。易此法于操作，且萃取速度快。

2.2　亚临界萃取

亚临界萃取是以低沸点有机物作为萃取剂，在低温减压条件下进行蒸发分离，其分离条件温和，能保持萃取物生物活性，萃取剂可重复使用，在分离提纯领域有广泛的应用前景。2016 年，干静等首次利用亚临界萃取技术萃取草麻草中黄酮米化合物，结果显示：在液料比为 1.5，温度为 45 ℃，压力为 0.3 MPa 的条件下萃取 1.5 h，黄酮获取率为 3.835%，该试验方法环保，并且产物也能够保持较好的生物活性。针对亚临界水在不同温度和流速下控制柑橘皮黄酮类化合物提取率的机制进行研究，提取速率曲线表明双位点动力学模型对整个提取过程拟合良好，柑橘皮黄酮类化合物的提取主要受颗粒内扩散控制。该方法建立了用亚

临界乙醇从辣木叶中提取黄酮类化合物的大规模工艺流程，在最佳条件下黄酮类化合物的最高回收率可达 2.60％，时间仅需 2 h，与传统的乙醇回流法相比，回收率提高了 26.7％，且节能效果明显。

2.3　双水相提取法

双水相体系（agueous two-phase system，ATPS）通常是指两种亲水性化合物的水溶液在一定浓度下混合后自发形成两个互不相容的水相体系，其分离原理是利用物质在双水相体系中的选择性分配从而达到分离目的。选择以 28％（V/V）乙醇和 22％（wt）KHP 组成的双水相体系提取木豆根中染料木素和芹菜素，经分析得出染料木素和芹菜素的回收率分别为 93.8％和 94％，且 ATPS 提取物具有较高的抗氧化活性。该方法简单易行，计算表格化，使用者能够迅速掌握。下面通过一个例子来说明正交试验设计法的基本思路。

【例 1】为提高某化工产品的转化率，选择了 3 个有关因素进行条件试验，即反应温度（A）、反应时间（B）、用碱量（C），并确定了它们的试验范围：

A：80～90℃

B：90～150 min

C：5％～7％

试验目的是研究因素 A、B、C 对转化率有什么影响，哪些影响是主要的，哪些影响是次要的，从而确定最适生产条件，即温度、时间及用碱量各为多少才能使转化率高。

制定试验方案，因素 A 在试验范围内选择 3 个水平；因素 B 和 C 也分别取 3 个水平：

A：A1＝80℃，A2＝85℃，A3＝90℃

B：B1＝90 min，B2＝120 min，B3＝150 min

C：C1＝5％，C2＝6％，C3＝7％

当然，在正交试验设计中，因素可以是定量的，也可以是定性的。而定量因素各水平间的距离可以相等，也可以不相等。这个三因素三水平的条件试验通常有两种试验方法；取三因素所有水平之间的组合，即 A1B1C1、A1B1C2、A1B2C1、A3B3C3，共有 $3^3＝27$ 次试验。用图表示就是图 1 所示立方体的 27 个节点。这种试验方法称为全面试验。全面试验对各因素与指标间的关系剖析得比较清楚；但试验次数太多，特别是当因素数目多，每个因素的水平数目也多时，试验量大得惊人。例如，选 6 个因素，每个因素取 5 个水平时，如欲做全面试验，则需 $5^6＝15\ 625$ 次试验，这实际上是很难实现的。如果应用正交试验法，只做 25 次试验即可，且在某种意义上，这 25 次试验可以代表 15 625 次试验。

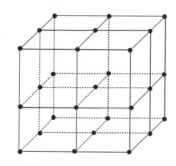

图 1　全面试验三因素三水平示意

【例 2】简单对比法，即变化一个因素而固定其他因素，如首先固定 B、C 与 B1、C1，使 A 变化；固定 A、B 与 A1、B1，使 C 变化；固定 A、C 与 A1、C1，使 B 变化，以此得出结论。

这种方法一般也能产生一定的效果，但缺点很多。首先，这种方法的选点代表性很差，如按上述方法进行试验，试验点完全分布在一个角，而在一个很大的范围内没有选点，因此这种试验方法不全面，所选的工艺条件 A3B2C2 不一定是 27 个组合中最好的。其次，用这种方法比较条件好坏时，是用单个试验数据进行数值上的简单比较，而试验数据中必然要包含误差成分，所以单个数据的简单比较不能剔除误差的干扰，因此必然造成结论的不稳定。

应兼顾这两种试验方法的优点，从全面试验的点中选择具有典型性、代表性的点，使试验点在试验范围内分布均匀，能反映全面情况。但同时希望试验点尽量少，为此还要具体考虑一些问题。

例如上例，对应于 A 有 A1、A2、A3 3 个平面，对应于 B、C 也各有 3 个平面，共 9 个平面。则这 9 个平面上的试验点都应一样多，即对每个因子的每个水平都要同等看待。具体来说，每个平面上都有 3 行、3 列，要求在每行、每列上的点一样多。这样，试验点用 ⊙ 表示，可以看到，在 9 个平面中每个平面上都恰好有 3 个点，而每个平面的每行、每列都有 1 个点，而且只有 1 个点，总共 9 个点。这样的试验方案，试验点的分布很均匀，试验次数也不多。

当因子数和水平数都不大时，尚可通过作图的办法来选择分布很均匀的试验点。但如果因子数和水平数增多，便不适宜作图。

试验人员在长期的工作中总结出一套办法，创造出所谓的正交表。按照正交表来安排试验，既能使试验点分布得很均匀，又能减少试验次数，用正交表来安排试验及分析试验结果的方法称为正交试验设计法，简称正交法。

【例 3】采用正交法优化超声波提取苜蓿中总皂苷含量的工艺方法（表 1），分别对物料比、超声时间、超声温度和超声功率进行了考察，共选定物料比 A 的梯度为 1∶10、1∶20 和 1∶30；超声时间 B 的梯度为 10 min、20 min 和 30 min；超声功率 C 的梯度为 60W、80W 和 100W；超声温度 D 的梯度为 20℃、40℃和 60℃，共得到试验方案 9 组，采用超声波法提取苜蓿皂苷，在正交试验中，四个因素中提取时间对苜蓿皂苷提取得率的影响最为显著，而提取温度的影响最小，从主到次排序为：提取时间＞物料比＞提取功率＞提取温度；最佳工艺条件为 A2B3C2D1，即物料比 1∶20、提取时间 30 min、提取功率 80 W、提取温度 20℃。

表 1　正交法筛选超声波提取苜蓿中总皂苷的条件

试验序号	因素				皂苷质量浓度（mg/mL）	平均值（mg/mL）	皂苷含量（mg）	质量百分数（%）
	A	B	C	D				
1	1	1	1	1	0.066 9, 0.063 9, 0.065 3	0.065 3	13.38	1.338
2	1	2	2	2	0.077 5, 0.074 1, 0.072 5	0.074 7	14.94	1.494

（续）

试验序号	因素				皂苷质量浓度 (mg/mL)	平均值 (mg/mL)	皂苷含量 (mg)	质量百分数（%）
	A	B	C	D				
3	1	3	3	3	0.088 7, 0.091 1, 0.091 4	0.090 4	18.08	1.808
4	2	1	2	3	0.074 3, 0.079 5, 0.080 8	0.078 2	15.64	1.564
5	2	2	3	1	0.099 9, 0.090 9, 0.066 9	0.085 9	17.18	1.718
6	2	3	1	2	0.088 8, 0.088 2, 0.089 9	0.089	17.8	1.78
7	3	1	3	2	0.072 6, 0.073 8, 0.073 3	0.073 3	14.66	1.466
8	3	2	1	3	0.077 3, 0.079 2, 0.076 7	0.077 7	15.54	1.554
9	3	3	2	1	0.089 1, 0.099 9, 0.099 7	0.096 2	19.24	1.924
K_1	0.076 8		0.072 3	0.077 3	0.082 5			
K_2	0.084 3		0.079 4	0.083	0.079			
K_3	0.082 4		0.091 9	0.083 2	0.082 1			
B	0.007 5	0.019 6	0.005 9	0.003 5				

2.4　响应面法优化提取条件

响应面法是采用模型进行最佳提取点、提取时间等条件的筛选，建模时最常用和最有效的方法之一就是多元线性回归方法。对于非线性体系可适当处理为线性形式。

模型中如果只有一个因素（或自变量），响应（曲）面是二维空间中的一条曲线；当有两个因素时，响应面是三维空间中的曲面。下面简要讨论两因素响应面分析的大致过程。在化学量测实践中，一般不考虑三因素及三因素以上间的交互作用，有理由设两因素响应（曲）面的数学模型为二次多项式模型，可表示如下：通过 n 次量测试验（试验次数应大于参数个数，一般认为前者至少应是后者的 3 倍），以最小二乘法估计模型各参数，从而建立模型；求出模型后，以两因素水平为 x 坐标和 y 坐标，以相应的响应为 z 坐标做出三维空间的曲面（这就是两因素响应曲面）。应当指出，上述求出的模型只是最小二乘解，不一定与实际体系相符，也即计算值与试验值之间的差异不一定符合要求。因此，求出系数的最小二乘估计后，应进行检验，一个简单实用的方法就是以响应的计算值与试验值之间的相关系数是否接近于 1 或观察其相关图是否所有的点都基本接近直线进行判别。如果以表示响应试验值为计算值，则两者的相关系数 R 定义为其中对于两因素以上的试验，要在三维以上的抽象空间才能表示，一般先进行主成分分析进行降维后，再在三维或二维空间中加以描述。

【例1】潘予琼等（2020）采用响应面法优化紫花苜蓿的超声提取条件，首先采用单因素分析方法，设计乙醇浓度、料液比、超声提取时间三个因素对苜蓿总黄酮提取量的影响（表2），在探讨某个单因素的影响时，固定其余两个参数的数值。乙醇浓度分别选用40%、50%、60%、70%、80%、90%共6个水平；料液比（g/mL）分别选用1：20、1：30、1：40、1：50共4个水平；超声提取时间分别选择20 min、30 min、40 min、50 min、60 min共5个水平，将不同条件下获得的提取液过滤至50 mL容量瓶中，用30%乙醇进行定容制成黄酮提取液，通过分光光度计测定苜蓿提取液中总黄酮含量，通过计算得出不同品种苜蓿总黄酮含量。

计算公式为：苜蓿总黄酮含量（mg/g）＝（待测液总黄酮含量×50×25）/苜蓿样品质量。

再根据优化软件Design Expert（8.0.6）中的Box-Behnken试验设计，结合单因素试验结果，选择乙醇提取浓度、料液比和超声提取时间为相应因素，以苜蓿总黄酮提取量为响应值，设立三因素三水平的相应分析进行试验设计，每个因素和水平重复3次，取平均值，优化苜蓿总黄酮的最佳提取条件。

表2　响应面因素水平及编码

因素	水平		
	−1	0	1
乙醇浓度（%）	70	80	90
料液比	1：20	1：30	1：40
提取时间（min）	20	30	40

试验结果如下：

2.4.1　单因素考察

在相同条件下，随乙醇浓度的增加，苜蓿中提取的总黄酮含量逐渐增加（图2），在乙醇浓度为80%时提取量达到最大，为10.27 mg/g，之后随乙醇浓度的增加，总黄酮含量下降。分析原因可能是由于苜蓿黄酮结构中均含有2-苯基色原酮呈弱极性，根据相似相溶原理，乙醇浓度为80%时与苜蓿黄酮成分的极性相近，溶出度最高；而随着乙醇浓度的增加，提取液的极性增大，不利于黄酮成分的溶出，使提取率下降。

在相同条件下，当料液比为1：（20～30）时，随着溶剂体积的增大，苜蓿总黄酮提取量不断升高，从8.42 mg/g升高到10.41 mg/g；当溶剂体积大于30倍时，黄酮的提取量开始降低，故溶剂体积在一定范围内的增加有利于黄酮类化合物的溶出，这一变化趋势和其他学者的研究结果一致（图3）。分析原因主要是：溶剂体积的增大会增加有效成分与溶剂的接触机会，从而有助于活性物质与植物细胞的分离，使提取量增加。但过高的溶剂量在超声波"空化作用"的影响下会产生氧化自由基，可能存在自由基氧化作用引起黄酮类物质的损失，造成提取量减少。因此，最终确定苜蓿总黄酮提取量的最佳料液比为1：30。

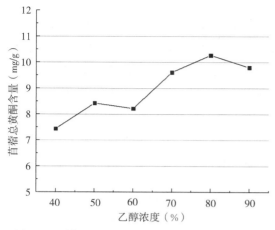

图 2　乙醇提取浓度对苜蓿总黄酮提取量的影响

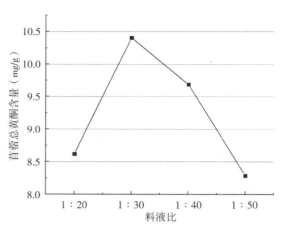

图 3　料液比对苜蓿总黄酮提取量的影响

当提取时间为 20～30 min 时，苜蓿总黄酮提取量随时间的增加而增加，由 8.35 mg/g 增加至 10.27 mg/g；30～60 min 时，随提取时间的增加，苜蓿总黄酮提取量先出现大幅下降，之后有所回升，但远低于 30 min 时的苜蓿总黄酮提取量。分析原因可能是：温度的升高有利于苜蓿中总黄酮物质的溶出，在短时间内可以达到固态平衡，从而提高其提取量；但过高的温度会在一定程度上加速总黄酮物质的氧化、缩合、降解等反应，使提取量减少，考虑到提取量及提取时间的关系，最终选择提取时间为 30 min（图 4）。

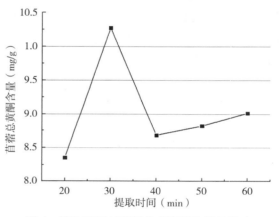

图 4　提取时间对苜蓿总黄酮提取量的影响

2.4.2　响应面优化

通过响应面分析（表 3）对三因素三水平条件下苜蓿总黄酮提取量进行多元线性回归和二次项方程拟合，得到苜蓿总黄酮提取量（Y）对乙醇浓度（A）、料液比（B）和超声时间（C）的二次多项式回归方程。

表 3　响应面分析结果

序号	RUN 程序	乙醇浓度（%）	料液比	提取时间（min）	苜蓿总黄酮含量（mg/g）
1	16	70	1∶20	30	7.163 761 327
2	8	90	1∶20	30	7.554 562 352
3	3	70	1∶40	30	8.224 398 015
4	9	90	1∶40	30	8.483 130 157

（续）

序号	RUN 程序	乙醇浓度（%）	料液比	提取时间（min）	苜蓿总黄酮含量（mg/g）
5	7	70	1∶30	20	8.822 694 008
6	10	90	1∶30	20	8.419 327 16
7	4	70	1∶30	40	8.285 806 847
8	14	90	1∶30	40	8.358 828 091
9	15	80	1∶20	20	8.605 466 457
10	1	80	1∶40	20	8.751 057 939
11	17	80	1∶20	40	7.886 981 621
12	11	80	1∶40	40	9.347 239 27
13	12	80	1∶30	30	9.948 271 135
14	13	80	1∶30	30	10.477 104 96
15	5	80	1∶30	30	10.477 104 96
16	6	80	1∶30	30	10.212 714 48
17	2	80	1∶30	30	10.216 799 16

由表 3 数据分析表明，优化出的回归模型为：

$Y=10.27+0.040A+0.45B-0.090C-0.033AB+0.12AC+0.33BC-1.29A^2-1.12B^2-0.050C^2$（P<0.05），说明模型拟合度较好，能够较理想的拟合乙醇浓度（A）、料液比（B）和超声时间（C）对苜蓿总黄酮提取量的影响，其中模型失拟项不显著（P=0.087 0≥0.05），表明该回归模型的拟合情况良好。此外，回归方程中二次项乙醇浓度（A^2）、料液比（B^2）对总黄酮提取量回归模型有极显著性影响（$P<0.05$），但交互项 AB、BC、AC 作用不显著（$P>0.05$），说明乙醇浓度（A）、料液比（B）和超声时间（C）之间的相互作用对苜蓿总黄酮提取量的影响较弱（表 4）。

表 4　回归方程相关系数

来源	均方和	自由度	均方	F 值	P 值
模型	16.87	9	1.87	36.24	0.000 1**
乙醇浓度（A）	0.013	1	0.013	0.25	0.634 9
料液比（B）	1.62	1	1.62	31.24	0.000 8**
提取时间（C）	0.065	1	0.065	1.25	0.300 1
AB	0.004 361	1	0.004 361	0.084	0.779 9
AC	0.057	1	0.057	1.10	0.329 7
BC	0.43	1	0.43	8.36	0.023 3
A^2	7.04	1	7.04	136.14	<0.000 1**
B^2	5.25	1	5.25	101.59	<0.000 1**

（续）

来源	均方和	自由度	均方	F 值	P 值
C^2	1.06	1	1.06	20.50	0.002 7
残差	0.36	7	0.052		
失拟项	0.17	3	0.056	1.14	0.434 9
纯误差	0.20	4	0.049		
总误差	17.23	16			

注：**表示差异极显著（$P < 0.001$）。

试验各因素间交互作用如图 5 至图 7 所示。响应面的坡度大小表示该因素对苜蓿总黄酮提取量的影响大小，另外，椭圆曲线排列密集说明该因素对总黄酮提取量影响大，等高线越接近椭圆形，表明两因素交互作用越明显。综合分析可直观地看出，乙醇浓度和料液比对总黄酮提取量影响最明显，提取时间和乙醇浓度（彩图 2）、料液比（彩图 3）之间对总黄酮提取量的交互作用次之。

由优化后的模型可知，最佳提取条件为乙醇浓度 80.45%、料液比 1∶32、提取时间 33.49 min，分别对试验的精密度、重复性和稳定性进行考察，结果表明相对标准偏差均小于 5%，证明该提取条件可行。

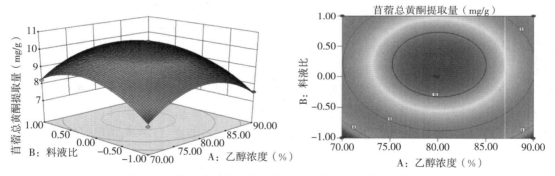

图 5   乙醇浓度与料液比对苜蓿总黄酮提取量的交互作用

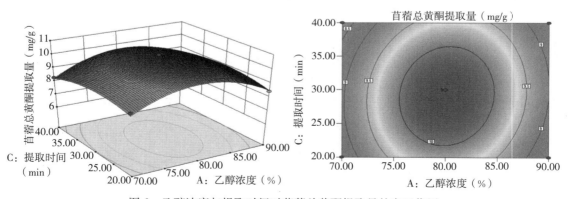

图 6   乙醇浓度与提取时间对苜蓿总黄酮提取量的交互作用

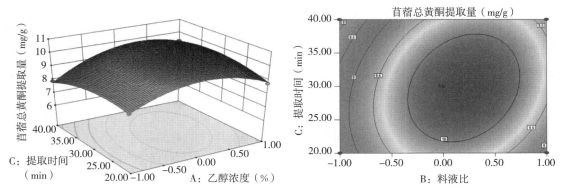

图 7　料液比与提取时间对苜蓿总黄酮提取量的交互作用

3　纯化方法

3.1　柱色谱法

柱色谱法又称层析法，是一种以分配平衡为机制的分配方法。其色谱体系包含两个相，一个是固定相，另一个是流动相。当两相相对运动时，反复多次地利用混合物中所含各组分分配平衡性质的差异，最后达到彼此分离的目的。柱色谱法是纯化和分离有机物或无机物的一种常用方法。其中固定相极性大于流动相的色谱为正相色谱，相反的为反相色谱。根据相似相溶原理：混合物中在固定相中溶解度大的物质后出柱，保留时间长，难被洗脱。柱色谱法是一种具有样品处理量大、分离速度快、分离效率高、成本低等优点的物理分离方法。

3.1.1　吸附色谱的原理

在一定条件下，硅胶与被分离物质之间产生作用，这种作用主要包括物理作用和化学作用两种。物理作用来自硅胶表面与溶质分子之间的范德华力；化学作用主要是硅胶表面的硅羟基与待分离物质之间的氢键作用。色谱管为内径均匀、下端缩口的硬质玻璃管，下端用棉花或玻璃纤维堵塞，管内装入吸附剂。吸附剂的颗粒应尽可能保持大小均匀，以保证良好的分离效果。除另有规定外，通常吸附剂多采用直径为 0.07～0.15mm 的颗粒。色谱柱的大小、吸附剂的品种和用量以及洗脱时的流速，均应符合各品种项下的规定。

3.1.2　吸附剂的填装

（1）干法　将吸附剂一次加入色谱柱，振动管壁使其均匀下沉，然后沿管壁缓缓加入洗脱剂；或在色谱柱下端出口处连接活塞，加入适量的洗脱剂，旋开活塞使洗脱剂缓缓滴出，然后自管顶缓缓加入吸附剂，使其均匀地润湿下沉，在管内形成松紧适度的吸附层。操作过程中应保持有充分的洗脱剂留在吸附层的上面。

（2）湿法　将吸附剂与洗脱剂混合，搅拌除去气泡，徐徐倾入色谱柱中，然后加入洗脱剂将附着管壁的吸附剂洗下，使色谱柱面平整。等到填装吸附剂所用洗脱剂从色谱柱自然流下、液面和柱表面相平时，即加供试品液。

3.1.3　供试品的加入

除另有规定外，将供试品溶于开始洗脱时使用的洗脱剂中，再沿色谱管壁缓缓加入，注意勿使吸附剂翻起；或将供试品溶于适当的溶剂中，与少量吸附剂混匀，再使溶剂挥发并呈松散状，然后加在已制备好的色谱柱上。如供试品在常用溶剂中不溶，可将供试品与适量的吸附剂在乳钵中研磨混匀后加入。

3.1.4　洗脱

除另有规定外，通常按洗脱剂洗脱能力大小递增变换洗脱剂的品种和比例，分别分部收集流出液，至流出液中所含成分显著减少或不再含有时，再改变洗脱剂的品种和比例。操作过程中应保持有充分的洗脱剂留在吸附层的上面。

3.1.5　常见问题

（1）吸附剂的选择　　吸附剂应对样品组分和洗脱剂都不会发生任何化学反应，在洗脱剂中也不会溶解；对待分离组分能够进行可逆的吸附，同时具有足够的吸附力，使组分在固定相与流动相之间能最快地达到平衡；颗粒形状均匀，大小适当，以保证洗脱剂能够以一定的流速（一般为 1.5 mL/min）通过色谱柱；材料易得、价格便宜、无色（以便观察）。可用于吸附剂的物质有氧化铝、硅胶、聚酰胺、硅酸镁、滑石粉、氧化钙（镁）、淀粉、纤维素、蔗糖和活性炭等。

（2）吸附剂的活度及其调节　　吸附剂的吸附能力常称为活度或活性。吸附剂的活性取决于它们含水量的多少，活性最强的吸附剂含有最少量的水。吸附剂的活性一般分为五级，分别用Ⅰ、Ⅱ、Ⅲ、Ⅳ和Ⅴ表示，数字越大表示活性越小。向吸附剂中添加一定量的水，可以降低其活性；反之，如果用加热处理的方法除去吸附剂中的部分水，则可以增加其活性，后者称为吸附剂的活化。

（3）吸附剂和洗脱剂的选择　　样品在色谱柱中的移动速度和分离效果取决于吸附剂对样品各组分的吸附能力大小和洗脱剂对各组分的解吸能力大小，因此，吸附剂的选择和洗脱剂的选择常常是结合起来进行的。首先，根据待分离物质的分子结构和性质，结合各种吸附剂的特性，初步选择一种吸附剂。然后根据吸附剂和待分离物质之间的吸附力大小，选择出认为适宜的洗脱剂。最后，采用薄层色谱法进行试验。根据试验结果，再进一步决定是调节吸附剂的活性，还是更换吸附剂的种类，或是改变洗脱剂的极性。直到确定合适的吸附剂和洗脱剂为止。

3.2　高速逆流色谱法

高速逆流色谱（HSCCC）是一种液-液色谱分离技术，它的固定相和流动相都是液体，没有不可逆吸附，具有样品无损失、无污染、高效、快速和大制备量分离等优点。

溶剂系统的选择对于 HSCCC 分离十分关键。遗憾的是，到目前为止溶剂系统的选择还没有充分的理论依据，而是根据实际积累的经验来选择。通常来说，溶剂系统应该满足以下要求：溶剂系统不会造成样品的分解或变性样品中各组分在溶剂系统中有合适的分配系数，一般认为分配系数在 0.2～5 的范围内是较为合适的，并且各组分的分配系数要有足够的差异，分离因子最好大于或等于 1.5；溶剂系统不会干扰样品的检测；为了保证固定相的保留率不低于 50%，溶剂系统的分层时间不超过 30s；上下两相的体积比合适，以免浪费溶剂；尽量采用挥发性溶剂，以方便后续处理，尽量避免使用毒性大的溶剂。根据溶剂系统的极性，可以分为弱极性、中等极性和强极性三类。经典的溶剂系统有正己烷-甲醇-水、正己烷-乙酸乙酯-甲醇-水、氯仿-甲醇-水和正丁醇-甲醇-水等。在试验中，应根据实际情况，总结分析并参照相关的专著及文献，从所需分离的物质的类别出发去寻找相似的分离实例，选择极性适合的溶剂系统，调节各种溶剂的相对比例，测定目标组分的分配系数，最终选择合适的溶剂系统（表 5）。

表 5　不同溶剂系统对比

被分离物质种类	基本两相溶剂系统	辅助溶剂
非极性或弱极性物质	正庚（己）烷-甲醇	氯烷烃
	正庚（己）烷-乙腈	氯烷烃
	正庚己烷-甲醇（或乙腈）-水	氯烷烃
中等极性物质	氯仿-水	甲醇、正丙醇、异丙醇
	乙酸乙酯-水	正己烷、甲醇、正丁醇
极性物质	正丁醇-水	甲醇、乙酸

3.3　大孔树脂法

大孔树脂法是利用特殊的吸附剂与陈皮中的黄酮所产生的范德华力或氢键作用，实现对黄酮的吸附分离，然后再通过选择合适的溶剂将吸附在吸附剂上的黄酮物质洗脱下来，实现黄酮组分的富集。

大孔吸附树脂是近代发展起来的一类有机高聚物吸附剂，20 世纪 70 年代末开始将其应用于中草药成分的提取分离。中国医学科学院药物研究所试用大孔吸附树脂对糖、生物碱、黄酮等进行吸附，并在此基础上用于天麻、赤芍、灵芝和照山白等中草药的提取分离，结果表明大孔吸附树脂是分离中草药水溶性成分的一种有效方法。用此法从甘草中可提取分离出甘草甜素结晶。以含生物碱、黄酮、水溶性酚性化合物和无机矿物质的 4 种中药有效部位的单味药材（黄连、葛根、丹参、石膏）水提液为样本，在 LD605 型树脂上进行动态吸附研究，比较其吸附特性参数，其结果表明，除无机矿物质外，其他中药有效部位均可不同程度地被树脂吸附纯化。不同结构的大孔吸附树脂对亲水性酚类衍生物的吸附作用研究表明，不同类型大孔吸附树脂均能从极稀水溶液中富集微量亲水性酚类衍生物，且易洗脱，吸附作用随吸附物质的结构不同而有所不同，同类吸附物质在各种树脂上的吸附容量均与其极性水溶性有关。用 D 型非极性树脂提取了绞股蓝皂苷，总皂苷回收率在 2.15% 左右。用 D1300 大孔树脂精制"右归煎液"，其干浸膏得率在 4%～5%，所得干浸膏不易吸潮，贮存方便，其吸附回收率以 5-羟甲基糖醛计为 83.3%。用 D-101 型非极性树脂提取了甜菊总苷，粗品回收率为 8% 左右，精品回收率在 3% 左右。用大孔吸附树脂提取精制三七总皂苷，所得产品纯度高、质量稳定、成本低。将大孔吸附树脂用于银杏叶的提取，提取物中银杏黄酮含量稳定在 26％ 以上。江苏色可赛思树脂有限公司整理用大孔吸附树脂分离出的川芎总提取物中川芎嗪和阿魏酸的含量为 25％～29％，回收率为 0.6％。另外大孔吸附树脂还可用于含量测定前样品的预分离。

3.3.1 黄酮精制纯化

对地锦草的提取工艺进行研究以提高总黄酮的回收率。选用 D101 型大孔树脂，以地锦草总黄酮含量为考察指标，采用 L9（34）正交试验表，以直接影响地锦草总黄酮回收率的上柱量、吸附时间及洗脱液的浓度为试验因素，每个因素取三个水平。结果以 10 mL 样品液（每 1mL 75％ 乙醇液含地锦草干浸膏 0.5g）上柱、静置吸附 30 min、用 95％ 乙醇洗脱地锦草总黄酮为最佳工艺；洗脱液干燥后的总固体物中的地锦草总黄酮提取量大于 16％，高于醇提干浸膏的 7.61％，且洗脱率大于 93％。采用紫外分光光度法测定苦参中总黄酮的含量，使用 AB-8 型大孔吸附树脂对苦参总黄酮的吸附性能及原液浓度、pH、流速、洗脱剂的种类对吸附性能的影响进行了研究，结果 AB-8 型树脂对苦参总黄酮的适宜吸附条件为原液浓度 0.285 mg/mL、pH4、流速每小时 3 倍树脂体积、洗脱剂用 50％ 乙醇时，解吸效果较好，表明 AB-8 型树脂精制苦参总黄酮是可行的。用不同型号的大孔吸附树脂研究了中药银杏叶的提取物银杏叶黄酮的分离，发现 S-8 型树脂吸附量为 126.7 mg/g，洗脱溶剂的乙醇浓度为 90％，解吸率为 52.9％；AB-8 型树脂吸附量为 102.8 mg/g，用溶剂为 90％ 的乙醇解吸，解吸率为 97.9％，表明不同型号的树脂对同一成分的吸附量、解吸率不同。崔成九等（1999）用大孔树脂分离葛根中的总黄酮，将用 70％ 乙醇提取的葛根浓缩液加到大孔树脂柱上，先用水洗脱，再用 70％ 乙醇洗脱至薄层色谱（TLC）检查无葛根素斑点为止，结果葛根总黄酮回收率为 9.92％（占生药总黄酮的 84.58％），高于正丁醇法的 5.42％。两种方法的主要成分基本一致，但用大孔树脂法分离葛根总黄酮具有回收率高、成本低、操作简便等优点，可供大量生产使用。

3.3.2 皂苷精制纯化

赤芍为中药，其主要成分为芍药苷、羟基芍药苷、芍药苷内酯等化合物，简称赤芍总苷。用大孔吸附树脂分离赤芍总苷，芍药以 70％ 的乙醇回流提取，减压浓缩，过大孔吸附树脂柱，分别用水、20％ 乙醇洗脱，收集 20％ 乙醇洗脱液，减压浓缩得赤芍总苷，并用高效液相色谱法（HPLC）对所得赤芍总苷中的芍药苷含量进行测定，赤芍总苷的回收率为 5.4％，其中芍药苷的含量为 75％。该法操作简便、得率稳定、产品质量稳定。金芳等（1999）用 D101 型大孔吸附树脂吸附含芍药中药复方提取液，以排除其他成分的干扰，并将 50％ 乙醇洗脱液用 HPLC 法测定，结果可以快速准确地测定复方中药制剂中的芍药苷含量，且重现性好、回收率较高。以中药抗感冒颗粒中芍药苷含量为指标，比较醇沉、超滤及大孔吸附树脂三种方法，结果芍药苷的含量大小依次为醇沉、大孔吸附树脂、超滤。醇沉含量虽高，但工艺较为复杂，耗时长。采用 HPLC 法测定丹参素、芍药苷的含量，选用 8 种不同类型的大孔吸附树脂（X-5、AB-8、NK-2、NKA-2、NK-9、D3520、D101、WLD），精制后提取物的含固率显著降低，丹参素的损失都很大，X-5、AB-8、WLD 3 种树脂对芍药苷的保留率都在80％以上。7种大孔树脂在乐脉胶囊的精制中对丹参素保留率都很低，因而对丹参药材不宜采用；部分类型树脂对精制芍药苷类成分可以采用。荀奎斌等（2001）采用大孔吸附树脂，用HPLC法测定肝得宁片中的连翘苷的含量，用DA-101型树脂吸附样品，以水洗脱干扰成分，将70％乙醇洗脱液用于含量测定。利用HPLC法检测大孔树脂柱处理过的样品液，操作步骤少，色谱性污染小，柱压低，具有分离度高、专属性强及重现性好、灵敏度高等特点。研究D101型大孔吸附树脂富集、纯化人参总皂苷的工艺条件及参数发现，人参提取液45 mL（5.88 mg/mL）上大孔树脂柱（15 mm×90 mm，干重2.52 g），用蒸馏水100 mL、50％乙醇100 mL依次洗脱，人参总皂苷富集于50％乙醇洗脱液中，且该法除杂质能力强；通过大孔吸附树脂富集与纯化后，人参总皂苷洗脱率在90％以上，50％乙醇洗脱液干燥后总固物中人参总皂苷纯度可达60.1％。刘中秋等（2001）研究了大孔树脂吸附法富集保和丸中有效成分的工艺条件及参数，以保和丸中的陈皮的主要成分橙皮苷和总固物为评价指标。结果保和丸提取液（500 mg/mL）5 mL上D101型大孔树脂柱（15 mm×10 mm），吸附30 min后，先用100 mL蒸馏水洗脱除去杂质，然后用100 mL50％乙醇洗脱橙皮苷为最佳工艺条件；通过大孔树脂富集后橙皮苷洗脱率在95％以上，50％乙醇洗脱液干燥后总固物约为处方量的4％。刘中秋等（2001）将D101型大孔树脂用于分离三七皂苷，结果吸附量为174.5mg/g，用50％乙醇解吸，解吸率达80％，产品纯度为71％。金京玲（2000）用D101型树脂提取分离蒺藜总皂苷，结果吸附量为6mg/g，用浓度为80％的乙醇解吸，解吸率为96％。研究中药毛冬青中的有效成分毛冬青总皂苷的提取分离工艺发现，选用D101型大孔吸附树脂吸附量为120mg/g，用50％乙醇解吸，解吸率为95％，产品纯度为71％。上述结果表明，同一型号的树脂对不同成分的吸附量不同。杜江等（2001）将D3520型大孔吸附树脂用于黄褐毛忍冬总皂苷的提取分离，并与原工艺有机溶剂提取法进行比较，结果发现总皂苷的纯度、得率均明显高于原法，且工艺简化、成本降低。

3.3.3　生物碱精制纯化

　　传统方法一般用阴离子交换树脂分离纯化生物碱，解吸时需要用酸、碱或盐类洗脱剂，会引入杂质，给后来的分离带来不便，换用吸附树脂则可避免此类问题。刘俊红等（2002）将3种大孔吸附树脂（D101、DA-201、WLD-3）应用于延胡索生物碱的提取分离，方法是让延胡索水提取液通过已处理过的树脂柱，用水洗至流出液无色，然后分别用30％、40％、50％、60％、70％、80％、90％、95％乙醇依次洗脱，收集各段洗脱液，进行薄层鉴别。结果从树脂上洗脱的延胡索乙素占总生药量D101型为0.069％，WLD-3型为0.072％，DA-201型为0.053％。树脂柱用40％乙醇洗脱后除去了干扰性成分，便于用HPLC法测定，保护了色谱柱，且经过大孔吸附树脂提取分离的延胡索生物碱成品体积小，相对含量高，产品质量稳定，具有良好的生理活性。将大孔吸附树脂用于小檗碱的富集与定量分析，把黄连粉末以70％甲醇超声提取30 min，加到已处理的大孔树脂小柱上，用pH为10～11的水洗脱，再用含0.5％硫酸的50％甲醇80 mL洗脱，洗脱液用10％氢氧化钠调至碱性后，于水浴上挥去大部分溶剂，并转移至10 mL量瓶中，用水稀释至刻度，以HPLC法测定，结果小檗碱与其他生物碱能很好地分离。上述结果表明，大孔吸附树脂对醛式或醇式小檗碱具有良好的吸附性能，且不易被弱碱性水解吸，可用于黄连及其制剂尤其是含糖制剂中小檗碱的富集和水溶性杂质的去除。杨桦等（2000）采用大孔吸附树脂比较并筛选乌头类生物碱的提取分离最佳工艺条件，将川乌水提取液制备成 8mL/g 浓缩液，上柱，测定总生物碱的含量，结果该方法可分离出样品中 85％以上的乌头类生物碱，同时可除去浸膏中总量为 82％的水溶性固体杂质。

天然活性物质表征研究

1 指纹图谱构建技术分类

指纹图谱构建技术涉及众多方法，包括紫外光谱法（UV）、红外光谱法（IR）、质谱法（MS）、核磁共振法（NMR）等光谱技术，以及薄层液相色谱法（TLC）、气相色谱法（GC）、高效液相色谱法（HPLC）等色谱技术。

1.1 光谱技术

1.1.1 紫外光谱法（UV）

紫外光谱法是根据不同分子中价电子所需跃迁能量不同进行成分的分离，并以波谱形式呈现出来的方法。该方法可以准确测定有机化合物中的分子结构，且重复性好、检测速度快，常用于简单成分鉴定时指纹图谱的构建。其主要应用于饲料中黄酮类化合物的结构鉴定，为了获得更多、更准确的结构信息，除了测定样品在甲醇溶液中的紫外光谱，还常常测定加入一些试剂后的紫外光谱，并进行谱图的对比分析。这些试剂能使黄酮的酚羟基解离或者形成络合物等，导致光谱发生变化。根据变化可以判断各类化合物的结构，这些试剂对结构具有"诊断"意义，称为"诊断试剂"。常用的"诊断试剂"有甲醇钠（NaOMe）、乙酸钠（NaOAc）、乙酸钠-硼酸（NaOAc-H_3BO_3）、三氯化铝（$AlCl_3$）及三氯化铝-盐酸（$AlCl_3$-HCl）等。

黄酮类化合物在甲醇溶液中的紫外光谱特征：因多数黄酮类化合物结构中存在苯甲酰基与桂皮酰基构成的交叉共轭体系，故其甲醇溶液在 200～400nm 的区域内有两个主要的紫外线吸收带，出现在 300～400 nm 之间的吸收带称为带 I（由桂皮酰基系统电子跃迁产生）；出现在 240～280 nm 之间的吸收带称为带 II（由苯甲酰胺系统电子跃迁产生）。

不同类型黄酮化合物的带 I 或带 II 的峰位、峰形和强度均有差别，因此从紫外光谱可以推测黄酮类化合物的结构类型（表 1）。

表 1 不同类型黄酮化合物紫外线吸收峰差异

结构类型	紫外线波长（nm）		组内比较	组间比较
	带 II	带 I		
黄酮	250～280	310～350		
黄酮醇（3-OH 游离）	250～280	358～385	带 I 不同	带 I、带 II 均强
黄酮醇（3-OH 被取代）	250～280	328～357		

（续）

结构类型	紫外线波长（nm）		组内比较	组间比较
	带Ⅱ	带Ⅰ		
异黄酮	245～280	310～330	带Ⅱ不同	带Ⅰ弱
二氢黄酮、二氢黄酮醇	275～295	300～330		带Ⅱ强
查尔酮	230～270	340～390	带Ⅰ不同	带Ⅰ强
橙酮	230～270	380～430		带Ⅱ弱

　　【例】刘眴蒂等（2020）提出一种新的基于紫外线全波长扫描图谱建立高效液相指纹图谱的质量控制模式，首先，采集不同等级的玄参样品利用紫外光谱（200～400 nm）建立所有样品的紫外线全波长吸收光谱。然后，通过光谱数据的预处理和主成分分析（PCA）以及偏最小二乘法判别分析（PLS-DA）等多元统计分析方法建立差异分析模式，得到251 nm的紫外线波段可能是区分不同等级玄参质量差异的主要波段。最后，利用该波段建立其HPLC指纹图谱，通过多元统计方法分析可得，基于差异紫外线波段筛选得到的HPLC指纹图谱较原来的UV指纹图谱有更显著的分类趋势，可用于判别不同等级的玄参样品，能够较好地体现各等级之间的差异性。

　　55份不同等级的玄参样品的紫外线全波长吸收光谱见图1（彩图5）。玄参中所含的主要化学成分为环烯醚萜类、苯乙醇苷类以及甾体醇类等有效成分，玄参各等级样品光谱曲线相似，说明不同等级样品所含物质大致相同。而不同等级玄参的吸光曲线吸收强度之间存在一定的差异。

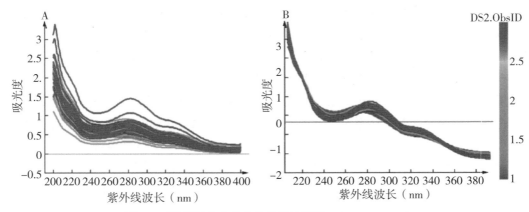

图1　不同等级玄参的紫外线指纹图谱（200～400 nm）
A. 玄参样品紫外线原始指纹图谱　B. 玄参样品经平滑矫正后的紫外线指纹图谱

1.1.2　红外光谱法（IR）

　　当一束具有连续波长的红外线通过物质，物质分子中某个基团的振动频率或转动频率和红外线的频率一样时，分子就吸收能量由原来的基态振（转）动能级跃迁到能量较高的振（转）动能级，分子吸收红外线辐射后发生振动和转动能级的跃迁，该处波长的光就被物质吸收。所以，红外光谱法实质上是一种根据分子内部原子间的相对振动和分子转动等信息来确定物质分子结构和鉴别化合物的分析方法。将分子吸收红外线的情况用仪器记录下来，就可得到红外光谱图。红外光谱图通常用波长（λ）或波数（σ）为横坐标，表示吸收峰的位置，用透光率（T%）或者吸光度（A）为纵坐标，表示吸收强度。图 2 为不同光源下对应波长范围及辐射能力。

当外界电磁波照射分子时，如照射的电磁波的能量与分子的两能级差相等，该频率的电磁波就被该分子吸收，从而引起分子对应能级的跃迁，宏观表现为透射光强度变小。电磁波能量与分子两能级差相等为物质产生红外吸收光谱必须满足条件之一，这决定了吸收峰出现的位置。依据分子吸光值差异性而引起的分子振动和跃迁，能够反映整个化合物的分子结构，具有更强的专一性，特别是对具有特殊分子结构的酚酸类、醛酮类和脂类的分离检测效果更好。有研究表明，使用红外光谱法建立大豆油脂过氧化值和酸值的特征吸收光谱模型，可以实现样品质量的快速检验，该模型成为大豆油脂质量评定的快速、便捷、高效的检测方法。

【例】徐慧敏等（2022）采用傅里叶变换红外光谱结合偏最小二乘法快速测定蕨菜总多糖含量，采用蒽酮-硫酸比色法测定 140 份蕨菜样本的总多糖含量，蕨菜总多糖含量范围为 4.110 9%～7.903 0%，其含量的分布范围广，有较强代表性，可满足定量模型样本含量分布要求，同时使用 TQ-analyst 9.0 软件设定 80 份校正集样品多糖含量范围是 4.110%～7.903%，40 份检验集样品的多糖范围是 4.505%～7.634%，且检验集样品多糖含量在校正集样品多糖含量范围内，该检验集样品可使用校正集模型进行检验。

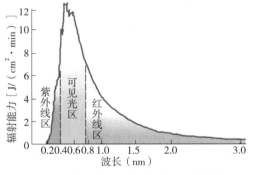

图 2　不同光源的波长范围及辐射能力

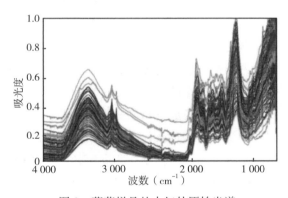

图 3　蕨菜样品的中红外原始光谱

用傅里叶变换红外光谱仪采集了 140 份样本原始光谱，如图 3 所示，在 4 000～800 cm^{-1} 谱区内，蕨菜样品中红外全反射光谱较光滑，光谱曲线走向基本一致，但不同样本的光谱曲线又略有不同，说明各样本化学成分有差异，这为蕨菜总多糖含量的定量分析提供了光谱信息基础。从图 3 中分析可知，在 4 000～800 cm^{-1} 波数范围内，蕨菜多糖中存在大量—CH（3 000～2 700 cm^{-1}、1 500～1 300 cm^{-1}）、—OH（4 000～3 000 cm^{-1}）、—C—C—和—C—O—（1 300～1 000 cm^{-1}）的基团，有强烈的光谱吸收，但该谱区包含环境空气中 CO_2 和水分的干扰，蕨菜样品原始光谱图有波动，为提高所构建定量模型性能，需选择合适的光谱预处理方法，以提高高预测模型的准确性和稳定性。

1.2 色谱技术

1.2.1 薄层液相色谱法（TLC）

薄层液相色谱法，系将适宜的固定相涂布于玻璃板、塑料或铝基片上，成一均匀薄层，待点样、展开后，根据比移值（Rf）与适宜的对照物按同法所得的色谱图的比移值（Rf）作对比，用以进行药品鉴别、杂质检查或含量测定的方法。薄层液相色谱法是快速分离和定性分析少量物质的一种很重要的试验技术，也用于跟踪反应进程。该方法的操作流程如图4所示。

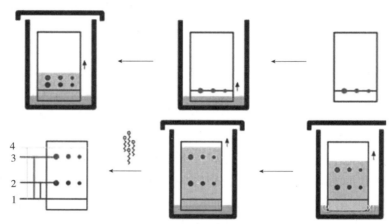

图 4　薄层液相色谱法操作流程

注：图中1、2、3、4表示对同一吸附剂吸附能力不同的物质

薄层液相色谱法是一种半定性、定量的色谱分析技术，主要依据化合物中各组分的吸附能力差异性，经反复吸附和分配将成分进行分离。该方法分离速度快、对设备要求低，可同时对一种物质中的多种成分进行检测，常用于以主校因子为检测指标的药材质量评定。其主要原理是利用各成分对同一吸附剂吸附能力不同，使在流动相（溶剂）流过固定相（吸附剂）的过程中，连续地产生吸附、解吸附、再吸附、再解吸附，从而达到各成分互相分离的目的。薄层层析可根据作为固定相的支持物不同，分为薄层吸附层析（吸附剂）、薄层分配层析（纤维素）、薄层离子交换层析（离子交换剂）、薄层凝胶层析（分子筛凝胶）等。一般试验中应用较多的是以吸附剂为固定相的薄层吸附层析。任何两个相都可以形成表面，吸附就是其中一个相的物质或溶解于其中的溶质在此表面上的密集现象。在固体与气体之间、固体与液体之间、吸附液体与气体之间的表面上，都可能发生吸附现象。

物质分子之所以能在固体表面停留，这是因为固体表面的分子（离子或原子）和固体内部分子所受的吸引力不相等。在固体内部，分子之间相互作用的力是对称的，其力场互相抵消。而处于固体表面的分子所受的力是不对称的，向内的一面受到固体内部分子的作用力大，而表面层所受的作用力小，因而气体或溶质分子在运动中遇到固体表面时受到这种剩余力的影响，就会被吸引而停留下来。吸附过程是可逆的，被吸附物在一定条件下可以解吸出来。在单位时间内被吸附于吸附剂的某一表面积上的分子和同一单位时间内离开此表面的分子之间可以建立动态平衡，称为吸附平衡。吸附层析过程就是不断地产生平衡与不平衡、吸附与解吸的动态平衡过程。

例如，用硅胶和氧化铝作支持剂，其主要原理是吸附力与分配系数的不同，使混合物得以分离。当溶剂沿着吸附剂移动时，带着样品中的各组分一起移动，同时发生连续吸附与解吸作用以及反复分配作用。由于各组分在溶剂中的溶解度不同以及吸附剂对它们的吸附能力的差异，最终将混合物分离成一系列斑点。如作为标准的化合物在层析薄板上一起展开，则可以根据这些已知化合物的 Rf 值对各斑点的组分进行鉴定，同时也可以进一步采用某些方法加以定量。

操作方法：

将 1 份固定相和 3 份水在研钵中向同一方向研磨混合，去除表面的气泡后，倒入涂布器中，在玻板上平稳地移动涂布器进行涂布（厚度为 0.2～0.3mm），取下涂好薄层的玻板，置水平台上于室温下晾干，然后在 110℃ 烘干 30 min，即置有干燥剂的干燥箱中备用。使用前检查其均匀度（可通过透射光和反射光检视）。手工制板一般分不含黏合剂的软板和含黏合剂的硬板两种。选择吸附剂时应注意：颗粒太大则洗脱剂流速快，分离效果不好；颗粒太细则溶液流速太慢。一般来说，吸附性强的颗粒稍大，吸附性弱的颗粒稍小。氧化铝颗粒一般在 100～150 目。碱性氧化铝适用于碳氢化合物、生物碱及碱性化合物的分离，一般适用于 pH 为 9～10 的环境；中性氧化铝适用于醛、酮、醌、酯等 pH 约为 7.5 的中性物质的分离；酸性氧化铝适用于 pH 为 4～4.5 的酸性有机酸类的分离。氧化铝、硅胶根据活性分为五个等级，一级活性最高，五级最低。为了使固定相（吸附剂）牢固地附着在载板上以增加薄层的机械强度，有利于操作，需要时在吸附剂中加入合适的黏合剂；有时为了特殊的分离或检出需要，要在固定相中加入某些添加剂。硅胶板于 105～110℃ 烘干 30 min，氧化铝板于 150～160℃ 烘干 4 h，可获得活化的薄层板。

【例】孔娟等（2020）采用 TLC 法鉴别何首乌药材的真伪，对比了 5 种具有相似成分易混淆的药材品种，得出的标志物色谱图存在明显差异，证明了该方法的有效性。近年来随着科技的进步，TLC 法逐渐完成发展为高效 TLC、微乳 TLC 等方法，其中高效 TLC 采用特殊材质的色谱板和展开剂，增加了分离的准确度和灵敏性，是目前用来构建指纹图谱较为常用的方法。

1.2.2　气相色谱法（GC）

气相色谱法利用复合物中单一成分所具有的不同沸点、吸附性和极性实现成分的分离，主要应用于挥发性好、热稳定的成分检测，因其测定环境封闭，受外界干扰较小，故色谱结果较为稳定，重复性高。GC 主要是利用物质的沸点、极性及吸附性质的差异来实现混合物的分离。该方法操作流程如图 5 所示。

待分析样品在气化室汽化后被惰性气体（即载气，也叫流动相）带入色谱柱，柱内含有液体或固体固定相，由于样品中各组分的沸点、极性或吸附性能不同，每种组分都倾向于在流动相和固定相之间形成分配或吸附平衡。但由于载气是流动的，这种平衡实际上很难建立起来。也正是由于载气的流动，使样品组分在运动中进行反复多次的分配或吸附/解吸附，

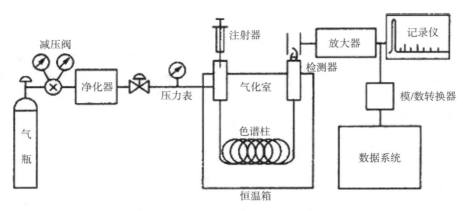

图 5　气相色谱检测程序

结果是在载气中浓度大的组分先流出色谱柱，而在固定相中分配浓度大的组分后流出。当组分流出色谱柱后，立即进入检测器。检测器能够将样品组分转变为电信号，而电信号的大小与被测组分的量或浓度成正比。将这些信号放大并记录下来，就形成了气相色谱图。

操作方法：

顶空进样法是气相色谱特有的一种进样方法，适用于挥发性大的组分分析。测定时，精密称取标准溶液和供试品溶液各 3~5 mL，分别置于容积为 8 mL 的顶空取样瓶中。将各瓶在 60℃ 的水浴中加热 30~40 min，使残留溶剂挥发达到饱和，再用在同一水浴中的空试管中加热的注射器抽取顶空气适量（通常为 1 mL）。重复进样 3 次，按溶剂直接进样法进行计算与处理。

顶空进样使待测物挥发后进样，可免去样品萃取、浓集等步骤，还可避免供试品种非挥发组分对柱色谱的污染，但要求待测物具有足够的挥发性。

顶空分析是通过样品基质上方的气体成分来测定这些组分在原样品中的含量。其基本理论依据是在一定条件下气相和凝聚相（液相和固相）之间存在着分配平衡。所以，气相的组成能反映凝聚相的组成。可以把顶空分析看作是一种气相萃取方法，即用气体作"溶剂"来萃取样品中的挥发性成分，因而顶空分析是一种理想的样品净化方法。传统的液-液萃取以及 SPE 都是将样品溶在液体里，不可避免地会有一些共萃取物会干扰分析。况且溶剂本身的纯度也是一个问题，这在痕量分析中尤为重要。而气体作溶剂可避免不必要的干扰，因为高纯度气体很容易得到，且成本较低。这也是顶空气相被广泛采用的一个原因。

作为一种分析方法，第一，顶空分析因只取气体部分进行分析而操作简单，大大减少了样品本身可能对分析的干扰或污染。作为 GC 分析的样品处理方法，顶空分析是最为简便的。第二，顶空分析可以气化后进样，通过优化操作参数而适用于各种样品的分析。第三，顶空分析的灵敏度能够满足相关标准的要求。第四，顶空进样可相对减少用于溶解样品的沸点较高的溶剂的进样量，从而缩短分析时间，但对溶剂的纯度要求较高，尤其不能含有低沸点的杂质，否则会严重干扰测定结果。第五，与 GC 的定量分析能力相结合，顶空分析完全能够进行准确的定量分析。

【例】刘媛媛等（2022）通过对不同产地凹叶景天挥发油成分进行分析鉴定，比较了不同产地凹叶景天挥发油成分的差异性。首先对 10 个不同产地凹叶景天挥发油成分进行 GC-MS 检测得到总离子流图（图 6），然后通过运用 HP6890/5973N 化学工作站 NIST08、Chemical Book 标准质谱图库，按各色谱的质谱裂解碎片图，对基峰、质荷比和相对丰度等进行比较，并结合图谱解析，确定挥发油的化学成分，最后采用面积归一化法测得各组分的相对百分含量。结果表明，不同产地凹叶景天挥发性成分组成和含量存在差异，其中 1,3-二叔丁基苯、2,4-二叔丁基苯酚和邻苯二甲酸二丁酯是不同产地凹叶景天挥发油的共有成分，但在 10 个不同产地凹叶景天挥发油的成分之间又有较大的差异，说明产地对于凹叶景天挥发油成分具有较大影响，而部分不同地区凹叶景天挥发油含有标志性成分，其可能是药材在水土情况、太阳光照、气候条件、海拔高度和采集季节等不同环境因素下，使得药材中的挥发油在生物合成过程中受到影响。针对部分产地凹叶景天挥发油中的特有成分，通过大量样本的分析结果可鉴别不同产地来源的凹叶景天，因此可为凹叶景天的品种和产地鉴别提供思路。

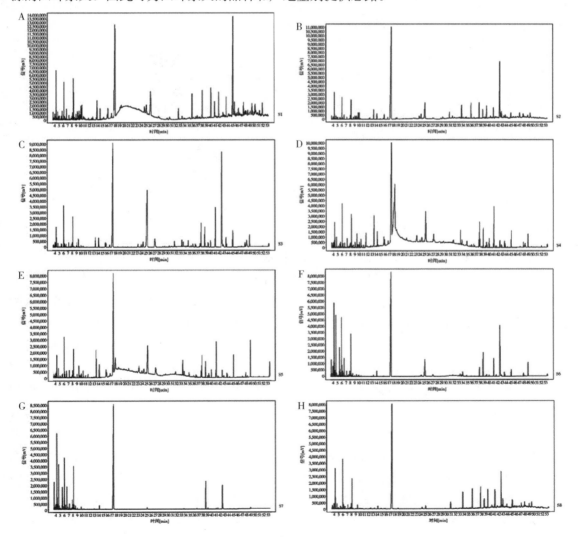

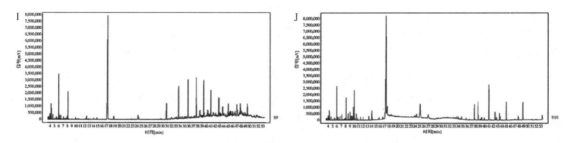

图 6　GC-MS 检测不同产地凹叶景天挥发油成分的总离子流图
A. 浙江宁海　B. 浙江丽水　C. 广西隆安　D. 广西南宁　E. 广西武鸣
F. 广西桂林　G. 广西龙胜　H. 湖北恩施建始县　I. 湖北恩施宣恩县　J. 湖北恩施巴东县

1.2.3　高效液相色谱法（HPLC）

高相液相色谱法是在传统的液相色谱基础上发展而来的，其利用流动相和固定相对复合物各成分分配系数的不同，能够达到实时分离的效果，且仪器自动化程度高、操作简单，已成为目前国内外构建指纹图谱的主要方法之一。其具体操作流程如图 7 所示。

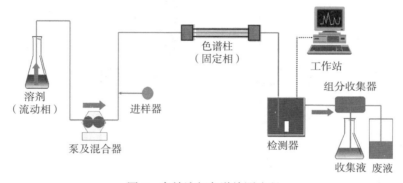

图 7　高效液相色谱检测流程

（1）高效液相色谱法分析的流程　由泵将储液瓶中的溶剂吸入色谱系统，然后输出，经流量与压力测量之后，导入进样器。被测物由进样器注入，并随流动相通过色谱柱，在柱上进行分离后进入检测器，检测信号由数据处理设备采集与处理，并记录色谱图。废液流入废液瓶。遇到复杂的混合物分离（极性范围比较宽）还可用梯度控制器做梯度洗脱。该方法和气相色谱的程序升温类似，不同的是气相色谱改变温度，而 HPLC 改变的是流动相极性，使样品各组分在最佳条件下得以分离。

（2）高效液相色谱法的分离过程　同其他色谱过程一样，HPLC 也是溶质在固定相和流动相之间进行的一种连续多次交换过程。其借溶质在两相间分配系数、亲和力、吸附力或分子大小不同而引起的排阻作用的差别，使不同溶质得以分离。开始样品加在柱头上，假设样品中含有 3 个组分，即 A、B 和 C，随流动相一起进入色谱柱，开始在固定相和流动相之间进行分配。分配系数小的组分 A 不易被固定相阻留，较早地流出色谱柱；分配系数大的组分 C 在固定相上滞留时间长，较晚流出色谱柱；组分 B 的分配系数介于 A、C 之间，第二个流出色谱柱。若一个含有多个组分的混合物进入系统，则混合物中各组分按其在两相间分配系数的不同先后流出色谱柱，达到分离的目的。

不同组分在色谱过程中的分离情况，首先取决于各组分在两相间的分配系数、吸附能力、亲和力等是否有差异，这是热力学平衡问题，也是分离的首要条件。其次，当不同组分在色谱柱中运动时，分离情况与两相之间的扩散系数、固定相粒度的大小、柱的填充情况以及流动相的流速等有关。因此，分离的最终效果受热力学与动力学两方面综合作用的影响。

【例】高效液相色谱法只要求试样能制成溶液，而不需要气化，因此不受试样挥发性的限制。对于高沸点、热稳定性差、相对分子质量大（大于 400 以上）的有机物（这些物质几乎占有机物总数的 75％～80％），原则上都可应用高效液相色谱法来进行分离、分析。据统计，在已知化合物中，能用气相色谱分析的约占 20％，而能用液相色谱分析的占 70％～80％。万秋月等（2022）通过考察快速溶剂提取沙棘果中黄酮类化合物的提取剂、提取温度、静态萃取时间、循环萃取次数四个因素对总黄酮提取量的影响，确定了总黄酮的最佳提取工艺为 80％甲醇、温度 120℃、静态萃取时间 20 min，循环萃取 3 次，建立了同时测定沙棘果中异荭草苷、芦丁、槲皮素、山柰酚和异鼠李素 5 种黄酮类化合物的高效液相色谱分析的新方法（图 8）。样品经 XDB-C18 色谱柱进行分离；柱温为 25℃；紫外线检测器波长为 260 nm；流动相为甲醇（A）、0.1％磷酸水溶液（B）；梯度洗脱程序为 0 min 时 38％ A 和 62％ B（流速 0.8 mL/min），13 min 时 50％ A 和 50％ B（流速 1.0 mL/min）；进样量为 20 μL；在 28 min 内可成功分离，检出限分别为 0.88、0.33、0.43、0.30、0.17 mg/L。结果表明，黄酮类物质的质量浓度与其色谱峰面积的线性（R）均大于 0.999 5，相对标准偏差（RSD）均低于 5％，回收率在 96.50％～100.40％。该方法具有准确快速、操作简单、精密度高等优点，可用于沙棘果中黄酮类化合物含量的测定。

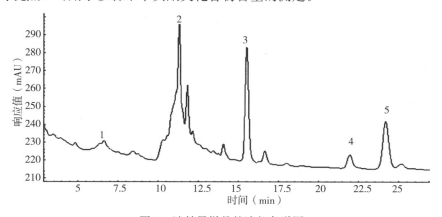

图 8　沙棘果样品的液相色谱图

注：1 为异荭草苷，2 为芦丁，3 为槲皮素，4 为山柰酚，5 为异鼠李素

1.3　联用技术

饲料活性物质种类繁多、结构复杂，使用单一分析技术所得图谱信息量较少，难以满足饲料质量鉴别要求。近年来，对中药成分的研究逐渐将具有良好成分分离能力的色谱研究技

术与具有良好分子结构鉴定的波谱技术相结合，通过建立一种多维指纹图谱实现图谱信息互补，为活性成分及其效果的研究提供方法。目前，以气相色谱-质谱联用（GC-MS）和液相色谱-质谱联用（LC-MS）两种方法较为常用。

1.3.1　气相色谱-质谱联用（GC-MS）

气相色谱（gas chromatography，GC）具有极强的分离能力，但对未知化合物的定性能力较差；质谱（mass spectrometry，MS）对未知化合物具有独特的鉴定能力，且灵敏度极高，但要求被检测组分是纯化合物。将 GC 与 MS 联用，即气-质联用，彼此扬长避短，既弥补了 GC 只凭保留时间难以对复杂化合物中未知组分做出可靠的定性鉴定的缺点，又利用了鉴别能力很强且灵敏度极高的 MS 作为检测器，凭借其高分辨能力、高灵敏度和分析过程简便快速的特点，使 GC-MS 在环保、医药、农药和兴奋剂等领域发挥着越来越重要的作用，成为分离和检测复杂化合物的最有力工具之一。

混合物样品经色谱柱分离后进入质谱仪离子源，在离子源被电离成离子，离子经质量分析器、检测器之后即成为质谱信号并输入计算机。样品由色谱柱不断地流入离子源，离子由离子源不断进入分析器并不断得到质谱，只要设定好分析器扫描的质量范围和扫描时间，计算机就可以采集到一个个质谱。计算机可以自动将每个质谱的所有离子强度相加，显示出总离子强度，总离子强度随时间变化的曲线就是总离子色谱图。总离子色谱图的形状和普通的色谱图是相一致的，可以认为是用质谱作为检测器得到的色谱图。

质谱仪扫描方式有两种：全扫描和选择离子扫描。全扫描是对指定质量范围内的离子全部扫描并记录，得到的是正常的质谱图，这种质谱图可以提供未知物的分子质量和结构信息，可以进行库检索。质谱仪还有另外一种扫描方式叫选择离子监测（select bn moniring，SM）。这种扫描方式是只对选定的离子进行检测，而其他离子不被记录。其最大优点是对离子进行选择性检测，只记录特征的、感兴趣的离子，不相关的、干扰离子全部被排除；使选定离子的检测灵敏度大大提高，采用选择离子扫描方式比正常扫描方式灵敏度可提高大约 100 倍。由于选择离子扫描只能检测有限的几个离子，不能得到完整的质谱图，因此不能用于进行未知物定性分析。但是如果选定的离子有很好的特征性，也可以用来表示某种化合物的存在。选择离子扫描方式最主要的用途是定量分析，这是由于其选择性好，可以把由全扫描方式得到的非常复杂的总离子色谱图变得十分简单，消除了其他组分造成的干扰。在一般色谱分析中主峰对被测组分的影响很大，为了降低主峰的影响，通常采用预切割技术，但这使得仪器的气路比较复杂，操作比较麻烦。而质谱的优点就是通过离子选择性技术很方便地避开了主体组分的影响。

【例】王亚等（2021）利用顶空-固相微萃取（HAS-SPME）分离提取方法，结合气相色谱-质谱联用技术（GC-MS）进行检测，以鉴定祁门红茶的挥发性香气成分。结果显示，在红茶样品中分离、鉴定出 24 种挥发性物质，包括醇类 7 种（39.972%）、醛类 5 种（31.424%）、酮类 2 种（0.564%）、酯类 2 种（8.553%）和其他类 8 种（19.505%），其中异戊醛、2-甲基十醛、橙花醇、芳樟醇、乙基［2-（5-甲基-5-乙烯基四氢呋喃-2-基）内-2-基］碳酸乙酯和甲氧基苯肟 6 种化合物含量较高。24 种挥发性成分中大部分化合物具有特定香味，祁门红茶高香是多种香气成分综合作用的结果。

1.3.2　液相色谱-质谱联用（LC-MS）

随着联用技术的日趋完善，LC-MS 逐渐成为最热门的分析手段之一。特别是在分子水平上可以进行蛋白质、多肽、核酸的分子质量确认，氨基酸和碱基对的序列测定及翻译后的修饰工作等，这在 LC-MS 应用之前都是难以实现的。LC-MS 作为已经比较成熟的技术，目前已在生化分析、天然产物分析、药物和保健食品分析以及环境污染物分析等许多领域得到了广泛的应用。

利用 LC-MS 分析混合样品，和其他方法相比具有高效快速、灵敏度高的优点，样品只需进行简单预处理或衍生化，尤其适用于含量少、不易分离得到或在分离过程中易丢失的组分。因此 LC-MS 技术为天然产物研究提供了一个高效、切实可行的分析途径，国内利用该技术在天然产物研究中已经有很多报道。例如，李丽等（2005）利用液相色谱-质谱联用技术研究了朝鲜淫羊蕾中的黄酮类化合物。

LC-MS 技术以其高效快速的分离能力、超高的灵敏度在很多领域得到的广泛的应用。随着科技软件的发展，检测技术在液相色谱及 LC-MC 技术的支持下开始了很广泛的应用，准确度也得到明显提高，检测技术也在随之发生着不断的改进与发展。此外，随着现代化高新技术的不断发展，LC-MS 技术将液相色谱和质谱结合起来，既体现了液相色谱的高分离性能，又体现了质谱强大的鉴别能力，在分析检测方面有着不可忽视的优势，对多数物质的检测灵敏度超过了其他方法，在化工、医药、食品、生物等多个领域中发挥着重要的作用，真正地体现了现代各类物质分析中高通量和高精度的要求。

2　指纹图谱的构建方法步骤

为了构建一个可信度高、数据信息准确的色谱指纹图谱，每一个步骤都非常关键，直接影响图谱的操作性，指纹图谱的构建主要包括以下内容：

（1）样品采集　样品的收集对图谱构建尤其重要，考虑到饲料样品不同产地、品种、收获季节会使其活性成分种类含量有所差异，构建指纹图谱至少需要 15 批样品进行检测，所得的指纹图谱信息才能表现其特征性。

（2）方法的选取　针对现在常用的多种色谱检测方法，在实际应用中要根据活性成分种类，选择相应的提取手法和色谱技术，如挥发油类成分的检测使用水提法提取效率较高；检测黄酮类成分则是液相色谱指纹图谱信息较薄层色谱更为丰富。

（3）色谱条件筛选　色谱条件的筛选关系到指纹图谱中各峰之间的分离度、峰面积，从而影响对活性成分的含量测定。对色谱条件的筛选包括色谱柱种类，固定相及流动相种类、浓度和比例，以及洗脱时间、流动速度、柱温、进样量等，只有合适的色谱条件才能将不同种类成分进行完全分离。

（4）方法学验证　方法学验证用来判断色谱条件的可实用性包括 6 个检测参数（分离度、线性关系、精密度、稳定性、重复性和加样回收率），每个指标有其对应的标准，如色谱峰分离度在 1.5 以上，RSD 值不得小于 5%，样品回收率范围在（100±5）%等。

（5）数据分析与评价　指纹图谱是包含样品活性成分种类、含量及分布的一个整体表征，如何采用现代有效的化学计量手段对图谱信息进行解读，成为目前饲料活性物质研究中的主要问题。伴随生物信息技术、中药分析技术及计算机分析等数据处理方式的出现，以主成分分析、聚类分析为主的图谱信息模式分析技术，为饲料中活性物质的成分差异、饲料质量评价提供了可能性，如依据不同产地来源的杭白菊、葡萄籽原花青素等饲料活性物质组分含量进行质量分级，并根据分析结果阐明各成分对应的生理效应关系。

①主成分分析（principal components analysis，PCA）　是一种简化数据集的技术，能对高维数据进行降维处理，简化复杂的数据信息。饲料活性成分指纹图谱属于高维数据，因此使用 PCA 进行降维处理是十分必要的。PCA 法在实际使用中常与聚类分析、偏最小二乘法等化学模型识别技术联用，判定活性成分分类及作用。黄华花（2019）采用 SPSS 软件对 8 批金橘的 HPLC 指纹图谱进行分析，采用主成分分析法和聚类分析法分别进行处理和验证，通过 PCA 提供的特征值和方差贡献率数据将 8 批金橘样品分为两大类，这与聚类分析法检测结果一致，确定了 3 种主要成分为金橘质量评价指标。

②聚类分析（cluster analysis，CA）　也称群集分析，是以"物以类聚"的思想为原理建立的一种用来评价样本相似性的方法。该方法通过图谱中保留时间和峰面积信息将相似度高的样本聚为一类，并分析其共同特征，同时能够快速区分出差异性样本成分。目前广泛应用于中药提取中不同工艺、不同炮制方法对有效成分的作用研究；也可用于不同产地来源的饲料成分差异检测，为饲料质量评定提供方法。

③偏最小二乘法（partial least squares method）　属于一元线性回归法，相比主成分分析能够更好地解决样品个数少、变量多的复杂建模问题，非常适用于饲料中多种活性物质对应生理效果的研究。吴启瑞（1996）采用 GC-MS 技术结合偏最小二乘法分析石菖蒲挥发油中起耐缺氧作用和催醒作用的主要成分，通过对其单体成分的验证表明偏最小二乘法的有效性，并为解决指纹图谱存在的谱效关系不明确问题提供了新思路。

④神经网络分析（artificial neural network，ANN）　是一种依据人脑神经拓扑结构为原理设计的计算机学习算法，能够模拟人脑进行复杂信息的处理，包含输入、输出、隐藏层三部分，由多个节点之间相互连接，信息依次通过输入层和隐藏层，并在每一节点激活函数计算最终输出结果。该方法的特点在于其具有非线性映射能力，适用于中药产地、品种鉴定、真伪鉴定和有效成分含量测定等多方面。李味味（2016）以 126 种中药复方为样本，建立 BP 神经网络功效预测模型，将中药组分特征和作用功效进行量化并建立预测模型。结果表明，BP 神经网络模型的预测准确度高达 92.5%，为复方药功效预测提供了方法。

天然活性物质特征指纹图谱的建立方法

1 特征指纹图谱的定义

特征指纹图谱是指指纹图谱中反映的化学信息（如保留时间）应具有较强的选择性，这些信息的综合结果将能特征性地区分饲料的真伪与优劣，成为植物自身的"化学条码"。例如，北五味子的 HPLC 指纹图谱和 TLC 指纹图谱，不仅包括多种的五味子木脂素类成分，而且具有许多未知类成分，这些成分的峰位顺序、比值在一定范围内是固定的，并且随药材品种不同而产生差异，依此可以很好地区别其来源、产地，判别药材的真伪优劣。

特征图谱不要求与指纹图谱一样对图谱的相似性进行全面评价，它的主要特点是要突出该品种与其他品种不同的特异性成分，并将这些成分作为特征峰通过与 S 峰（参照物峰）的相对保留时间的计算，进行色谱峰在特征图谱上的定位，这些峰可以是已知的，也可以是未知的。例如，满山红油的特征图谱中峰 1 是已知的乙酸龙脑酯，峰 8 是 S 峰-物生儿酮，其他特征峰根据相对保留时间定位判断，并不需要进行成分的指认。在美国药典与欧洲药典中，也有类似特征图谱样的谱图鉴别出现在鉴别（identification）项下，主要采用对照提取物为标准溶液，对样品进行鉴别，用于鉴别特征色谱峰并可配合定量分析方法进行各个色谱峰的定位。总结国内外的研究方法，基本思路是一样的，都是首先采用对照药材或对照提取物建立对照特征图谱，并对特征成分进行说明，应检出的特征峰数包含成分不明确的色谱峰，尽量使评判标准简单明确。在标准中要求检测出与对照药材或对照提取物一样的色谱峰，用来说明中药中所含成分，并提示采用对照药材或对照提取物进行系统适用性试验的必要性，调整分析参数，从而保证定性研究与定量研究的一致性。

2 特征峰的筛选

对照物质在标准的构建与执行过程中扮演着重要角色。在试验研究中，经常会遇到用于定性的植物批次或者采收时间不同，其在薄层鉴别中表现不同，用于定量的对照品含量经常低于 90%，这一问题为标准的构建工作带来很大困扰。在实验室大量的实践工作中发现，对照提取物的应用以及一测多评方法可以更好地帮助解决这一问题，标准对照提取物的制备比对照品更易获得，经济实用；同时又比用对照药材制定的标准更严谨，批与批之间易保证良好的一致性，在相同的色谱条件下，色谱行为重现性好。

提取物制备的工艺过程可以是开放式的，不用条条框框去限定，不应成为标准制定的瓶颈，可以殊途同归，但最后还是要归结到符合相应的质量标准上。所以要求提取物的标准要尽可能地周详与严谨，通过结果控制过程。在美国药典植物药的专论中，标准对照提取物的使用贯穿于整个标准的定性、定量研究。在定性研究中，采用标准对照提取物进行薄层鉴别中条带（或斑点）以及特征图谱中特征峰的指认；在定量研究中，采用标准对照提取物在一测多评方法的应用中帮助进行非对照色谱峰的其他峰指认。

【例】有研究将 19 个不同品种、不同来源的紫花苜蓿样品，经提取纯化后溶解进行高效液相检测，在将所得的 19 个品种来源的紫花苜蓿指纹图谱导入中药指纹图谱相似性评价软件进行相似度分析，如图 1（彩图 6）所示，选取常规营养成分检测结果较好的一组样品为参照图谱，采用中位数法，设定时间窗宽度为 0.4，进行多点校正，生成 19 个紫花苜蓿样品 HPLC 叠加图谱。

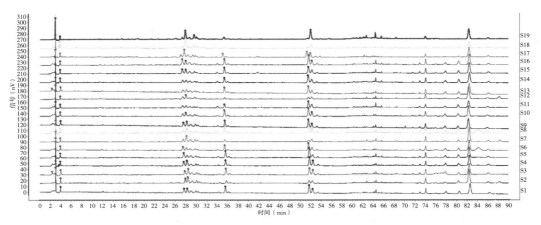

图 1   19 个不同苜蓿品种的 HPLC 图

根据相似性比对，得到紫花苜蓿的特征图谱（图 1）。从图 2 中能够看出，19 种不同品

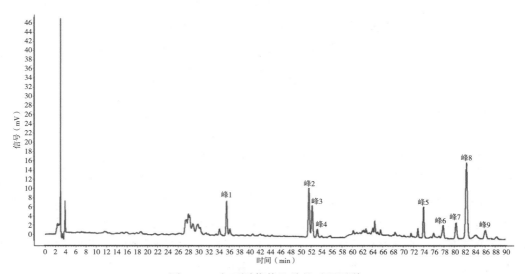

图 2   19 个不同苜蓿品种的对照图谱

种的苜蓿共指认出分离度较好的特征峰 9 个，同时能够结合标准品确定其具体成分。当然，未知成分也可以作为特征峰来对植物本身起到质量监测的作用。

3　特征指纹图谱的意义

饲料中营养活性物质种类多样且结构复杂，采用传统的营养价值评定系统难以确定其有效成分和作用效果，同时各类营养活性物质之间的相互作用更增加了饲料营养质量评定的难度。指纹图谱技术作为一种现代检测手段，常用于分析多维复杂问题，为饲料活性物质的研究提供了新思路。首先，指纹图谱结合了色谱、光谱的成分分离能力与质谱的快速结构识别能力，能够快速准确地鉴定和检测饲料中的活性物质种类及含量；其次，指纹图谱技术与基础细胞试验、炎症试验、免疫试验相结合，有效应用于饲料原料活性物质中主效因子与功效关系的评价，有助于活性物质组学产品及相关饲料添加剂产品的研发，最终实现日粮配方中传统营养素与饲料活性物质的协同优化，最大程度地发挥饲料的营养价值和生理价值。

3.1　饲料中活性物质的鉴定及快速检测

传统动物营养学以蛋白质、脂肪等概略养分分析为主，对饲料中活性物质的研究较少，随着"中兽医＋畜牧业"的深度融合，植物中活性物质的作用引起广泛关注，植物提取物、植物精油等活性物质产品逐渐涌现，特别是 2018 年，国家将甘草、黄芩等 117 种具有药食同源特性的天然植物纳入饲料原料目录，对饲料营养价值测定提出了新的技术要求。但限于技术手段和检测指标的不完善，对饲料活性物质理论研究仍处在初级水平。指纹图谱因其特有的"整体性"和"模糊性"成为检测和鉴定饲料中活性物质种类及含量的最佳手段，通过超声波法提取沙棘叶中黄酮成分并结合高效液相-质谱指纹图谱技术对沙棘叶中的活性物质进行鉴定和含量测定，共分离出 5 种沙棘叶中有效黄酮成分并建立沙棘黄酮的色谱检测条件，为沙棘黄酮类物质的进一步研究奠定了坚实基础。波兰植物研究专家为探究苜蓿中黄酮类成分含量及产地、季节对黄酮含量的影响，采用高效液相色谱法（HPLC）测定了 10 批连续栽培 3 年的苜蓿品种，共检测了 22 种黄酮的含量、总含量及含量变化，图谱信息显示，苜蓿中含量最多的成分为苜蓿素（40%）、芹菜素（40%）、木犀草素和大黄酮苷等，同时证明了不同品种苜蓿中黄酮含量差异不大，但在两次切割之间出现连续下降的原因可能是收割时间及光照因素的影响。综上所述，指纹图谱技术为饲料活性物质种类及含量的快速检测提供了可行性。但饲料原料的生长环境及加工方式对活性成分的检测影响较大，因此建立适用于不同品类饲料活性物质的配套提取分离技术必不可少。

3.2　饲料原料中活性物质评价体系

饲料活性物质在动物体内的作用具有方式多样性、途径多样性、位点多层次性等重要特点，需要结合指纹图谱技术和现代分析手段建立饲料原料中活性物质主效因子评价体系，主要包括：

①主效因子的确定　参考刘昌孝院士 2016 年提出的中药质量评定中质量标志物 Q-marker 理念，建立饲料原料中活性物质评价体系需要找到其中具有"特有性""有效性"以及"可测性"的主效因子物质，采用指纹图谱法结合模式识别分析，对 3 个产区 20 多批次紫苏叶中特征成分进行鉴定，UFLC-Q-TOF-MS 图谱结果显示，共鉴定出 21 个主效成分，分别为黄酮类、酚酸类及萜类物质，聚类分析不同产地紫苏叶中主效成分差异性，当类间距大于 4 时，3 个产地紫苏叶能够较好的分开。

②通过谱效关系评价饲料活性物质　依据饲料活性物质的基本特性，卢德勋（2020）提出对活性物质功效评价应包含肠道及瘤胃健康指标、血液免疫指标、炎症反应指标和氧化水平指标等特定生理指标，并应结合图谱信息进行谱效关系评价。例如，在验证活性物质的抗炎作用时，通常采用小鼠炎症模型，检测白细胞介素-1β（IL-1β）、肿瘤坏死因子-α（TNF-α）、前列腺素-2（PGE-2）等主要炎性因子的表达来判定其作用效果，在此基础上结合指纹图谱中主效因子的种类和含量选取适合的模式分析方法，即可实现对每类饲料活性物质的客观评价。

③确定各类活性物质的最佳添加剂量　量效关系的研究同样是饲料活性物质评价的重点。有研究表明，当野茼蒿挥发油浓度为原液 1/10 时，抑制肿瘤细胞增生效果最佳；随着沙葱总黄酮浓度的增加，其对金黄色葡萄球菌、沙门氏菌的抑制效果越显著。除此之外，结合指纹图谱法对各类生理指标进行检测时，应关注作用临界点包括主效活性物质的最低有效剂量（MED）和每日最大允许摄入量（ADL）等。

3.3　日粮配方的系统性优化

饲料活性物质的提出其根本目的在于以营养调控的手段调节动物机体健康，减少疾病和应激反应的发生。而饲料原料中既含有动物不可或缺的传统营养素，也含有微量高效的营养活性物质，特别是在动物日粮配方中多种饲料原料按种类和比例混合，使得活性物质之间不能简单以加性效应进行说明。以奶牛饲料为例，在奶牛全混合日粮（TMR）中含有苜蓿、玉米、大豆、燕麦草等多种植物性饲料，因此对 TMR 中活性物质的研究需要根据各原料中主效因子的种类，应用指纹图谱技术再次进行检测，为达到最佳饲喂效果，可依据图谱信息添加活性物质组学产品或调整日粮配方中原料的种类及比例，同时应充分考虑日粮类型、动物种类、生长阶段等影响因素，进行日粮配方的全面升级和优化。

4　饲料营养活性物质价值评定面临的难点与思考

卢德勋（2020）对饲料营养活性物质的研究背景和研发思路进行了深入的研究与分析，提出了把营养活性物质正式列入饲料正常营养组成，以及常用饲料营养活性物质有效因子和主效因子测定、指纹图谱数据库建立及其生理功能的研究等科学问题。采用指纹图谱技术将实现对饲料营养活性物质的整体描述与评价，但受传统饲料营养价值评价观念及生产实际应用困难的影响，指纹图谱技术应用于饲料营养活性物质评价还存在待为改善的地方：第一，关于饲料营养活性物质的研究应考虑"系统思维"。卢德勋（2018）提出"营养物质组学"理论，即应研究活性物质之间的相互作用结果与最优配比，而不仅仅单一地研究某一营养活性物质的作用。第二，关于饲料营养活性成分的谱效关系，现代先进的指纹图谱技术和化学模式分析方法为饲料原料中活性物质的鉴定提供了有效途径。在实际生产中，多种饲料原料配合使用，其中各种活性物质相互影响，即使各原料主效因子明确，其对于配合日粮的生理作用机制仍需要结合组学技术进一步研究。第三，饲料加工工艺是对营养活性物质造成损害的原因之一。例如，膨化大豆，在高温膨化过程中会引起部分挥发油类物质的损失，在保证动物饲料适口性和营养价值的基础上，提高活性物质含量仍需饲料业及动物营养领域的不断研究和优化。

CHAPTER 3

饲用天然活性物质功能的研究

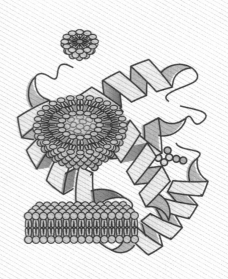

网络药理学：基于数据库挖掘的活性物质
分子机制的定性分析方法

  网络药理学的核心理论来源于网络生物学。网络生物学的以网络模型解释生物过程以及生物过程的联系的思想受到了广泛的认可，特别是在 KEGG 通路网络相关研究发表以来，生命活动的网络联系已经成为多数研究者的共识，并逐渐意识到生命活动的变化不是由于单一刺激的变化导致了单一指标的上调和下调，而是多刺激的变化达到了一定的条件阈值从而引发了一系列的变化反应，呈现为多指标波动的表观变化。但毫无疑问的是，分子生物学方法确实是我们从分子靶点层面认识生物反应，揭开生命活动机制与原因的最基本的方法。网络药理学方法的本质就是找出其中最具有权重的主要靶点或主要靶点群，捕捉药物在治疗过程中的关键靶标，从而认识药物或者疾病在治疗过程中的关键步骤，以实现治疗药物种类的扩增以及对疾病的理解。实际上，网络药理学依赖于大量的数据。药物本身具有一定的生物学活性，在不同物种的生命活动中影响了大量的生物靶点，生物靶点数量多且繁杂，目前现有的 KEGG（Kyoto encyclopedia of genes and genomes）分析以及 GO（gene ontology）分析仅对靶点相关的生物过程进行了分析以及网络的构建，尚不能对生物靶点所有的反应进行分类和标注，而且单个靶点上游以及下游的靶点过于庞大，涉及跨生物过程的反应，因此构建起的网络基本没有参考意义，疾病靶点亦是如此，因而产生了大量的杂乱无章的数据。从分子生物学的角度去看待这个问题，笔者期望找到每个反应的起始经过以及结果，通过发现假设和验证确认其中通路，最终通过众多的假设和验证推理出完整的反应链。网络药理学的方法就是在上下游两个方向大量的靶点中，剥丝抽茧，找到相同的靶点，通过蛋白质互作缩小范围，进行验证。相比于传统分子生物学的研究过程，网络药理学的方法更具有方向性，并且通过一定的试验缩小了验证的范围，确定了研究的方向，极大地减少了不必要的试验假设，降低了研究成本。同理，在研究天然活性物质的分子机制的过程中，也可以使用网络药理学缩小反应链中验证的范围。

1 网络药理学的提出基础

1.1 网络科学

  自第三次工业革命以来，信息爆炸成为当今世界不可避免的趋势。面对这样的大量且高维的信息时，为了更好地梳理和将信息分类并正确客观地为人们所用，科学家引用了网络科学方法来帮助我们提取并应用信息。网络科学来源于图论的数学理论，是以处理多结果、多条件的复杂系统应运而生。著名的图论问题如哥尼斯堡七桥问题、多面体的欧拉定理、四色问题等都是拓扑学发展史的重要问题，但实际上人们所使用的网络科学的问题本质上是无标度网络模型（scale-free network）。1999 年美国圣母大学物理系的 Barabási 教授及其博士研究生 Albert 在 *Science* 杂志上发表了题为《随机网络中标度的涌现》的文章，提出了一个无标度网络模型，发现了复杂网络的无标度性质，并和 M. Newmann，D. J. Watts 共同编辑了《网络的结构与动力学》（*Structure and Dynamics of Networks*，普林斯顿大学出版社，2003 年出版）一书，该书在国际上产生了广泛的影响，引起了全世界的高度重视。正是他在网络科学方面的杰出贡献，于 2006 年获得了美国 von Neumann（冯纽曼）计算金奖。这标志着复杂网络研究进入了网络科学的新时代，由此诞生了一门崭新的科学：网络科学。网络科学的两大发现以及随后许多真实网络的实证研究表明，真实世界网络既不是规则网络，也不是随机网络，而是兼具小世界和无标度特性，具有与规则网络和随机图完全不同的统计特性。这在全世界学术界激起了千重浪，复杂网络的相关文章铺天盖地，网络科学的综述和专著不断涌现，从物理学到生物学，从社会科学到技术网络，从工程技术到经济管理等众多领域，都是应用于复杂网络系统与理论结合的相关研究。网络科学的本质就是将信息通过一定的联系为基础，构成网状结构，从而理解信息与信息之间的直接关系或隐藏关系等。通过计算机辅助或者机器学习作为工具，其优势在于可以使用独特的节点联系为基础，简要说明了整个过程存在的关系；并且其可以吸收各平台的数据信息处理和加工，以最简单的有或无"联系"标度呈现。因此，网络科学是以海量数据为基础的对复杂信息的梳理和分类，只能定性地表现客观事实，并不能定量地表现存在影响的大小等。网络科学的存在为很多学科提供了新的思维和方向。目前，生物网络和药学网络是研究和应用最多的网络学科。除此之外，网络科学还在食品、基因、蛋白、生物进化、麻醉机制、语言科学和大脑神经等一些研究领域取得了一定的进展。

1.2　网络生物学

网络生物学是系统生物学的一个分支，网络科学的强大功能成为生物学领域复杂网络有力的解释工具，广泛地应用于癌症机制等生命过程的研究。生物学作为一种复杂学科系统，其研究的困难在于生命体的反应过程不是静态的，特别是代谢途径中的氧化还原、炎症途径以及激素调节方面，都无法在营养层面精准地调控到每一个途径的发生过程。因此我们引入生物网络，希望其可以积极地响应并适应细胞或途径传导的信号。在生物网络中，节点表示不同的生命过程中的物质如基因、通路、蛋白、分子等，生物网络的作用机制就是将不同节点之间的信息相互作用表示出来。这些相互作用在时空尺度上形成了复杂的模式，所以我们使用单一因素无法预测其行为，且纳入网络分析的数据大多属于来源于多组学分析，而多组学科学中数据生成的速度现在远远超过了分析的速度，同时数据的分析工具和方法远远落后。尽管存在这些问题，但仍有研究者使用了最先进的技术和计算工作流程，以创新的方式在生物学中使用大数据分析。

1.2.1　网络生物学分析的数据来源

（1）基因组学　基因组学是对生物体全套基因的研究，主要集中在基因组的结构、功能和进化上。试验技术的创新导致更大和更复杂的基因组数据集源源不断地流入公共数据库，彻底改变了这项研究中所有的生命过程。遗传学、比较基因组学、高通量生物化学和生物信息学的发展正在为生物学家提供一系列显著改进的研究工具，以在分子水平上检查和理解处于健康和患病状态的生物体的功能。基因组学包括鉴定结构和功能组成，了解人类基因组中的可遗传变异，阐明物种间进化变异背后的机制，以及了解基因和生物通路以开发新的疾病治疗方法，因此研究生物基因组中存在的变异体（拷贝数变异体、单核苷酸变异体、结构变异体）或突变（插入、缺失、倒位）非常重要。基因组学和捕获遗传变异的技术有桑格测序、DNA 微阵列和新一代测序技术（NGS）。目前，测序主要在 NGS 平台上进行，该平台使用大规模并行测序一次从单个样品中测序数百万个 DNA 片段。有多种 NGS 平台可提供低成本、高通量测序，包括模板/文库制备、测序/成像和数据分析，它涉及各种基本方法相似但目的不同的技术，如 NextSeq、NovaSeq、iSeq、MiSeq、MiniSeq、Hi-Seq、ChIP-Seq、RNA-Seq、MeDIP-Seq 等。

全基因组关联研究（GWAS）是一种强力的解释基因与表型关系的分析技术，其通过大量数据和数学统计的相关技术，使用对照设计作为样品检测遗传变异体（单核苷酸多态性，SNPs）差异，在对照和处理（疾病）个体之间比较 SNPs。在 GWAS 分析中，数以千计的单核苷酸多态性（SNPs）被基因分型为与疾病的性状相关。使用测序（ATAC-序列）进行转座酶可及染色质分析是近年来研究全基因组染色质可及性的高通量测序技术，主要用于单细胞基因组学。核小体位置、基因表达控制机制、转录因子的结合位点和生物样品之间染色质的可及性可以使用该技术进行研究。

通过基因组学的研究发现，我们可以获得大量的有关疾病以及基因的相关关系，用于构建疾病基因生物网络，从而发现更多疾病的致病机制。

（2）表观基因组学　几十年来，DNA 一直被认为是决定生命遗传信息的核心物质，但是近些年新的研究表明，生命遗传信息从来就不是基因所能完全决定的，如科学家们发现可以在不影响 DNA 序列的情况下改变基因组的修饰，这种改变不仅可以影响个体的发育，而且还可以遗传下去。这种在基因组的水平上研究表观遗传修饰的领域被称为"表观基因组学（epigenomics）"。表观基因组学使人们对基因组的认识又增加了一个新视点：对基因组而言，不仅仅是序列包含遗传信息，而且其修饰也可以记载遗传信息。也就是说，表观基因组学是对 DNA 序列中编码变化以外的可遗传变化的研究。表观遗传学包括任何改变基因活性而不改变 DNA 但导致可遗传修饰的过程。表观遗传学包括 DNA 或染色质的修饰，即 DNA 甲基化、胞嘧啶修饰和组蛋白的翻译后修饰，在控制转录活性中起重要作用。最常研究的表观遗传事件是 DNA 甲基化，特别是胞嘧啶，然后是在 CpG 岛发现并被甲基化的鸟嘌呤（CpG）二核苷酸。DNA 甲基化控制重要的细胞过程，如胚胎发生和癌发生。有多种技术可用于研究表观遗传学变化，如甲基化 DNA 免疫沉淀-测序（MeDIP-Seq）、全基因组亚硫酸氢盐测序（WGBS）（包括 MethylC-Seq 和 BS-Seq）、亚硫酸氢盐测序（RRBS）等。研究基因组甲基化模式，如染色质免疫沉淀测序（ChIP-Seq），用于绘制整个基因组中染色质修饰和转录因子（TF）结合位点的图表。表观遗传学解释了一些通过 DNA 遗传物质解释不了的情况，更多地在基因修饰方面提供了修饰与蛋白的关系，但是基因修饰始终是以基因为基本的，而表观遗传扩充了疾病基因生物网络的数据量以及网络的标度与方向。目前表观遗传网络尚未构建相关的生物网络体系，仍需科研工作者的努力和挖掘。

（3）转录组学　核基因组在生物体的整个生命过程中是相对恒定的。少数突变可能是由于 DNA 复制中引入或绕过的错误，或暴露于电离辐射等诱变剂所致；然而核基因组的整体大小和组成是相对静态的。相比之下，转录组的变化非常大。每个细胞表达不同组的基因，并受所属器官、细胞周期阶段、疾病状态、药物暴露、衰老等因素的影响。转录组是指在给定的细胞类型、组织或生物体中为特定的生理或病理条件而转录的一整套基因转录物或 RNA 物种。它既包括翻译成蛋白质的编码 RNA，也包括参与转录后控制的非编码 RNA，后者进一步影响基因表达转录组学涉及对特定组织、发育阶段或疾病的 RNA 表达的研究。这提供了对细胞和组织特异性基因表达的洞察，即使用交替剪接预测蛋白亚型，并使用表达数量性状基因座（eQTL）评估基因表达的基因型。转录组学研究旨在解释这一关键基因组的功能输出，比较细胞或在规定条件或疾病状态下的组织，以鉴定基因表达的变化。可以通过差异表达分析来评估不同试验条件下基因转录物丰度的变化，并且可以通过聚类来鉴定共调节基因分析，目的是揭示生物机制或途径。因此，转录组学是发现新的诊断或治疗靶点的有吸引力的工具。转录组变化反映了生物学或疾病状况的综合视图，其变化可通过转录组学技术获取。转录组测定方法包括 EST（表达序列标签）或 cDNA 文库的 Sanger 测序，如基因表达的 Serial 和 Cap 分析（SAGE/CAGE）、DNA 微阵列等。有助于诊断性生物标志物的检测、疾病途径的理解、疾病分类以及治疗反应的监测。核糖体足迹又称核糖体分析，或核糖-序列，或 ART-序列（活性 mRNA 翻译测序），通过对受核糖体保护的 mRNA 片段进行测序，可以定量测量核糖体的占据和翻译。这有助于识别核糖体的确切位置，也揭示了核糖体在上游开放阅读框上的存在，测量了活性翻译。该技术整合了 mRNA 的丰度和翻译调控，并准确地划分了翻译区，以确定全部编码潜力基因组。核糖-序列方案包括以下步骤：药物处理和细胞收获、核酸酶足迹和 RPF 分离、文库制备和测序、数据分析和下游分析。转录组在一定程度上解释了基因是通过什么途径对疾病以及表观进行影响的，其变化揭示了表观层面下的深层翻译变化，根据转录组的中介特殊性（基因以及蛋白），组学数据可以建立起基因转录与蛋白网络。然而，转录组测序仅代表了基因表达情况，这是 KEGG 网络构建中的关键证据，但 KEGG 网络还提供了蛋白及其他水平上相关通路网络，因此需要检验蛋白表达以及通过其他分子生物学手段进行验证和挖掘。

（4）蛋白质组学　蛋白质组学是对蛋白质组的定性和定量研究。除了分析所有蛋白质之外，蛋白质组学还包括同分异构、蛋白质修饰、相互作用和蛋白质复合物的研究。蛋白质组学的数据目前在分析和统计中具有一定的难度。蛋白质组学方法包括基于凝胶的分离，如一维和二维聚丙烯酰胺凝胶电泳；无凝胶高通量技术，包括多维蛋白质鉴定技术以及使用液相色谱-质谱联用（LC-MS）的分离技术。鸟枪法蛋白质组学涉及通过提取、消化、液相色谱分析样本，然后进行串联质谱分析。质谱仪由离子源、质量分析仪和离子检测系统组成。通过 MS 分析蛋白质的过程如下：

①蛋白质电离和气相离子的产生。

②根据离子的质荷比分离离子。

③离子检测。基质辅助激光解吸电离（MALDI）和电喷雾电离（ESI）是主要的离子化方法。

蛋白质组学应用中使用了多种质谱方法，如飞行时间（TOF）、四极杆和傅里叶变换离子回旋共振（FTICR）等。使用搜索工具如 magnos、Sequest、MassWiz、MSGF＋、X! Tandem，将试验获得的肽质量与数据库中已知蛋白质的理论肽 MS/MS 相关联，通过 Percolator 进行分析并通过 FDR 计算分析蛋白质的差异表达。其数据为 KEGG 网络的构架以及蛋白质互作网络的构建提供了基础数据。

（5）相互作用组学　相互作用组学涉及使用亲和纯化-质谱（AP-MS）来测量蛋白质之间的相互作用，并且研究这些相互作用是如何排列成网络的。不同的生物分子蛋白质、核酸、脂质和碳水化合物之间都有可能发生相互作用。细胞间相互作用可以描述为基因相互作用网络、蛋白质互作网络（PPI）和蛋白质-DNA 相互作用等。相互作用组学用于比较生物状态、时间或物种之间的网络，以跟踪信息流、网络变化模式等。它可以揭示功能失调的途径并加速生物标记物的发现。此类研究采用了酵母双杂交筛选（Y2H 筛选）和相关互补分析，AP-MS、BioID 和 APEX 等邻近标记方法，交联质谱（XL-MS）和与质谱（CoFrac-MS）耦合的蛋白质共分馏。已经开发出算法来预测蛋白质的相互作用网络，用于表征功能和药物发现的可能目标。来自不同来源的大规模数据（如蛋白质组学、代谢组学和蛋白质相互作用组学）的整体整合可以揭示控制信号流的分子相互作用的基础。已经开发出许多计算工具和算法来集成分析结果，如 STRING、Cytoscape、独创性途径分析和 Pathway Studio 等。这些为蛋白质互作网络（PPI）的构建提供了原始数据以及研究方法。

（6）蛋白质基因组学与翻译后修饰　蛋白质组学是指将基因组学/转录组学与蛋白质组学相结合，根据核酸数据库搜索串联质谱，以识别、注释和表征新的以及已知的蛋白质编码基因。蛋白质基因组学包括翻译验证，确定正确的转录区间、基因和外显子边界，选择性剪接基因以及新基因的发现。在该方法中，使用样品特异性基因组或转录组数据来创建蛋白质序列数据库，当参考蛋白质序列在数据库中不存在时，使用鸟枪法蛋白质组学数据来帮助鉴定新的肽以完善基因模型。该数据库也可以使用 RNA-Seq 和/或核糖体分析数据，还可以识别编码蛋白质的长非编码 RNA（lncRNA）基因和非编码基因，使用目标诱饵方法控制假阳性。使用蛋白基因组学搜索鉴定的肽被映射到已知的蛋白质参考数据库以建立新的肽模型，以寻找新的功能蛋白。

翻译后修饰（PTMs）是将一个官能团共价添加到氨基酸侧链上，从而调节其活性、亚细胞定位、周转和相互作用。PTMs 从膜受体启动信号传导，将其转导至细胞质受体，并将信号传递至调节基因表达的核转录因子。蛋白质可以通过磷酸化、泛素化、乙酰化、甲基化、亚硝酰化等方式进行修饰。这些修饰可以是瞬态和可逆的，也可以是长期的，可以充当开关，或者像变阻器一样微调响应。不同 PTMs 和通路之间的串扰模拟了重要的生物学功能。可逆磷酸化控制酶的活性和信号通路；乙酰化调节 DNA 识别、蛋白质稳定性及其相互作用；泛素靶向降解蛋白，还参与 DNA 修复、信号转导和自噬。已知 PTMs 的调节异常涉及许多疾病。特定翻译后修饰分析可经富集后再进行质谱分析，最后通过比对数据库分析数据。

（7）宏基因组学和宏蛋白质组学　宏基因组学涉及特定环境生态位中群落微生物基因组（微生物群）的功能分析。它包括对微生物多样性及其在生态位（如土壤、水体、动物和人类的胃肠道）中的功能作用进行与培养无关的基因组分析。它提供了对群落结构（物种丰富性和分布）及其相关功能（代谢）潜力的公正评估。功能性宏基因组学筛选搜索特定表型（如耐盐性、抗生素产量或酶活性）的宏基因组文库，然后鉴定克隆 DNA 的系统发育起源。在基于测序的方法中，筛选克隆以鉴定保守的 16S rRNA 基因，然后对完整克隆进行测序，从而进一步鉴定感兴趣的基因。来自土壤、海水、工业污泥等的环境宏基因组学，以及来自昆虫和人类的肠道微生物群是对宏基因组测序的大规模研究的焦点。宏基因组的序列样本包含单个样本中的不同物种，并在比较研究中比较样本之间的特征，如微生物基因组大小、分类和功能含量、气相色谱检测含量。这些研究提供了对环境和宏基因组之间关联的额外理解，并提高了我们对共生、基因家族富集和环境病毒学的理解。宏蛋白质组学还旨在使用蛋白质组学方法理解和确定微生物生态系统中的主要功能成分，是在给定时间点对微生物群的全部蛋白质补体的大规模表征。宏蛋白质组学研究的重要作用是强调微生物群落的基因组和功能多样性之间的联系。宏蛋白质组学方法的结果和成功在很大程度上取决于可用于试验设计和分析的宏基因组学和元翻译学信息，因为宏蛋白质组学可为数据库构建和功能分析以及跨组学的相关性提供信息。来自环境蛋白质组学或来自天然微生物群落的宏蛋白质组学样本的蛋白质图谱可以反映新的功能途径和相关基因。宏蛋白质组分析涉及微生物群样本的选择、群落蛋白质组的提取、使用 2D 凝胶电泳或使用 LC-MS/MS 的 1D 凝胶电泳分离蛋白质、数据采集、统计分析、群落功能组织分析，并最后将这种蛋白质组功能多样性与微生物群组成提供的遗传多样性联系起来。宏蛋白质组学用于剖析微生物群落的功能指标，以跟踪复杂代谢途径中的新基因，从而从功能上洞察微生物的生态参数，如抗性、恢复力和功能冗余。

（8）代谢组学　代谢组学是对细胞中所有代谢产物的大规模研究，可以为蛋白质组提供功能背景。虽然蛋白质参与细胞功能的调节，但其影响可见于代谢产物，因此代谢组学有助于填补基因型与表型之间的空白。代谢组学放大了蛋白质组的变化，在分子水平上反映了表型。代谢组学包括靶向和非靶向分析内源性和外源性代谢产物，这些代谢产物通常为分子质量小于 1 500 u 的小分子。代谢组学可用于评估各种类型的应激反应——环境、突变、遗传操作、比较生长阶段或组织以及发现天然产物。全球性的代谢产物分析采用高分辨率仪器，通常为核磁共振（NMR）和质谱（MS），以及主成分分析（PCA）和偏最小二乘法（PLS）等统计工具。这些仪器和工具提供了代谢的综合视图，反映了饮食和生活方式对疾病的影响。用于大规模代谢组学分析的众多分析平台包括、傅里叶变换红外光谱（FT-IR）、质谱法（MS）以及液相色谱分离技术，还包括核磁共振法（NMR）、气相-质谱联用（GC-MS）、液相-质谱联用（LC-MS）、傅里叶变换离子回旋共振串联质谱仪（FT-MS）和超高效液相-质谱联用（UPLC-MS）。NMR 光谱技术主要适用于代谢产物的批量分析。使用 GC-MS 可以最好地分析挥发性有机化合物和衍生的主要代谢产物。使用 LC-MS 最适合分析大量不同的半极性化合物和次要代谢产物。可以使用 UPLC-MS 技术以多种方式测量代谢和信号通路。

（9）通量组学　大多数组学数据集提供了定性途径活性的信息，但缺乏可被蛋白质翻译后修饰、变构调节等调节或改变的蛋白质活性数据。通量组学是对细胞代谢网络中综合通量的研究，可以测量和评估生物体代谢反应网络的反应（通量）速率。这些代谢通量代表基因表达、蛋白质丰度、酶动力学、调节和代谢物浓度（热力学驱动力）之间相互作用的最终结果，这些相互作用结合起来构成代谢表型。有多种方法可用于代谢通量的量化，如通量平衡分析和化学计量代谢通量分析。最可靠的方法是使用代谢途径的同位素标记前体，主要是 C^{13} 标记底物。将 C^{13} 标记的底物喂入细胞、组织或动物，产生含 C^{13} 的代谢产物，然后对其进行测定。基于示踪剂的代谢组学用于确定这些代谢物的浓度和同位素分布（或标记模式），以模拟代谢网络中的通量分布。

（10）现象学　现象学是对生物的形态、生理和生化特征进行高通量表型评估的分析，还包括其与遗传、表观遗传和环境因素的关联。表型变异是生物体基因型与其环境之间动态相互作用的结果。表型数据可以帮助我们识别哪些基因变体影响表型、多效性效应，并推断健康、作物产量、疾病和进化适应性的原因。现象数据跨越多个层面，如数量遗传学、进化生物学、流行病学和生理学。现象测量可以是基因表达谱分析、蛋白质组学质谱分析、代谢组学范围的关联研究、成像等，用于从相关性中解开原因。

（11）暴露组学　"暴露"概念代表了健康和疾病的环境驱动力，即非遗传驱动力。具有分子测量的生物样本，与暴露体的内部和外部成分的覆盖相结合，就像来自空气、水、食物或其他自然过程的生物扰动和外部化学物质有助于暴露体。对暴露体进行系统制图的不同方法是质谱、传感器、可穿戴设备、生物统计学和生物信息学。高分辨率质谱（HRMS）增强了我们测量已知代谢产物、污染物以及其他外部来源小分子（如药物、防腐剂、农药和其他微生物代谢产物）的分析能力。身体中的化学物质实体不是停滞的，并且可以在该环境中反应以形成可通过计算工具预测的次级代谢物或改变的产物，并且在该方向上，最近提出的全环境关联研究（EWAS）旨在破译疾病现象类型的环境原因。顾名思义，EWAS 受 GWAS 开发和应用的分析方法的启发，使用一组类似于基因型变体的"暴露量"来研究感兴趣的表型。需要开发生物体及其全部暴露的多层网络框架，以阐明它们在健康和疾病中的作用。

（12）单细胞组学　单细胞组学方法深入研究了细胞和组织中的发育和通信网络，描绘了高分辨率和吞吐量的单细胞水平。单细胞技术可以从健康和致病条件下的不同类型细胞生成全面的细胞图谱。随着先进计算方法的发展，使用这些技术生成的多模态组学数据现在可以无缝集成并以语义方式表征。这将允许细胞类型的分类和对细胞的相互作用和空间组织的表型观测。单细胞 RNA 测序（scRNA-Seq）涉及高通量测量细胞基因表达水平。该技术可对细胞亚型和组织状态进行全面、深入的描述。证明该技术可行性的第一个单细胞 RNA-

Seq（scRNA-Seq）试验需要手动生成文库，因此很难增加试验规模。2011年，随着单细胞标记逆转录测序（STRT-Seq）的发展，scRNA-Seq技术的可扩展性突飞猛进，该技术使用基于平板的芯片方法，允许同时对多个细胞进行测序。然而，基于平板的方法很耗时，容易出现技术变化，需要复杂的试验室方案和大量的人工处理。该技术的重大突破出现在2015年，由Klein和Macosko等分别发明了inDrop和Drop-Seq。这两项技术结合了微流体和核苷酸芯片方法，以高通量的方式将单细胞封装在液滴微反应器中。Genomics（pleason on，CA，USA）等公司进一步优化了这一技术，允许更广泛的采用，并将生成单细胞mRNA文库的成本显著降低至几美分。目前正在使用的是几种分离单细胞的高通量方案，如fluid GM C1平台、细胞特异性扫描芯片互补DNA文库以及液滴微流体和微孔。一些方法增加了对新的和罕见的细胞类型和亚型及其复杂的相互作用以及生物学机制的发掘。可以在不同细胞类型中比较单核苷酸变异（SNV）和拷贝数变异（CNV），以展示疾病过程中涉及的细胞间变异。即使是单细胞的表观遗传调控也可以揭示DNA表观遗传修饰、可及性和染色体构象的状态。已开发了多种与单细胞转录组学相结合的单细胞表观基因组测序技术。单细胞蛋白质组学是一个处于起步阶段的领域，它使用高通量质谱技术（SCoPE-MS）将蛋白质组以最小的损失引入质谱仪，并同时分析肽及其定量，可以发现大于1 000个蛋白质的单细胞。细胞蛋白质检测的其他方法可以使用与DNA结合的抗体。改良的scRNA-Seq方法可用于单细胞转录组快速测定，并广泛用于多重混合方法中的蛋白质定量。

1.2.2 网络生物学在复杂生物系统中的应用

系统生物学旨在通过对所有细胞过程采用整体观点来模拟复杂的生物系统。基因组、转录组、蛋白质组和代谢组等生物层通过其分子相互作用网络维持体内稳态。网络构成了生物系统的基础，系统生物学试图理解这些分子布线。互动被定义为一个网络节点，代表单个分子（基因、蛋白质、DNA等）和这些节点（边）之间的连接，以图形理论格式反映了它们之间的关系。为了建立相互作用，试验测定和计算方法可以系统地组装和预测分子之间的相互作用，从而构建可以跨不同分子层整合的相互作用体。相互作用及联系是网络学研究的重要课题，网络生物学就是一门跨组学的生物联系研究学科，如蛋白质互作网络（PPI）研究的是基因组、转录组与蛋白组的联系，蛋白质-蛋白质复合物研究的是蛋白组的内部关系，PTMs网络研究的是表观遗传以及翻译后修饰与表型之间的联系，疾病-基因网络研究的是疾病表型与基因组、转录组的关系，药物靶向网络研究的是药物代谢以及蛋白质组、转录组的联系等。

（1）蛋白质互作网络 蛋白质互作网络（PPI）通过对信号转导途径和调节网络的控制，协调细胞通信和功能。生物网络可以提供对触发疾病发作和进展的机制的见解。蛋白质互作网络对于解读网络结构与功能之间的关系、识别功能模块、研究相互作用模式以及发现新的蛋白质功能具有重要意义。蛋白质互作网络研究通过使用高通量方法，如X线晶体学、荧光和原子力显微镜、核磁共振光谱、酵母双杂交（Y2H）、基因共表达方法，在基因型-表型相关性预测中发挥着重要作用。计算相互作用涉及根据PPI的现有经验数据预测蛋白质结构域相互作用的方法，以及依赖理论信息预测蛋白质-蛋白质或结构域-结构域相互作用的方法。

（2）信令和PTMs网络　蛋白质修饰调节细胞信号事件，并快速重新编程个体蛋白质功能。PTM以高度动态的方式添加和移除，蛋白质以许多不同的形式存在。PTM为蛋白质组提供了巨大的生物多样性能力，并调节细胞间和细胞内的通信、细胞生长、分化和细胞分裂。读写错误PTM是许多人类疾病的致病因素。细胞信号反应需要快速修饰蛋白质中的特定残基以进行信号转导和调节生物功能。

（3）蛋白质-蛋白质复合物　蛋白质-蛋白质复合物是一组由非共价蛋白质互作网络（PPI）连接的多肽链，其在生物系统中发挥着重要的作用，如DNA翻译、mRNA翻译和信号转导。几乎所有的生物过程都涉及蛋白质-蛋白质相互作用，其中许多过程可能需要多个蛋白质-蛋白质相互作用来形成多聚体蛋白质的四级结构，从而形成蛋白质-蛋白质复合物。要了解蛋白质-蛋白质相互作用及其原子细节的特异性，需要了解蛋白质-蛋白质复合物的三维（3D）结构和蛋白质-蛋白质界面。一种蛋白质可以参与多种蛋白质-蛋白质复合物。同一复合物可根据细胞周期的阶段、细胞的营养状态、细胞间隔等因素发挥不同的功能。核磁共振光谱（NMR）、低温电子显微拷贝（CryoEM）和X线晶体学是研究蛋白质-蛋白质复合物的主要试验技术。大量蛋白质-蛋白质复合物的三维结构有助于理解识别过程。蛋白质-蛋白质复合物结构分析还可使用多种网络服务器和数据库，包括蛋白质数据库（PDB）、蛋白质-蛋白质相互作用服务器、蛋白质相互作用数据库（DIP）等。

（4）疾病-基因网络　识别疾病的分子基础及其表型，对疾病的预防、诊断和治疗有重要价值。人类疾病是由遗传突变、表观遗传变化和病原体引起的分子网络扰动的结果。网络中疾病基因的特性揭示了与相似疾病相关的基因往往存在于同一邻域内，并形成功能模块。还观察到导致相似表型的基因在功能上相关，并且是生物模块（如蛋白质-蛋白质复合物或途径）的一部分。这些基因还具有相当高的基因本体同质性和共表达倾向，导致相同表型的基因倾向于形成拓扑簇，并可用于鉴定功能相似的基因或无特征的疾病基因。疾病基因筛选依赖于候选基因与蛋白质互作网络内已知疾病基因的接近度，使用的评分策略包括通过内嵌关联、随机算法、重启算法和核评分函数。PPI网络中的候选基因和已知疾病基因之间的距离可以测量网络中的成对蛋白质接近度，并用于对疾病基因进行优先排序，从而推测疾病与基因的网络关系。

（5）药物靶向网络　为了了解细胞和疾病网络背景下的药物靶点，可以系统地阐明药物与生物靶点之间的关系，以对网络关系的评估及基因和药物-靶标相互作用为基础进行量化，由系统生物学和网络药理学的发展演变为药物发现范式。当前的网络范式不是药物-靶标和疾病之间的线性关系，而是将多种药物、靶标和疾病集成为一个分子网络。药物的多药物特征（即靶向作用和非靶向作用）可能会导致未达到所需的治疗效果和不良的安全性问题。因此，药物-靶相互作用（DTI）的系统识别在药物发现中至关重要，这有助于最大限度地提高治疗效果，同时最大限度地减少安全问题。虽然药物-靶相互作用（DTI）的识别在药物发现和开发中起着重要作用，但DTI的试验测定成本高且耗时，因此有必要采用电子或计算方法来识别潜在的DTI，以加快药物开发和药物再利用。一些电子方法，如基于结构、基于配体和基于机器学习的方法，已经证明了它们在预测 DTI 中的潜力。现有的 DTI 预测方法大多局限于同质网络或二分药物-靶网络，不能直接扩展到异质生物网络。与同质网络相比，异质网络自然地从药物、靶标/蛋白质及其相关疾病中聚集更多的对象和互补信息。最新的科学研究逐渐发现了网络科学在识别新的治疗靶点方面的潜力，并依托药物代谢数据库的建立和发展，很好地促进了中草药网络药理学的起步。

（6）症状-疾病网络　症状是对临床诊断和治疗至关重要的最高水平的表型。在稳态过程中，各种症状相互依赖，当受到干扰时，会导致疾病发展。症状是疾病的可直接观察到的特征，形成临床疾病分类的基本依据。阐明症状与两种疾病的基因或蛋白质相互作用之间的共同联系，有助于为这些疾病找到新的解决方案。可通过整合疾病-基因关联和蛋白质互作网络（PPI）数据来测量共有症状相似度及其共有基因。使用两种疾病之间的联系权重构建人类症状-疾病网络（HSDN），并通过对所有疾病测量症状的相似度来反映。在 HSDN 中有 7 488 851 个链接具有正相似性，有 4 219 种疾病之间形成了密集的网络，其中有 94% 的节点连接到 >50% 的其他节点。在临床指标和疾病机制之间测量的相关性可用于基因的功能注释，并可揭示不同疾病类别之间的一致性。

（7）生物网络重组　生物网络重组可以定义为由于条件转换而对生物关系进行的内在重组。随着揭示生物分子间相互作用和调控关系的大规模基因组和蛋白质组学技术的进步，许多类型的生物网络已经被构建。这些生物网络包括蛋白质相互作用、遗传相互作用、转录因子-靶调节、miRNA-靶调节、激酶-底物磷酸化和代谢途径。生物网络在物种形成中起着核心作用，尽管生物网络的进化速度未知。在细胞系统中，生物网络可以在进化期间以各种速率重新布线，为了测量单个节点以及整个网络的重新布线，需要使用余弦距离或离散函数。这有助于对网络的动态行为和适应性以及疾病中重新布线重要性的理解。例如，基于重新布线的分析可以增加癌症中发现的驱动突变的数量。蛋白质-蛋白质相互作用的重新布线对于理解动态细胞变化更有用，并且它可以检测生物条件之间的差异基因的重要性。

1.2.3　小结

随着多组学数据库的扩充以及其他组学的发展，网络生物学毫无疑问具有巨大的发展前景。目前网络生物学更多的还是对基因组学、转录组学、蛋白组学数据的探索，尚且没有对其他跨组学领域具有太大的推进，但每个阶段的生物学网络都对应解决了一部分生物学难题，提供了一套以整体联系的思想理解组学的方法，帮助我们从大量的组学数据中挖掘出具有价值的信息，这才是跨组学的网络思想可以给系统生物学带来的宝藏。

2　网络药理学的研究现状

当今世界，人们生活水平相对以前有了显著提高，经济发展迅速，然而健康问题一直是人们所关注的话题，疾病越来越复杂，新型疾病的发现给人类健康造成巨大威胁，因此提高医疗水平对保障人们的健康、增加幸福指数有极大意义。而医疗水平的提高离不开高品质的特效药物，离不开新药的研发。药物不仅承担着防治疾病的作用，同时也是社会经济建设中不可或缺的部分。传统药物的发现主要集中于单一靶点的高特异性抑制剂，药物基本都是单体化合物，作用于某个特定的靶点。然而，通过大规模功能基因组研究证明，只有不到10%的基因敲除具有治疗价值，而且单一靶点的高特异性药物对复杂疾病的治疗通常难以获得显著疗效，传统新药研发的"单基因-单靶点-单疾病"模式在新药研发中遇到巨大瓶颈及严峻挑战。因此，用单体化合物来治疗复杂疾病，如癌症、艾滋病、帕金森综合征、心脑血管疾病、糖尿病等，难以获得很好的疗效。尽管单一靶点的药物适用于大规模的高通量筛选和药物的理性设计，但是在过去十年中，获得美国食品药品管理局（FDA）批准的药物数量却逐年下降，并且只有25%是全新药物。2010年，仅有21种新药通过美国FDA的评审，只有14个新药得到欧洲药品管理局（EMA）的批准。新药在2期、3期临床试验中因缺乏有效性和出现非预期的毒性所导致的新药失败率高达30%，这使整个医药行业在持续繁荣后陷入困境。事实上，自20世纪50年代以来，在将现代生物医学药物研究成功转化为药物发现的定式之后（Eroom定律），研究的效率就在不断下降，针对单一靶点的单体化合物治疗疾病的策略在未来新药研发中捉襟见肘。为了克服这一难题，我们需要全新的医学方法，并认识其中造成障碍的主要关键因素。目前主要有两个已知的问题：第一个因素是临床前和基础研究的不可再现性，其中研究质量差如缺乏统计能力和一些不负责任的科学杂志的文稿，是造成问题的主要原因；第二个因素是人们对当前大多数疾病定义以及知识存在差距。除传染病和罕见疾病外，慢性病的定义是基于表型的一系列表现（即在器官中表现出的症状）。另外需要注意的是，目前药物主要是以逐个器官的方式构建的。此外，疾病临床前动物模型通常只能模拟这些症状，没有任何证据表明动物模型中引起症状的机制与人类疾病相似。因此，人们对疾病的原因缺乏机制论的理解，虽然长期治疗疾病，但并不能真正治愈疾病。例如，由于人们对高血压的分子病因尚不清楚，所以就致力于解决高血压问题，但是忽略了预防心肌梗死和中风等继发性疾病。这就导致尽管大多数高危患者已成功接受了抗高血压治疗，但他们仍有很高的心肌梗死和中风概率。这就表示，人们目前对复杂疾病以及慢性疾病的治疗方案既不可治愈，也不精确。尤其是在一些确切的、通常是单基因的机制是已知的罕见疾病中，更需要注意这些问题。

事实上，人体内存在复杂的基因调控网络、蛋白质互作网络以及代谢网络等。人体本身就是一个有机的整体，疾病的产生是众多因素共同作用的结果，研究疾病的治疗应该更加注重对整体的把握。如果将疾病认为是身体原有网络平衡状态的改变，那么有效的药物应该是使得原有平衡状态恢复的药物或药物组合。由于网络的复杂性和稳定性，这通常需要同时对多个靶点进行调节。近年来研究人员发现，在肿瘤、精神疾病和抗感染等方面，具有多靶点药理作用的药物比单靶点药物具有更好的疗效，并由此产生了多向药理学（polypharmacology）和多靶点药物设计，并已经应用于多种复杂疾病的药物研究。药物与作用靶点之间倾向于组成富集的网络，而非孤立的对应关系。对疾病基因网络与药物作用网络的整合证明，不仅大多数药物有多靶点作用，而且约有超过40%的药物作用靶点与多种疾病相关，这样药物与疾病基因之间形成了复杂的交叉网络。通过系统生物学的研究方法进行网络药理学分析，能够在分子水平上更好地理解细胞以及器官的行为，加速药物靶点的确认以及发现新的生物标志物。因此，药物及其作用机制的研究若从整体出发可能会更好，"多基因-多靶点-复杂疾病"的模式能更加顺应时代潮流。

2.1　网络药理学的本质是从表型症状到内型病因的判断

人们需要重新定义疾病的基本概念，将重点从症状和器官移动到机制和原因。在人类疾病的网络中概念性地显示，疾病通过无标度网络中的联合风险基因链接，并通过几个相同的风险基因聚集。这些疾病集群暗示了一个共同的因果机制。因此，基于共同症状、药物或并发症形成了其他多尺度疾病网络。有趣的是，大多数疾病簇包含不同器官的疾病表型，这支持了基于器官和症状的疾病分类已经过时且阻碍观点的创新。这些表型已不能再被定义为疾病，而应是其潜在常见因果分子机制的表型，这些机制将成为新的定义，即内型。这些内型由相关风险、驱动基因、蛋白质和药物靶标构建，以形成从头疾病信号网络或疾病模型。这些疾病模型的有效性对于精准医学至关重要，因为它们代表了以下两方面的新目标：一是高危患者识别和后续机制分层的诊断策略；二是通过网络药理学调节疾病模块的治疗策略。一旦所有当前的疾病表型都被完全内型化和从机制上理解，它们将分离成几种不同的分子疾病机制和内型。因此，许多常见或复杂的疾病表型将分解为几种更罕见和不太复杂的内型。与单基因罕见疾病不同，内型是由信号网络的调节而不是单个蛋白引起的。考虑到网络的冗余性和弹性，当前针对每种疾病调节单一靶标的实践解释了为什么"一种疾病--一种靶标--一种药物"方法是不够的。即使联合治疗与药物靶向是单一的，但是非因果关系的蛋白也或许会参与反应。

尽管有大量的文献和高度精确的信号通路数据库，如《京都基因和基因组百科全书》(KEGG)，但定义这些信号模型并非易事。这些数据库主要是手工绘制的路径图的集合，代表了人们目前对分子相互作用的了解。重要的是，这些数据库没有反映出生物途径不是孤立的，而是在不同的功能背景下相互联系的。此外，数据库所绘图的途径意味着其所有组成部分都是直接接触的，而事实并非如此。相反，cAMP和钙等信号元件通常分布在几个亚细胞区室的不同部位，由不同信号原理的元素组成。尽管如此，亚细胞的划分，甚至是它们随时间的推移而发生的转变，在定义疾病模型中是至关重要的。出于重现药物效果的目的，不仅必须修订目前的疾病概念，还必须修订细胞信号传导的概念。如果想定义疾病模型，经典的、规范的或规划的途径几乎没有意义。在复杂疾病的背景下利用网络的力量需要新颖的试验方法。

2.2　构建网络药理疾病模型的方法

为了构建从头疾病模型，需要区分现有的分子相互作用网络的方法，如蛋白质互作网络（PPI）或基因调节网络，以及直接从疾病特异性数据推断上下游特异性网络的方法。从头网络富集是一种很好的策略，其将组学数据（如基因表达或单核苷酸变体）投影到网络上以提取富集了基因或蛋白质的疾病模块，用于一些生理学相关的观测，如差异基因表达或高体细胞突变负荷。虽然这些方法对于疾病模型挖掘有很大的应用前景，但是需要上下游特定的网络来提高它们的性能。网络推断方法使用大量或单细胞转录组学以及其他组学数据来确定基因之间的关联，通常使用相关分析或机器学习方法。所推断的网络提供了对过程中信号通路内受干扰的基因调节的见解，并从数据中推理出了药物靶标以及预测假设。合理调整药物用途的网络提供了更广泛的药理学相关靶点选择。如果一个优选的靶标使用药物无效，一个邻近的靶蛋白可能就可以起到作用。目前共有 4 196 种获批药物，很可能对于任何给定的因果疾病模块已经有至少一种药物可用，从而减少了药物发现和开发的耗时。基于数据集我们发现，已经注册的药物平均有 39 种蛋白质高亲和力结合蛋白。小分子药物具有高度混杂性，甚至可以从一种靶蛋白转变为具有相似结合位点的许多其他靶蛋白。重新使用具有已知安全性特征的注册药物可能非常有效，可以快速满足许多不同因果疾病模块的治疗需求，并超越经典药物的效果。因此，利用分子网络和已知的药物-靶标相互作用或许可拥有所需所有药物的计算方法，只是尚未发现其合适的利用途径，而不是依赖偶然的药物再利用或小化合物的高通量筛选来确定候选物。此类繁重的计算方法首先需要识别位于一个或几个疾病模块中的合适的药物靶标，还需要很多疾病的先验知识进行指导，才能有可能提取到靶向疾病模块的药物。

2.3 实践性网络药理学

网络药理学方法使用两种或更多种药物对相同的因果信号传导疾病模块机械地起作用，因此以协同方式靶向关键网络蛋白。这允许基于网络药理学的治疗与单一疗法相比显著降低了每种药物的剂量，并且仍然实现相同甚至更显著的治疗效果，这样的好处是可以减少每种单独药物的副作用，并且可减少药物间相互作用产生的副作用。值得注意的是，绝不能通过两种网络药理学概念进行联合治疗，这其中组合了对不相关靶标发挥作用的一些药物，但是它们都不对因果疾病机制起作用。这种联合疗法充其量是相加性的，不会表现出任何药理协同作用。值得注意的是，当多药物疗法导致四种或更多种药物共同使用时，药物组合很容易失控，导致产生不良的药物间相互作用和副作用，使人们对多药物的研究进展缓慢。但是网络药理学具有处理多药物的能力。在隐藏强大生物网络的复杂疾病（如癌症）中，单一目标干预已被证明无效且不充分，在这些情况下，网络药理学方法是有用的，因为它们可以同时靶向疾病信号模块中的两种或多种蛋白质。在网络药理学的临床药理学工作流程中，信号模块中疾病相关功能障碍的可靠性检测至关重要。

总的来说，药理学的新时代已经开始。虽然已了解药物-靶相互作用的许多分子、结构-活性和化学方面，但靶的选择和定义阻碍了药理学和药物治疗成为一门精确的科学。因此，一项现实而紧迫的任务是重新审视和界定目前的疾病概念。与大多以基因或蛋白质命名的罕见疾病相似，新的疾病定义将是分子的，并跨越当前的器官边界和科学孤岛。在大多数情况下，这些机制反映了疾病的复杂性，它们不是单一蛋白质，而是小网络或疾病模块。此外，我们观察到疾病相关的信号网络通常与目前的信号通路概念不重叠，可能是因为这些信号网络包含不止一个规范的精确通路的元素。由于信号转导网络的网络结构以及它们可以通过靶向几个位点而更好地调控的事实，研究者将越来越多地看到协同网络药理学，不应与当前的联合治疗相混淆，联合治疗的特征在于使用不靶向基因的、机制上不相关的药物。最后，这种靶向致病模块的有效靶向将使药理学和药物治疗从以症状治病的慢性治疗发展到补充单基因疾病的基因效果治疗疾病，达到精准营养和精准医疗的目标。

3　网络药理学的研究目的

从网络生物学的角度来看，网络药理学就是药物靶向网络以及症状-疾病网络的联用分析，其中利用了药物代谢组学、转录组以及蛋白质组数据，通常用于药效团的开发以及药学制剂分子机制的挖掘以及研究，以达到针对疾病的多种药剂的创制。网络药理学在中医药学科领域使用甚广，主要原因来自目前中医药学科的研究状态：中医药学科中很多中草药的成分含量不能明晰，但是中草药确实具有很好的治疗以及临床效果，这就给其中分子机制的研究创造了有利条件。以确定的良好治疗以及临床效果作为筛选条件，可以得到大量的具有效果的实例，将每一个具有效果的实例在成分与结构上进行分析，解决其中的分子机制，就可以快速地找到治疗方法。在理论设想层面，网络药理学的研发流程与西医相比，更具有方向性和指向性，并具有一定的范围性，因此网络药理学的主要推理手段是筛选和验证，而西医则是试验和验证。西医制药手段很少具有依据以及范围性，通常是根据控制变量的方法去寻找差异代谢物、差异表达蛋白、差异转录产物等，多数情况下会得到新的、之前未出现的物质，这就相当依赖于当代生物技术的发展，如果当代的生物技术无法检测到蛋白或者无法测序得到的产物，则分子机制的单向推理就无法进行。双向筛选的网络药理学本质上是一种通过分药物靶标、疾病相关蛋白鉴定和通路分析来阐明从药物靶标到疾病蛋白过程的学科。随着科研技术的不断发展，生物学获取了大量的数据和知识内容，从而形成了学科中的复杂网络，在分析受限的时候利用计算机辅助构建了网络科学工程。网络药理学亦是如此，药理学的本质就是机制研究和药物开发，机制的研究势必需要理解每一个生命体背后的变动意义，了解分子疾病机制，这便直接隶属于生命的复杂网络系统的范畴。为了解决复杂网络这一问题，研究者做了很多尝试，通过计算机辅助做引文分析、通过计算机化学实现分子对接以及构建了依赖数据库分析的靶标预测（网络药理学）。这个概念最早在 2007 年由英国 Dundee 大学药理学家 Andrew L. Hopkins 率先提出。网络药理学是基于系统生物学、基因组学、蛋白质组学、多向药理学等学科的理论，其运用组学、高通量筛选、网络可视化及网络分析等技术，揭示药物、基因、靶点、疾病之间复杂的生物网络关系，在此基础上分析、预测药物的药理学机制并通过相应的试验来验证、评估药物的药效、不良反应及作用机制，以发现高效低毒的药物。网络药理学是基于系统生物学的理论，是通过对生物系统的网络分析，选取特定信号节点进行多靶点药物分子设计的新学科。网络药理学强调对信号通路的多途径调节，提高药物的治疗效果，降低毒副作用，从而提高新药临床试验的成功率，节省药物的研发费用。但网络药理学的开发拥有一定的网络生物学基础，其拥有普通生物学几倍的信息体量：网络生物学带来的是多组学、多元信息、多靶点的信息，而结合病理表型以及靶点的交叉就得到了一个标准的网络药理学公式。并且药理学在分子网络和药代动力学的研究可以提供对复杂生物网络的理解，扩大了蛋白质互作和基因蛋白分析等方法。实际上，基于大数据技术解释药理学的问题就是一种以靶点与蛋白质互作为重要中介的，针对与治疗物质和表型之间关系的模型构架与分析统计。目前网络药理学最成功的技术实践是结合中草药学科，旨在理解复杂疾病、中医症候以及药物治疗的生物基础，这项技术已经成为发现潜在治疗靶点的重要范式。但目前只能从物质和表观上判断一种物质对一种效果是否存在有无关系，并不能深层次了解物质含量是否会引起不同的功能。

网络药理学是功能组分-生物学功能-作用靶点关系网络的重要研究方法。在营养调控网络中，很多研究尚未解释营养调控和靶点的关系，而网络药理学的核心就是关键靶点的探索，其对可饲用天然活性物质的成分含量分析具有显著的效果。因此，天然活性物质和中草药所处的现状以及拟解决的问题是相似的，且网络药理学在中草药中的研究方法与步骤趋于一致。早在 2010 年 Dancik 等通过研究表明，天然植物提取物的靶标高度相关，并更倾向于蛋白质相关，这也为饲用植物靶点的网络性提供了理论证明。因此，我们期望使用可饲用天然活性物质影响动物机体的生物反应，来解释动物营养中的一系列的问题以及机制。生物营养过程并不是一种物质的促进与抑制反应，而是多方向联动的复杂相互作用。在每条作用或联系中都会存在上调、下调或者平衡等多种作用或趋势。这些生命反应共同形成的复杂网络是影响人们解释营养与功能联系的最大障碍。所以我们提出在动物营养学中使用网络科学，期望利用网络科学方法将每个反应的联系作为网络的节点去解释，从而揭示营养导致的生物过程中的相互作用，为多方向多联系的复杂系统营养学研究提供理论基础。

目前，网络药理学的研究方法大致分为两类：一是根据公共数据库和公开发表的已有数据，建立特定药物作用机制网络预测模型，预测药物作用靶点，并从生物网络平衡的角度解析药物作用机制。例如，运用虚拟筛选和网络预测技术成功地预测了大黄二蒽酮 A、大黄二蒽酮 C、番泻苷 C 等几种从未报道过的具有抗 2 型糖尿病作用的成分；运用网络药理学方法对一些药物的机理如麻黄汤的新药理作用进行了预测，该方法类似于引文分析。二是使用各种组学和高通量技术，采用生物信息学的手段分析和构建药物-靶点-疾病网络，建立预测模型，进而解析所研究药物的网络药理学机制。例如，运用网络靶标预测中药方剂六味地黄丸适用于治疗的疾病和机制，以及复方丹参的网络药理学研究。

4　网络药理学的研究方法

关键作用靶点的挖掘与验证是活性物质-生物学功能-作用靶点关系网络研究的核心工作，是网络药理学研究中起到挖掘与筛选作用的工作，通过挖掘和筛选，可以对目标化合物、目标靶点进行验证分析（图 1）。具体工作就是从活性物质下游和生物功能上游挖掘共同作用靶点，并且对挖掘到的数据进行数据库验证（蛋白质互作）和生物验证，以保证数据挖掘的准确性。最终通过预测手段找出相似化合物再次进行验证，扩增关系网络的数据量。网络药理学具有众多的支持数据库以及分析软件，无论如何选择数据库，只需要完成以下步骤即可：

（1）候选药物的筛选。

（2）候选药物下游靶点确定。

（3）疾病或者效果上游靶点确定。

（4）上下游关键靶点交集分析。

（5）关键靶点的筛选。

（6）关键靶点的生信验证。

（7）关键靶点关联候选化合物确定。

（8）关键靶点候选化合物生物试验。

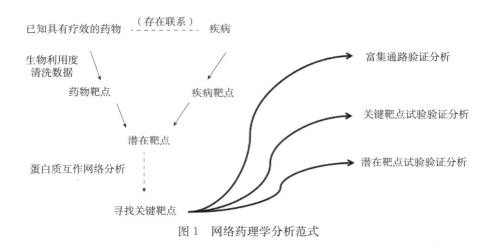

图 1　网络药理学分析范式

4.1　药物成分的选择

在研究药物与治疗表型的关系的时候，最重要的影响因素就是 ADME（吸收、分布、代谢和排泄），这是药代动力学中的重要问题。简单来说，就是人们并不知道药物在经过机体的消化代谢吸收之后，有多少成分以及剂量真正接触到了受体并达到条件阈值引发了反应，这就导致即使我们理解了中草药或者饲用植物的成分组成，完成了结构解析，仍然不能完全将成分和剂量作为分析起点。并且目前定性分析对剂量的研究尚没有要求。理论上讲，药物成分的选择应当以针对物种细胞或组织的药物代谢组差异表达作为范围，但是巨大的科研成本决定了药物代谢组差异表达不是一个挖掘分子机制的有力工具。TCMSP 数据库采用了统一的药物代谢组学数据，以饲用植物以及中草药成分的生物利用度（OB）和类药性（DL）作为筛选指标，以应对药物在机体内代谢的各种情况。通常在做网络药理学分析的时候会使用该数据库直接筛选候选产物进行分析。但是有些研究认为 TCMSP 中的药代动力学结论不全，特别是在 2017 年数据库建成之后，数据库的更新可能缺失了一些目标化合物。因此，还有一种对抗 ADME 的方法，即通过参考已经发表的 PubMed、NCBI 等的文章，以及引文分析的方法，寻找相关化合物，并且通过 SwissADME 数据库对相关化合物进行药代动力学验证，验证成功后一并纳入候选化合物。

TCMSP：https：//old. tcmsp-e. com/index. php

SwissADME：http：//www. swissadme. ch/index. php

ADMETlab 2. 0：https：//admetmesh. scbdd. com/

4.2 关键靶点的获取

4.2.1 药物下游靶点获取

药物下游靶点一般通过药靶数据库获取，研究中经常使用的数据库有 TCMSP、本草组鉴、DrugBank、PharmGKB、UniProt 等（图 2），其中 PharmGKB 的数据来源于试验文献以及药物基因组的数据，UniProt 的构建也是通过大量文献以及试验数据筛选所得。而 DrugBank 数据来源于 PharmGKB、PubChem、Uniprot 数据库的整合；TCMSP 的药物靶标数据大部分来自 DrugBank。实际上，药靶数据库下游靶点库的构建包括三个过程，由于各个数据库包含的内容不同，总的数据量不同，很多研究者会选择四五个数据库联合分析的手段。但总的思路是不变的，都是先尽可能多地涵盖可以找到的药物化合物数据，接下来采取一定的方法进行药代动力学验证，最终还需要获取统一的药物靶点。例如，首先通过路径

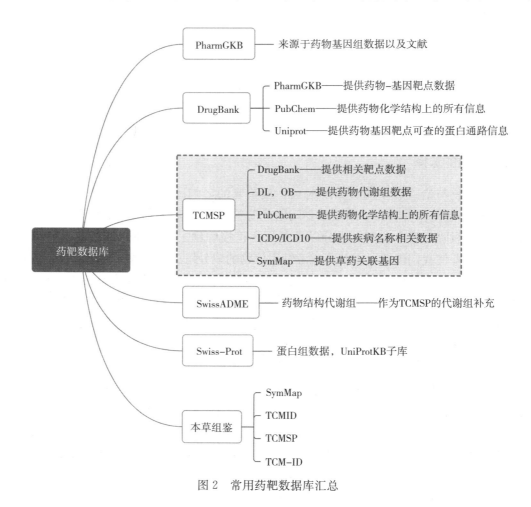

图 2 常用药靶数据库汇总

TCMSP、Batman-TCM、ETCM 三个数据库获取成分信息，然后在 ADMETlab 2.0 数据库中进行药代动力学筛选，最后通过 UniProt 数据库统一组分相关的靶标名称。有的研究者认为 TCMSP 自身的相关靶点分析足够全面可靠，所以该研究的成分获取、生物利用度筛选、统一靶标名称三个步骤都可以在 TCMSP 进行。总而言之，只要是以获取较为可靠的药物靶标为最终目的，那么过程中使用几个数据库并无硬性要求。

常用数据库如下：

TCMSP：https：//old. tcmsp-e. com/index. php

本草组鉴：http：//herb. ac. cn/

DrugBank：https：//go. drugbank. com/

PharmGKB：https：//www. pharmgkb. org/

UniProt：http：//www. uniprot. org/

TCMID：http：//www. megabionet. org/tcmid/

SymMap：https：//www. symmap. org

YaTCM：https：//www. nankai. edu. cn

Batman-TCM：http：//bionet. ncpsb. org. cn/batman-tcm/index. php

ETCM：http：//www. tcmip. cn/ETCM/index. php/Home/Index/

（1）TCMSP　是独特的中草药系统药理平台，通过该平台可以得到药物、靶标和疾病之间的关系。数据库提供的信息包括活性成分的鉴定、化学品和药物目标网络、相关的药物靶标疾病的网络，以及用于天然化合物的药物动力学性质如药物相似性、口服生物利用度（OB）、血脑屏障（BBB）、肠上皮渗透性（Caco-2）、ALog$P$、负表面积（FASA－）和 H 键数的药物药代动力学信息供体/受体（Hdon/Hacc）等。这大大突破了原来搜索的候选药物的各类中国传统草药的功能。在数据体量上看，该数据库包含了中国药典 2010 版中 499 味草药以及每味草药的化合物成分（共计 29 000 余个）。TCMSP 的工作流程如图 3 所示。

（2）本草组鉴　该数据库收集了 SymMap、TCMID、TCMSP、TCM-ID 的数据信息，在对 1 037 个评估草药/成分的高通量试验中重新分析生成了 6 164 个基因的表达谱，并通过将药物转录学数据集映射到 CMap 上，生成了中草药/成分与 2 837 种现代药物之间的联系。此外，该数据库还从最近发表的 1 966 篇文献中为 473 种中草药/成分手动挑选了 1 241 个基因靶点和 494 种现代疾病，并将这些新信息与包含这些药物数据的数据库进行交叉注释；再结合数据库挖掘和统计推理，将 12 933 个靶点和 28 212 个疾病与 7 263 种中草药和 49 258 种成分联系起来，并提供了它们之间的 6 种配对关系，使该数据库成为目前最全面的天然植物中草药数据库。

（3）DrugBank　该数据库是由阿尔伯塔大学将详细的药物数据和全面的药物靶标信息结合，并经过试验验证的、真实可靠的生物信息学和化学信息学数据库。DrugBank 的角色主要有两个：一是临床导向的药品百科全书。DrugBank 能够提供关于药品、药品靶点和药物作用的生物或生理结果的详细、最新、定量分析或分子质量的信息。二是化学导向的药品数据库。DrugBank 能够提供许多内置的工具，用于查看、排序、搜索和提取文本、图像、

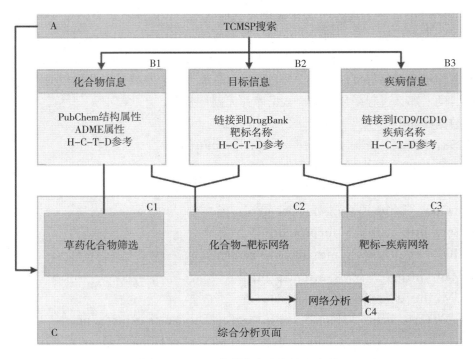

图 3　TCMSP 数据库方案和搜索流程

注：要获得一种草药的综合分析页面（C），用户可以从（A）搜索草药名称；通过化合物的化学名称或化学
文摘社编号进行搜索，可进入化合物信息页面（B1）。分别通过目标名称至目标信息页面（B2）、疾病名称至疾病
信息页面（B3）进行搜索；B1-B2-B3 通过每一页上的草药-化合物-靶标-疾病（H-C-T-D）进行交叉参考，最终
都将导向综合分析页。C1 为不同标准的化合物筛选提供了一个筛选工具。CTN 和 TDN 可以分别在 C2 和 C3 下
载。最后，用户可以在 Cytoscape 软件或其他网络分析软件（C4）中保存和分析网络

（资料来源：Jinlong Ru，2014）

序列或结构数据。自数据库首次发布信息起，DrugBank 已被广泛应用于计算机检索药物、
药物"复原"、计算机检索药物结构数据、药物对接或筛选、药物代谢预测、药物靶点预测
和一般制药教育。DrugBank 包含 13 791 种药物条目，其中包括 2 653 种经批准的小分子药
物、1 417 种经批准的生物技术（蛋白质/肽）药物、131 种营养品和 6 451 种试验药物。此
外，5 236 个非冗余蛋白质（即药物靶标/酶/转运体/载体）序列与这些药物条目相关联。
每个 DrugCard 条目包含 200 多个数据字段，其中一半字段用于药物/化学数据，另一半用
于药物靶标或蛋白质数据。DrugBank 最大的特征是支持全面而复杂的搜索，通过结合
DrugBank 可视化软件，能让科学家们非常容易地检索到新的药物靶目标、比较药物结构、
研究药物机制以及探索新型药物。

（4）PharmGKB　该数据库全名为 pharmacogenetics and pharmacogenomics knowledge
base，即药物遗传学和药物基因组学知识库，是目前最权威、最完善的药物基因组专用数据
库。PhramGKB 由美国国立卫生研究院（NIH）创建，收录了有关人类遗传变异如何影响
个体对药物反应的信息。

药物基因组学（pharmacogenomics，PGx）是研究遗传变异如何导致药物反应变异的学

科。在后基因组时代技术进步的推动下，药物基因组学研究具有优化药物疗效和最小化毒性的潜力。它弥合了科学发现和临床应用之间的差距，并为精准医学提供了令人兴奋的前景。PharmGKB 成立于 2000 年，旨在收集、整理和传播来自多种来源的药物基因组学知识，包括科学文献、药物标签和临床指南。它是药物基因组学信息的中央知识库，包括药物剂量指南、药物标签注释、临床和变异注释、以药物为中心的途径、药物基因摘要，以及基因、药物和疾病之间的关系。药物基因组学数据库包含以下指标：

①处方信息　包括如何根据一个人的遗传信息调整某些药物治疗的临床指南。一些组织根据个人的遗传信息，提供了有关如何调整药物剂量或推荐替代药物的具体指南。PharmGKB 提供临床药物遗传学实施联盟（CPIC）、荷兰药物遗传学工作组（DPWG）、加拿大药物安全药物基因组学网络（CPNDS）以及其他专业组织编写的临床指南注释。CPIC 发布的指南是与 PharmGKB 合作创建的。

②药物标签注释　是包含药物基因组学（PGx）信息的药物标签上的注释。PharmGKB 为美国、加拿大、瑞士和日本等国的药物标签提供药物基因组信息。药物标签注释被分配了一定程度的 PGx 信息，包括是否建议或要求在给患者用药之前对患者进行基因变化检测。关于 PharmGKB 药物标签注释的信息如下：

A. 药物标签来源。

B. 药物基因组水平。

C. 药物标签注释。

③非常重要的药物基因（VIP）　是对药物基因组学领域中特别重要的基因的概述。VIP 包括基因的背景信息，如其结构、蛋白质的作用以及与疾病的任何关联。VIP 摘要还包括有关特别重要的遗传变异或单倍型的深入信息。PharmGKB 根据多种不同因素选择 VIP，包括该基因是否出现在药物标签或临床指南中，是否是近期文献中重要的药物基因组学发展的一部分，或者在 PharmGKB 上有大量药物关联。

④临床注释　总结了 PharmGKB 对特定遗传变异与药物之间关系的已发表证据的所有注释，根据在 PharmGKB 中发现的相关证据的数量和质量进行评级。

⑤证据的临床注释水平　临床注释证据级别（levels of evidence，LOE）的分配主要由用于临床注释和变异注释的 PharmGKB 注释评分系统通知。每个级别的描述和评分范围如表 1 所示。可以在此处找到有关 PharmGKB 如何分配稀有变异状态的信息。

表 1　临床注释证据级别的描述和评分范围

LOE	标准评分范围	罕见变体评分范围	描述
1A	≥80	≥80	1A 级临床注释描述了在当前临床指南注释或 FDA 批准的药物标签注释中具有特定变异处方指导的变异药物组合。药物标签或临床指南的注释必须为特定变体（如 CYP2C9 * 3、HLA-B * 57：01）提供处方指导，或提供从定义的等位基因功能到双倍型和表型的映射，以用作 IA 级临床注释的支持证据。1A 级临床注释还必须得到至少一份出版物的支持，此外还有临床指南或具有特定变异处方指南的药物标签

（续）

LOE	标准评分范围	罕见变体评分范围	描述
1B	25～79.937 5	10～79.937 5	1B 级临床注释描述了变异药物组合，具有支持关联的高水平证据，但注释临床指南或 FDA 药物标签中没有变异特异性处方指导。1B 级临床注释必须得到至少两个独立出版物的支持
2A	8～24.937 5 & Tier1 VIP 变体	3～9.937 5 & Tier1 VIP 变体	2A 级临床注释的变体可在 PharmGKB 的 Tier1 VIP 中找到。这些变异存在于已知的药物基因中，这意味着药物表型的因果关系更有可能。这些临床注释描述了变异药物组合，并有中等水平的证据支持这种关联。例如，这种关联可能存在于多个队列研究中，但可能有少数研究不支持多数论断。2A 级临床注释必须得到至少两个独立出版物的支持
2B	8～24.937 5	3～9.937 5	2B 级临床注释的变体不在 PharmGKB 的 Tier1 VIP 中。这些临床注释描述了变异药物组合，并有中等水平的证据支持这种关联。例如，这种关联可能存在于多个队列研究中，但可能有少数研究不支持多数论断。2B 级临床注释必须得到至少两个独立出版物的支持
3	0～7.937 5	0～2.937 5	3 级临床注释描述了变异体药物组合，支持该关联的证据水平较低。这种关联可能基于 PharmGKB 中注释的单个研究，或者可能有几项研究未能复现该关联。注释也可能基于初步证据（如病例报告、非重要研究或体外、分子或功能测定证据），从而导致计算得分较低
4	<0	<0	4 级临床注释描述了总分为阴性且证据不支持变体与药物表型之间存在关联的变体-药物组合

⑥变体注释　是单一遗传变异与药物反应之间关联的总结。来自世界各地的科学家定期发表文章，展示特定基因变化如何影响个体对药物的反应，如个体是否有不良反应或反应良好。PharmGKB 使用 PubMed 搜索包含药物基因组信息的文章，将信息添加到 PharmGKB。PharmGKB 使用一种算法来评估变异注释的某些特征并分配反映特定变异注释的组合属性的分数。变体注释分数用于计算临床注释分数。

⑦RR/OR/HR

RR（relative risk/risk ratio/rate rario，相对危险度/危险比/率比）：队列研究中分析暴露因素与发病的关联程度，是指两个人群发病率的比值，通常为暴露人群的发病率和非暴露人群（或指定参照人群）的发病率之比。

OR（odds ratio，比值比/优势比/比数比）：病例对照研究中暴露因素与疾病的关联强度，用于反映病例与对照在暴露上的差异，从而建立疾病与暴露因素之间的联系。

HR（hazard ratio，风险比）：生存分析资料中用于估计因为某种因素的存在而使死亡/缓解/复发等风险改变的倍数。

⑧PK/PD　PK（pharmacokinetics）是药代动力学的缩写，即药物在一段时间内在体内的运动和变化，涉及药物吸收、分布、代谢或消除过程中的遗传变异可导致药物可用性的变化。此类数据主要用于证明遗传多态性导致药物或其代谢物在其作用部位的水平或浓度发生的变化。PD（pharmacodynamics）是药效学的简称，即药物的生化和生理效应及其作用机制。药物靶点的遗传变异会导致生物体对药物的反应产生可测量的差异。此类别中的数据记录了个体对药物的生物或生理反应的变化，且这种变化可能与一个或多个基因的变化有关。

这种变化通常在整个有机体水平上测量。

（5）UniProt　universal protein 是包含蛋白质序列、功能信息、研究论文索引的蛋白质数据库，整合了欧洲生物信息学研究所（European Bioinformatics Institute，EBI）、瑞士生物信息研究院（Swiss Institute of Bioinformatics，SIB）、蛋白质信息资源（Protein Information Resource，PIR）三大数据库的资源。

EBI：欧洲生物信息学研究所是欧洲生命科学旗舰实验室 EMBL 的一部分。位于英国剑桥欣克斯顿的惠康基因组校园内，是世界基因组学领域代表性地带之一。

SIB：瑞士日内瓦的 SIB 维护着 ExPASy（专家蛋白质分析系统）服务器，这里包含有蛋白质组学工具和数据库的主要资源。

PIR：PIR 由美国国家生物医学研究基金会（NBRF）于 1984 年成立，旨在协助研究人员识别和解释蛋白质序列信息。

目前，UniProt 主要由 UniParc、UniProt、UniProtKB 三个子库构成。UniProt 通过 EMBL、GenBank、DDBJ 等公共数据库得到原始数据，处理后存入 UniParc 的非冗余蛋白质序列数据库。UniProt 作为数据仓库，再分别给 UniProtKB、Proteomes、UNIRef 提供可靠的数据集。其中在 UniProtKB 数据库中，Swiss-Prot 是由 TrEMBL 经过手动注释后得到的高质量非冗余数据库，也是常用的蛋白质数据库之一。

①UniParc　UniProt Archive（UniParc）包含来自主要公共可用蛋白质序列数据库的所有蛋白质序列的非冗余数据集。蛋白质可能存在于几个不同的来源数据库中，并且在同一数据库中存在多个副本。为了避免冗余，UniParc 仅将每个唯一蛋白质序列存储一次，并将相同蛋白质序列合并，无论它们来自相同还是不同物种。每个蛋白质序列都有一个稳定且唯一的标识符（UPI），从而可以从不同来源的数据库中识别相同的蛋白质。UniParc 仅包含蛋白质序列，没有注释。UniParc 条目中的数据库交叉引用允许从源数据库检索有关该蛋白质的更多信息。当源数据库中的序列发生更改时，UniParc 将跟踪这些更改，并记录所有更改的历史记录。

②UniProtKB/TrEMBL　在认识到序列数据的生成速度超过了 Swiss-Prot 的注释能力时，为了给不在 Swiss-Prot 中的那些蛋白质提供自动注释，UniProt 创建了 TrEMBL（翻译的 EMBL 核苷酸序列数据库）。在三大核酸数据库（EMBL-Bank/GenBank/DDBJ）中注释的编码序列都会被自动翻译并加入该数据库中。TrEMBL 也有来自 PDB 数据库的序列，以及 Ensembl、Refeq 和 CCDS 基因预测的序列。上文提到的 PIR 组织制作了蛋白质序列数据库（PIR-PSD）。

③UniRef　UniProt Reference Clusters（UniRef）可显著减小数据库大小，从而加快序列搜索的速度。用于计算的蛋白质序列来自 UniProtKB 和部分 UniParc 记录的序列。UniRef100 序列将相同的序列和序列片段（来自任何生物）合并到一个 UniRef 条目中，用于显示代表性蛋白质的序列。使用 CD-HIT 算法对 UniRef100 序列进行聚类，并构建 UniRef90 和 UniRef50。UniRef90 和 UniRef50 分别代表每个簇由与最长序列分别具有至少 90% 或 50% 序列同一性的序列组成。

④Swiss-Prot　旨在提供与高水平注释（如蛋白质功能、域结构、翻译后修饰、变体等的描述）相关的可靠蛋白质序列，最低程度的冗余和高水平与其他数据库的集成级别。注释主要来自文献中的研究成果和 E-value 校验的计算分析结果，有质量保证的数据才被加入该数据库。Swiss-Prot 由 Amos Bairoch 博士在 1986 年创建，由瑞士生物信息研究所开发，随后由欧洲生物信息研究所的 Rolf Apweiler 开发，即 EBI 和 SIB 共同制作了 Swiss-Prot 和 TrEMBL 数据库。Swiss-Prot 条目的注释中使用了一系列序列分析工具，包括手动评估、计算机预测，并选择结果包含在相应的条目中。这些预测包括翻译后修饰、跨膜结构域和拓扑、信号肽、结构域识别和蛋白质家族分类。来自相同基因和相同物种的序列会被合并到相同的数据库条目中。确定序列之间的差异包括可变剪接、自然变异、错误的起始位点、错误的外显子边界、移码、未识别的冲突。注释会通过搜索数据库（如 PubMed）进行识别。阅读每篇论文的全文，然后提取信息并将其添加到条目中。

（6）TCMID　中医药综合数据库（TCMID）是一个提供信息、缩小中医药与现代生命科学差距的综合数据库。该数据库收集了有关中药各方面的信息包括配方、草药和草药成分，还收集了现代药理学和生物医学所深入研究的药物、疾病的信息，并将两套信息与药物靶点或疾病基因/蛋白质进行桥梁连接。众所周知，中医和西方传统医学是基于不同的哲学，但都可以通过化学分子来治疗疾病，这些化学分子和与疾病有关的功能失调的蛋白质相互作用。两套知识的衔接，不仅将促进中医药的现代化，而且有助于传统医学领域的研究人员发现潜在的新药和药物相互作用的机制。为了将中药草本成分和与其相互作用的蛋白质联系起来，我们采用了两种方法。首先，由于中医研究的投入日益加大，已经发现了大量的生物活性化合物，并已推断出其相互作用的蛋白质靶点，所以我们通过文本挖掘来收集这类信息。其次，由于现在已经有一些数据库托管关于复合蛋白质相互作用的信息，一些书籍和论文也记录了有关中药材及其成分的相关信息，所以我们手动收集了有关草药及其成分的信息，然后采用 STITCH（收集化学物质和蛋白质之间相互作用的数据库）将成分（化合物）与蛋白质联系起来。虽然有一些数据库会记录有关中医的信息，但这些数据库要么只含有少于1 500 种草药和少于 5 000 种草本成分，要么缺乏有关蛋白质-蛋白质复合物相互作用的信息。TCMID 含有 8 159 种草药、46 914 种中药配方和超过 25 210 种草本成分。TCMID 的另一个特征是，它使用草药和化合物作为桥梁，将 TCM 配方与蛋白质连接。因此，它可用于分析公式的多目标效应，并探索每种公式的潜在分子机制。我们还将药草成分与疾病（OMIM）、药物（药物库）联系起来，以帮助研究人员利用丰富的信息去发现药物。例如，如果化合物和经批准的药物瞄准相同的蛋白质，则该化合物可能是最有希望的候选药物；如果化合物和疾病具有相同的蛋白质，则含有化合物的药草可能对疾病有一定作用。

（7）SymMap　是通过内部分子机制和外部符号 ptommapping 将中医（TCM）与现代医学（MM）集成在一起。该数据库含有 499 种在中国药典中注册的草药，含有 19 595 种成分，以及 1 717 种在中医（TCM 交集）中使用的相应症状。这些中医症状被严格映射到现代医学使用的 961 个症状术语（MM 症状）中。此外，SymMap 收集了这些草药的关联目标（基因）和疾病，包括症状-疾病关联以及成分-目标关联，总共列入了 4 302 个目标和

5 235种疾病。目前，SymMap 提供了大量有关草药、中医症状、MM 症状、成分、靶点和疾病这六个组件的描述性信息，还通过直接关联或间接统计推理，提供了这六个组件之间的成对关系。总之，SymMap 显示了一个网络，用于提供以上六个组件之间的综合关系。

（8）YaTCM　是一个免费的基于网络的工具包，可提供全面的中医信息，并配备有分析工具。YaTCM 包含 47 696 种天然化合物、6 220 种草药、18 697 个目标（包括 3 461 个治疗目标）、1 907 个预测目标、390 个通路和 1 813 个处方。该数据库有助于揭示中医的作用机制，揭示中医理论的精髓，进而促进药物的发现过程。其主要具有以下四个功能：

①通过相似性搜索和子结构搜索识别对中药材至关重要的潜在成分。

②通过通路分析和网络药理学分析调查中药或处方的作用机制。

③通过多投票化学相似性组合方法预测中药分子的潜在靶点。

④探索功能相似的草布对。所有这些功能都可能导致一个系统网络，用于可视化中医食谱、草药、成分、明确或应定蛋白质靶点、通路和疾病。

（9）Batman-TCM　是第一个专门为研究中药分子机制而设计的在线生物信息学分析工具。对于用户提交的 TCM，Batman-TCM 将首先预测每个查询中药成分的潜在目标，然后对这些目标进行功能分析，包括 Gene Ontology（GO）term，KEGG pathway 和 OMIM/TTD 疾病富集分析。中药成分-靶向途径/疾病关联网络和生物途径与突出的中药靶标也将被显示。这些功能有助于理解中医"多组分、多靶点、多途径"的联合治疗机制，为后续的试验验证提供线索。此外，Batman-TCM 还支持使用者同时输入多个中药，这通常用于同时分析一个配方的多个草药，有助于从分子和系统水平理解该配方的组合原理。

（10）ETCM　是 2018 年上线的一个中药综合资源数据库，其中的论文发表于生物信息学顶级学术期刊核酸研究（*Nucleic Acid Research*）。ETCM 汇集了 402 味草药、3 959 个中药复方、7 284 种中药化学成分、2 266 种药物靶标以及 4 323 种相关疾病的信息。其中草药包含产地、药味（酸、苦、甘、辛、咸）、药性（寒、热、温、凉、平）、归经（肺经、肝经等）、适应证、所含成分、质量控制标准等信息；中药复方包含名称、剂型、组成、适应证、所含成分等信息；中药化学成分包含化合物的分子式、分子质量、多种理化指标、ADME 参数、类药性等级等信息。

4.2.2　疾病上游靶点获取

（1）TDD　疾病上游靶点主要来自基因疾病数据，常用的主要是 TTD（therapeutic target database），其是一个包含已知和探索中的治疗性蛋白质和核酸靶点、疾病、通路信息和相应药物的数据库。TTD 记录的疗效药靶对新药设计具有实际意义。该数据库从多个来源收集和核实了药物的疗效药靶，其记录的疗效药靶考虑了药物对靶点的活性、有活体试验（如基因敲除等）验证药靶在疾病模型中的作用、有药物对靶点的作用能在疾病模型（细胞、体外或活体）中产生疗效的试验证据。而 DrugBank 数据库靶点中一半用于药物/化学数据，另一半用于药物靶标或蛋白质数据，在统计学上从其他数据库纳入了与靶标相关的疾病，并做了相关关联，在一定程度上也可以检索疾病相关靶点。TTD 还是寻找药物靶点最有力的数据库，也可以从 PubMed、NCBI 等数据库查找相关的文献，通过引文分析补充相关的疾病靶点。

（2）OMIM　OMIM（online mendelian inheritance in man）数据库，即在线人类孟德尔遗传数据库。OMIM 包括了现在所有已知的遗传病和超过 15 000 个基因的信息。OMIM 侧重于疾病表型与其致病基因之间的关联。该数据库由 Victor A. McKusick 博士于 20 世纪 60 年代初发起，作为孟德尔特征和疾病的目录，起初命名为"孟德尔遗传在人类（MIM）"。MIM 的 12 个图书版本在 1966—1998 年出版。在线版本 OMIM 于 1985 年由美国国家医学图书馆和约翰霍普金斯大学的威廉·韦尔奇医学图书馆合作创建，并从 1987 年开始在互联网上被普遍应用。1995 年，OMIM 由美国国立生物技术信息中心（NCBI）为万维网开发。OMIM 数据库包括基因条目（gene entry）；等位基因变异（allelic variations）；基因图谱（gene map）；表型系列（phenotypic series）；表型条目（phenotype entry）；临床提要（clinical synopsis）；外部链接（external links）。该数据库是研究基因组常用的数据库之一。

（3）DisGeNET　人类疾病遗传的基础是精确医学和药物发现的核心。数据的可用性、碎片化、异构性和概念描述的不一致性是疾病机制研究必须克服的问题。DisGeNET（http：//www. disgenet. org）正是为了帮助科研工作者克服这些障碍而开发的数据库，它收集了大量与人类疾病相关的变异和基因。DisGeNET 整合了公共数据库、GWAS 目录、动物模型和科学文献的数据。该数据库的数据采用了统一的标准进行注释。此外，该数据库还提供了一些原始指标，以帮助确定基因型与表型关系的优先级。可以通过 Web 接口、Cytoscape 应用程序、RDF SPARQL 终端、几种编程语言的脚本和 R 包访问这些信息。DisGeNET 是一个多功能平台，可用于不同的研究目的，包括特定的人类疾病的分子基础及其并发症的研究，致病基因特性分析，辅助构建药物治疗作用及药物不良反应假说，疾病候选基因的验证及文本挖掘方法的性能的评估。目前最新版本的 DisGeNET 为 V6.0，它收录了 17 549 个基因和 24 166 个疾病、障碍、特征及临床或异常人类表型间的 628 685 个基因-疾病关联（GDAs）。同时还收录了 117 337 个变异和 10 358 个疾病、性状、表型间的 210 498 个变异-疾病关联（VDAs）。可以通过疾病、基因或变异进行搜索。此外，该平台还提出了一个可以通过 Cytoscape 软件运行的插件。

（4）GeneCards　是人类基因的综合数据库，收集整理了超过 100 个网站的数据，提供简明的基因组、蛋白质组、转录组以及遗传和功能上所有已知和预测的人类基因信息。GeneCards 中的信息功能包括指向疾病的关系、基因突变和多态性、基因表达、基因功能、调控途径、蛋白质与蛋白质相互作用、相关的药物及化合物和切割等先进的研究抗体的试剂和工具等，以及重组蛋白、克隆、表达分析和 RNAi 试剂等。一个基因会有很多名字，我们查到的可能是基因的曾用名而非现在的名字，所以 GeneCards 中就有一项是 Aliases，可以解决这个问题。当我们查一个基因时，常常会在 NCBI 或 UniProt 上查看该基因的描述，以便快速地了解该基因。GeneCards 把其他网站中对某个基因的描述都放到了一起，不需要去其他网站查看这些信息，还可以在 Function 中观察该基因的功能。GeneCards 中不仅总结了基因基本的功能，还包括对于基因 GO 分析的功能及其基因的临床疾病表型。此外，还可以在 Pathway 中观察其可能涉及的通路及 PPI，在 Location 中观察基因的定位，在 Expression 中观察基因在不同组织的表达情况等。

4.2.3　通过上下游靶点的交集分析获得潜在靶点

实际上，潜在靶点的获取非常简单，本质就是对上下游所出现的重复的靶点进行筛选，甚至可以使用 Excel 等直接对比筛选。一般使用韦恩图（图 4、彩图 7）工具进行筛选，这样还可以对交集情况做一个表征，发现其中潜在靶点所占的药物以及疾病中的比例。

以下是几个韦恩图工具：

Draw Venn Diagram：http：//bioinformatics. psb. ugent. be/webtools/Venn/

BioVenn：biovenn. nl/index. php

Jvenn：http：//jvenn. toulouse. inra. fr/app/example. html

Processon：https：//www. processon. com/view/5e71c823e4b027d999b8245a？fromnew＝1

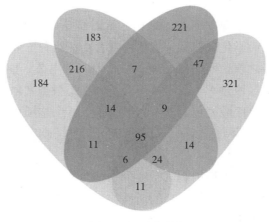

图 4　韦恩图示例

4.3　PPI 验证获得关键靶点

蛋白质是细胞的功能分子，控制了细胞中所有生物系统。但是，通常蛋白质不是"孤军奋战"，绝大多数蛋白质会与其他的蛋白质相互作用，一起参与生命的过程。因此，了解未知或已知蛋白质的生物学功能和从细胞水平上确定细胞机制，已成为蛋白质组学研究的主要目标。在一个完整的生物过程中，药物或者功能组分对机体产生的影响主要通过分子通路的蛋白质进行，进而影响下一步的通路。因此，蛋白质的相互作用可能作为一种验证通路的简单方法，但并不是完全准确的。可以确定的是，具有相互作用的蛋白质可能是通路中的一环，但是没有相互作用的蛋白质一定在通路中没有联系，基于这种情况，可以通过 PPI 网络验证缩小潜在靶点的范围，利于寻找候选靶点。一般使用 String 数据库验证相关性，使用 CytoNCA 以及数据库给定的相关置信度参数寻找核心靶点等。PPI 分析没有一个标准的参照方案。由于网络药理学旨在做中介靶点挖掘，因此关键靶点的筛选标准以挖掘的实际情况为准，可能有些挖掘得到了大量的关键靶点，这就需要调高筛选度值，而关键靶点较少时则需要调低筛选度值,此步骤需要研究者自行判断。通常多数研究预测 10 关键靶点,少于 10 个关键靶点则通过靶点的值直接判断,最终通过 Cytoscape 做图表达。

4.4   上游化合物的模拟验证与生物验证

选择化合物后,有些研究者会使用分子对接的方法,对选择出来的化合物进行计算机模拟验证,即分子对接技术,也有的研究省略了该步骤。分子对接是一种主要通过电场力分析受体和配体的性质特征以及相互作用来预测受体和配体的结合模式的一种模拟方法,近年来主要用于基于受体和配体结构的药物设计和筛选,研究者可以利用分子对接来推测其他小分子和靶点的结合活性,从而预测小分子是否有成为候选药物的潜力。首先,应用分子对接技术需要下载分子对接的软件 UCSF Chimera 和 AutoDock Vina,使用 Chimera 打开关键靶点蛋白质。有两种方法获取蛋白质结构,一是从 RCSB 的 PDB 上下载(http://www.rcsb.org/),二是直接用 Chimera 获取,第二种方法需要知道蛋白质的代码,在 RCSB 上下载 PDB 格式,因为下载的蛋白质结构是晶体结构,所以需要为结构添加 H 原子,并且还要计算电荷、添加电荷、能量最小化。然后,将药物或者功能组分配体的三维结构通过 Chimera 打开,对配体小分子进行之前相同的预处理——加 H、加电荷、能量最小化。预处理之后,需要设置对接区域,对接区域是一个盒子,而盒子大小是根据文献调查或者下载的蛋白质结构的靶点区域决定的。对接区域要包含整个对接分子,其余选项可以默认,然后更改可执行位置(executable location)为下载的 AutoDock Vina 的本地地址,最终通过建立好的模型的参数了解模型的对接情况。

分子对接完成之后,可以采用细胞试验或生物试验的方法证明化合物具有预期的生物学功能。经过试验验证的化合物可以作为新的活性物质-潜在靶点-生物学功能关系网络信息。若无预期的试验结果,则否定关键靶点的预测。

5   网络药理学在可饲用天然活性物质中的应用

5.1   网络药理学在天然活性物质中的主要作用

网络药理学的蓬勃发展推动了中草药作用机制研究的发展,而网络营养学的提出必然会促进以营养调控为原理的营养调控物质与功能关系的研究。网络营养学可以为生命调控发现更多的调控因子,找到适合应用于生产且高效的调控成分,提高生产效益,为科学研究提供方向和思路。其实,网络营养学的应用问题实质上就是潜在靶点的应用问题,因为网络营养学的功能就在于发现营养与功能之间潜在的作用,明晰反应的功能原理,所以网络营养学有三个基本的任务,即一是通过潜在靶点的寻找和挖掘,整合生命反应的作用机制,绘制揭示营养调控的综合生物反应网络;二是以其中特殊的生物途径为研究对象,寻找和筛选更多的营养调控物质,推进营养调控物质的生产与发展;三是为植物提取物调控研究提供理论基础。

5.1.1   通过网络解释营养与功能

营养与功能是目前动物营养学探索和研究的热点问题。发现营养与功能的关系最重要的应用就是减少治疗调控而增加营养调控，避免机体进入疾病或应激状态。为此，需要了解每一步反应的所有信息，完善生命过程的细节，为精准营养的发展提供基础。

5.1.2　寻找物质与功能的潜在靶点

潜在靶点的发现在生物反应中具有很重要的意义。网络药理学寻找靶点的原因是为了对药物进行重建，设计药物可以与多个靶进行相互作用，使得生物网络从疾病状态向正常状态调节。其中多靶点分析最重要的就是蛋白与受体的互作关系，已经有研究者通过网络药理学技术分析预测了部分植物成分对于癌症治疗的潜在靶标。与网络药理学寻找靶点的目的相似，营养学需要通过潜在靶点寻找促营养位点，提高营养调控能力，主要体现在两个方面，即一是从相同功能的营养物质入手，寻找共同通过或使用的通路或靶点，通过这些潜在靶点寻找更多的营养调控因子；二是从功能入手，寻找功能性上游激活靶点与通路，设计网络干扰模式，高效实现调控过程。通过这两种方式，可以加速营养调控因子的发现及其作用机制的研究，推动营养学寻找到高效稳定的调控机体的方式。

5.1.3　为植物提取物试验验证提供依据

建设植物药物配体-靶网络在动物营养与功能的关系中具有很重要的意义。中草药药学隶属于植物提取物的营养研究，换句话说，中药学是研究部分具有治疗作用的植物提取物。具有一定营养免疫调控作用却不属于治疗作用的植物提取物却很少有人研究其机制，这就导致了植物提取物深层机制研究发展滞后。一直以来，中草药和植物提取物的研究方法基本落脚于"还原论"和"反向药理法"，虽然通过这些方法取得了一定的成果和认识到一些靶点，但是目前植物提取物缺乏试验数据。网络营养学实践就是通过靶点分析的方法，反向寻找上游起作用的复合体，去除没有进行靶点影响的无效物质，为植物提取物功能的探究提供新的思路。

5.2　网络药理学在天然活性物质中的发展瓶颈

5.2.1　数据库是构建网络分析的重要前提

网络药理学在国内蓬勃发展的原因不只是技术的革新，而且是依赖数据库的建立以及关系网络思想的进步。在生命科学这个巨大的信息网络中，网络药理学仅仅是其中一部分数据，所以对网络营养学的理解，很大程度上依赖相关数据库的构建。自2017年中国药科大学正式发布中药系统药理学数据库与分析平台（TCMSP）以来，我国对中草药网络药理学的研究呈井喷式增长，但最早提出的网络生物学的研究仍没有太大进展。因此，我们需要认识到，在建设和推动网络营养学发展的道路上，一定会需要构建数据库去支撑科研分析。

5.2.2　数据准确性是分析准确性的前提

网络营养学和网络药理学的基本原理都是依赖于已有的反应起点与终点的信息，从末端向中间进行推断和分析，从而找出相应的潜在靶点，应用于生产或实践。但是如果获取的原始数据缺少科学性和重复性，那么推断出的数据也不具有可信度。

5.2.3　生命活动的复杂性

吸收、分布、代谢和排泄（如毒药物动力学，ADME）是研究营养学的难点所在，代谢网络的复杂系统扰乱了研究者对物质是否与受体进行作用的判断。这就为网络营养学的构建带来了很大的障碍。网络药理学的解决方式是通过生物利用度（OB）和类药性（DL）判断物质是否进入循环系统，从而判定物质是否有可能参与潜在靶点的激活。可以适当借鉴这种方法去解决代谢网络带来的影响。

另外需要考虑的是生物系统行为的几个基本特性，包括滞后性、非线性、可变性、相互依赖性、收敛性、弹性和多平稳性。这些基本属性均揭示了生命系统是由消化代谢网络、稳态环境网络、细胞靶点网络等多系统融合的复杂过程，完全了解这些特性仍需要开展很多科研工作。因此，在建设营养与功能网络期间，务必要先考虑生物系统的复杂性，再去设计验证试验等。

5.3　网络药理学在天然活性物质中的发展导向

动物营养学的发展是一个长期的过程，需要不断提出新的假设和新的验证来丰富行业的内容和发展。随着信息技术的进步，研究者应该有长远的展望和规划。由于网络学发现潜在靶点的优秀功能，研究者可以不断地揭示每种物质的作用，丰富饲料资源，为饲料配方提供更多的选择。我国发布减抗替抗政策已有一年有余，很多研究者都在致力于通过营养与免疫方向的研究达到减抗替抗的目标，其中对植物提取物和中草药的研究不容小觑。网络营养学的意义在于了解所有物质相关通路后，可以通过饲料添加剂的配合实现更好的效果，甚至配合定量构效关系手段寻找未发现的营养调控物质，加速探索营养与功能的关系。但网络营养学仍存在很大缺陷，无法定量预估营养与功能相互作用的量级关系，无法做到真正的精准营养。这是研究者在以后网络药理学发展的过程中仍要解决的问题和探索的方向。

饲用天然活性物质的关系研究

　　饲用天然活性物质是指植物饲料中天然存在的对畜禽具有生理促进作用、能够维持机体免疫和氧化平衡等特殊营养调控或保健功能的一类物质，为我国后抗生素时代畜禽健康养殖提供了重要技术策略。饲用天然活性物质通常具有调节生命过程、影响生物反应的效果，这种效果在动物生命和生产中发挥着重要的生物学作用，如抗氧化、清除自由基、提高机体免疫力、减少环境应激。在生产实践中已开始逐渐将饲用天然植物添加至全价饲料中替代抗生素。2018年国家将甘草、黄芩等共117种天然植物列入饲料原料目录；2019年《天然植物饲料原料通用要求》（GB/T 19424—2018）开始实施。这些药食同源特性的天然植物被列入饲料原料目录以及国家相关标准的出台，为推动饲料中的营养活性物质的研究奠定了重要基础。

　　但饲用天然植物因产地来源、收获季节、使用部位、加工方式等影响，其活性物质的分子结构、生物学功能也会存在较大差异，传统营养价值评价技术已经无法解决其构效关系的问题。饲用天然活性物质根据其结构不同，可分为萜类、生物碱、苯丙素类及其衍生物、醌类、鞣质、甾体共六大类，具有复杂的结构-功效关系网络，从而导致其研究与应用严重滞后于产业发展的要求。另外，主效成分不明晰等一系列问题也导致了行业没有标准化的评价和质量控制体系。因此，做好饲用天然活性物质的纯化提取、成分定性、有效成分定量、存储保存、功能效果确定是正确使用饲用天然活性物质、实现一系列生物学效果的前提。并且只有在彻底做好活性物质的结构解析以及功能辨认之后才可以做到饲用天然植物的质量监控以及工厂化生产，大规模地投入动物养殖的生产实践中去。本研究的主要内容是饲用天然活性物质的功能确定、寻找活性物质变量与效果的关系，因此本研究依赖于成分解析的定性与定量，以提供准确的自变量；而活性物质的效果可以囊括大量的指标如表观生产学特性、抗氧化及抗炎的分子生物学机制、细胞层面清除氧化自由基的能力等，这些指标都可以作为效果纳入关系研究的因变量中。实际上功能与效果的研究本质就是研究自变量与因变量的关系，而如何排除非必要的变量影响是关系研究中的首要问题，可以使用大量的数学方法完成对变量的筛选，通过更新的算法实现对自变量和因变量关系的解析，如机器学习与神经网络。但在一般的量效关系与谱效关系研究中并不需要使用深奥的算法，只有在结构解析，研究物质亚结构单位的效果规律时会使用机器学习来辅助进行分析。

　　一般来说，在研究混合产物的效果关系或者某种物质可以导致的效果事实（可饲用天然活性物质产生的功能）时，为了理解生物过程和帮助产物研发，一般会考虑两个问题，其一是什么因素导致了这种效果，其二是这种效果随着不同的变量如何变化。因此，研究的一般方法是对混合产物进行成分分离和结构解析，并根据主成分、最小二乘、归元建模、机器学习等方法确定影响因素，该混合产物可能是一种化合物，可能是一种亚基，可能是一种苷类，也有可能是一种成分组合等。在定性影响因素之后，应该思考影响因素的变量会对效果产生什么样的影响，这种变量可能是剂量的变化、组合的变化、结构的变化等，因此会产生一系列的分析方法，其中量效关系和构效关系最为常用。目前对活性物质的研究手段尚少，因此需要适当学习药效学的研发工具及方法，丰富饲用天然植物活性物质的研究方法。

1　活性物质量效关系的研究

在研究效果关系中，量效关系是研究最多也是应用最广的研究方法，在多数控制变量的试验中都有量效关系的身影。实际上，量效关系主要是治疗学中的临床药理学术语，在过去 20 多年中随着药代动力学学科的新兴与发展，剂量与效果关系的研究也取得了诸多进展。临床药理学的最新成果在很大程度上依赖于使用药代动力学来描述机体内的药物浓度，以及药物浓度与药物临床疗效和毒性之间的关系。药物浓度与药效关系的研究是药效学的领域。液体中草药物浓度测量技术的进步促进了剂量和浓度之间关系的数学描述的发展。这些药效学模型在药代动力学中有着广泛的讨论和应用。尽管这些药效学模型在经典的药理学中有广泛的应用，但相应的药效学模型较少受到临床药理学家的关注。研究药效学模型在描述机体内药效方面的发展和应用时，特别需要关注药代动力学和药效学的结合。这种综合研究方法可用于描述剂量和效应之间的总体关系，并可为设计合理的剂量方案提供有价值的见解。

目前在成分以及剂量关系尚不明确的中草药以及天然活性物质的应用中，量效关系的研究也尤为重要。近年来，对中草药以及天然活性物质的质疑声一直存在，究其原因还是临床疗效不明确。研究量效关系，指导中草药以及天然活性物质的使用势在必行。中草药量效关系研究起步较晚，且中草药成分繁多、结构复杂，研究方法尚需探讨，适合中草药以及天然活性物质量效关系研究的体系尚未形成。进入 21 世纪，在新医学理念的推动下，开展面向临床量效关系的研究凸显迫切。

在中草药方面，量效关系是中草药临床药学的重要课题，是确定临床用药剂量的依据，是确保临床用药安全有效的基础。中草药复方是根据数千年来的实践经验来了解其药效的，虽然中草药复方临床疗效显著，但其物质基础、作用机制、体内代谢过程等难以阐释清楚，极大地阻碍了中草药复方走向国际。我国历来有"中医不传之秘在于量"的说法，可见剂量对疗效的发挥有着重要的影响。因此，研究中草药复方的量效关系是亟待解决的问题。药物量效关系受诸多因素影响，如药物剂型、给药途径、个体差异等。中草药因其自身特点使它的量效关系异于西药，并且其量效关系的影响因素也较西药复杂得多。

在天然活性物质的应用方面，面临的问题与中草药一致，甚至比中草药的问题更为严重。中草药尚且有已经确定的疗效关系，相当于已经完成了定性试验，只需要通过大量的定量试验挖掘量效关系即可。但是对天然活性物质的成分解析还没有完成，成为量效关系发展的一个较大的障碍。目前针对天然活性物质的量效关系研究开发了液相色谱等色谱方法。李戎（2002）最早系统性提出中草药谱效关系理论，利用多重统计分析方法阐明"图谱"与

"效果"的关系。这极大地帮助了畜牧学科挖掘天然植物发挥活性效果时的物质基础及其内部成分的拮抗与协同作用。谱效关系理论的基础是建立指纹图谱，最大限度地获取天然植物中活性成分的化学信息，其方法是选择不同品种、地理位置、收获时间的样品或利用不同提取方法收集的样本作为变量，通过液相色谱分析、气相色谱分析等手段建立对应样本的指纹图谱，结合动物或细胞试验测定植物提取物对某一生物效应的数据，最后通过主成分分析、相关性分析和回归分析等研究手段构建相应的谱效关系，筛选出植物提取物中该生物效应的主效因子。其优点是在定性分析的同时指纹图谱也包含了量的信息，可以直接通过指纹图谱来构建量效关系的模型。

1.1　西药量效关系研究

西药化学成分单一，结构明确，作用部位、作用机制、体内代谢途径研究比较透彻，通过动物试验等研究可获得重要的量效关系参数，如最小有效量、最大效应、半数有效量、半数致死量、半衰期、治疗窗等，这些参数决定了临床用药时的给药剂量、时间间隔、疗程等，使临床用药有依可循、规范化。西药量效关系在原理、方法等方面已形成了比较完善的体系，除量效关系参数、量效关系曲线等方面形成了比较规范的模式外，还对时-量-效、时-量-毒等关系进行了深入研究。

1.2　中草药量效关系研究

与西药相比，开展中草药量效关系研究更具挑战性。中草药的应用受中医理论的指导，影响中草药剂量的因素极为复杂，包括患者性别、年龄、病理情况、营养状况、心理因素，以及药物配伍、剂型、炮制与否、给药途径、煎煮条件、用药周期等；此外，中草药产地、采收时间、储存条件等也是影响剂量的潜在因素；再者，单味中草药独立使用的情况较少，使得中草药量效关系的规范化研究更加困难。

中草药量效关系起步晚、发展慢，还处在积累经验的阶段。对单味中草药的量效关系尚有一些研究，而复方中草药的量效关系研究举步维艰。古代医家认为的量效关系主要包括以下方面：

（1）随药量变化导致药物效应改变，即药效的双向性。例如，三七小剂量补血活血，大剂量则活血破血；黄连小剂量健胃，大剂量清热泻火；白术小剂量健脾止泻，若用量至60 g则能通便。对于中草药补益药的量效关系，古代医家早有论述。《本经疏证》记载："少用壅滞，多用宜通。"补益药用于扶正补虚时用量相对较小，随着剂量增加，表现为通泻作用。

（2）调整药物用量的配比改变药物作用方向。例如，六味地黄丸如果用于血虚阴衰，则重用熟地黄；如果用于脾胃虚弱、皮肤干涩，则重用山药。

（3）中草药的功效必须在相应的剂量下才能得以确切选择和充分发挥。例如，桂枝具有发汗解表、温通经脉、助阳化气等作用，在不同汤剂中作用不同。麻黄汤方中桂枝用量100 g，取其发汗解表作用；桂枝汤方中桂枝用量150 g，取其解肌祛风作用；桂枝甘草汤方中桂枝用量200 g，取其温通心阳作用。

（4）通过改变剂量引起主治功效改变。例如，小承气汤与厚朴三物汤，四逆汤与通脉四逆汤等。又如，柴胡在小柴胡汤中为君药，用量大于其他药味一倍有余，意在透邪外出；而在逍遥散中为臣药，用量与各药相等，起疏肝解郁作用；在补中益气汤中为佐药，用量极小，意在取其升举清阳的功效。

2　活性物质谱效关系的研究

指纹图谱的构建是谱效关系分析的前提，化学成分的多样性和作用方式的复杂性是物质研究的理论基础，谱效关系研究是用合理的数据处理技术将复杂的色谱峰与药效指标联系起来，为后续有效成分的研究与筛选奠定基础。同时也可作为质量控制的有效手段并丰富质量评价体系。

2.1　天然活性物质指纹图谱

天然活性物质指纹图谱的主要原理为，通过液相色谱的分离技术以及识别技术，对天然植物内物质的种类和含量进行表征，色谱图上即是该天然植物的所有信息，色谱图对于该天然植物而言具有唯一性，可以用色谱图代指这种天然植物，即指纹图谱（图1、彩图8）。

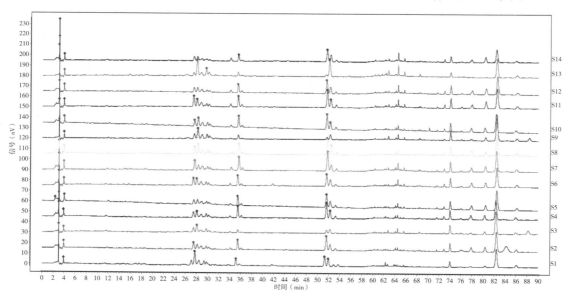

图 1　HPLC 指纹图谱

（资料来源：潘予琼，2022）

2.2　天然活性物质谱效关系

2.2.1　谱效关系的研究思路

经过业内人士近 20 年的不断探索和完善，谱效关系研究内容逐渐丰富，其研究思路已具雏形（图 2）。通过对相关文献的梳理，谱效关系的研究思路主要分为 4 个板块：

（1）获得化学指纹图谱信息，即采用高效液相色谱法（HPLC）、气相色谱法（GC）、超高液相色谱法（UPLC）、液相色谱-质谱联用技术（LC-MS）等现代分析技术获得的指纹图谱，以尽可能全面地表征化学信息。

（2）获得整体药效信息，即选用合理的药效评价模型如动物整体水平、组织器官水平、细胞水平等现代药理模型获得能够反映疗效的药效信息。

（3）在"谱"与"效"获得的基础上，应用生物信息学将二者进行有机地整合，从而筛选出与药效关系密切或贡献度较大的特征峰。

（4）在筛选出特征峰的基础上，结合相应技术如常用的 LC-MS 技术明确各特征峰的化学结构，同时在此基础上结合相应的药理模型，对各特征峰或特征峰组分群加以佐证，从而验证所构建的谱效关系的合理性，进而明确发挥药效的物质基础。

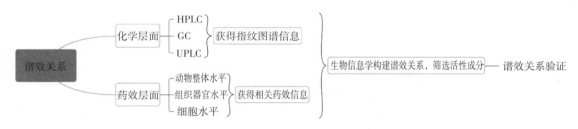

图 2　谱效关系研究思路

2.2.2　谱效关系的色谱分析方法

（1）色谱法

①高效液相色谱法　HPLC 因其具有高效、快速、灵敏、重复性好、应用范围广等特点，目前已成为常用控制中药质量的有效方法。其得到的色谱图包含丰富的信息，除特征性成分外，还可表征其他组分的一些信息。HPLC 可以与不同类型的检测器实现联用，适合不同理化性质的中药成分测定。与其他分析方法相比，HPLC 在药材、复方及成药等中药谱效关系研究中应用非常广泛。梁晓东等（2017）采用 HPLC 研究马钱子配伍苏木后主要生物碱含量变化，测定二者配伍水煎剂中马钱子碱和士的宁的含量，峰面积和含量之间存在良好的线性关系，测定结果具有较高准确度，方法精密度和重复性好，结果稳定可靠。此外，与传统的 HPLC 相比，近些年发展的超高液相色谱法的速度、灵敏度和分离度分别是 HPLC 的 5～9 倍、3 倍和 1.7 倍，这就拓展了进一步研究的空间：保持分离度而追求更快的分析速度，或在同样及较 HPLC 更短的时间内优化分离度，再分出更多的色谱峰。

②气相色谱法　GC 是一项成熟的技术，广泛地应用于各个领域，为了适应大量样品的分析和现场分析，研究和开发了多种快速 GC 方法和仪器以及便携式 GC 仪。为了仪器的小型化和现场专属性检测，GC 仪的研究正稳步地发展。GC 是一种高分离效能、高选择性、高灵敏度、高分析速度和应用广泛的分析方法，常用来测定中药及其制剂中的农药残留和溶剂残留。黄晓会等（2013）采用气相色谱法-电子捕获检测器测定了人参、黄芪和白菊中农药残留量，采用外标法定量，线性关系良好。多维气相色谱（multidimensional gas chromatography，MDGC）是在 GC 基础上发展起来的一项技术，它通过在技术和设备上的

改进，为中药成分分析提供了较好的分辨率，通过组合不同的分离模式构建多维系统，有效地解决了复杂体系样品的分析问题。目前，MDGC 已在中药化学、石油化工、烟草研究等诸多领域有着广泛的应用。

③色谱-质谱联用技术　为了更好地解决中药组成复杂、有效成分不明确且含量低等难题，人们逐渐将集高效分离与能定性、定量测定多组分为一体的色谱-质谱联用技术（如 HPLC-MS 和 GC-MS）应用于中药研究的各方面，特别是应用于中药单体成分及其中药复方药物代谢研究中。郭辉等（2007）综述了色谱-质谱联用技术在中药单体成分、中药复方代谢研究中的应用，认为色谱-质谱联用技术在药物代谢研究方面有广阔的应用前景。

④薄层色谱法　TLC 作为一种简单、快捷、有效的色谱法，在中药材的分离鉴别中起到重要作用。其局限在于重在对中药材特征性组分的鉴别，蕴涵信息量较少，对微量组分的监控有限。郑美娟（2010）利用 TLC 对中药虫草颗粒中川贝母、人参、苦杏仁、陈皮等君药进行了定性和虫草主药的定量控制，并通过了方法学的验证，最终确定虫草的含量限度为本品含发酵虫草菌粉以腺苷（$C_{10}H_{13}N_5O_4$）计算，每克不得少于 0.10 mg。通过定性和定量控制标准的制定，确保了药品质量的可控性，从而为该制剂科学生产提供了充分的试验依据。

（2）光谱法

①红外光谱法　中药具有重要的红外光谱特征。红外光谱在快速、无损和准确研究中药方面表现出巨大的潜力。红外光谱法常用于鉴别中药材和中药的定量分析。刘姗姗等（2012）采用显微近红外光谱技术鉴别天然牛黄和人工牛黄，方法简便快速。王永山等（1992）对中药酸枣仁和补骨脂中磷脂的含量进行了红外光谱测定，与比色法测定结果比较，本法操作简便，结果稳定。

②核磁共振氢谱法　核磁共振氢谱法（^{1}H-NMR）在化学及药物分析领域中早已得到广泛应用，用于中药材质量鉴定是近十年发展起来的又一个应用的重要方面。该法样品用量少、提供信息多，作为新的中药材鉴定方法之一，具有较好的发展潜力和应用前景。陈玉兰等（2009）在控制原料药质量过程中，用 ^{1}H-NMR 定量分析测定盐酸小檗碱的含量，具有不需要对照品、快速、专属、简单和直接测定绝对含量的特点，可用于盐酸小檗碱原料药的质量监控和质量标准的完善，为中药黄连的代谢组学研究建立方法学基础。

③X 线衍射技术　中药 X 线衍射指纹图谱法（TCM-XFP）是现代中药质量鉴别的重要方法之一，能够从微观层面反映药物内在成分的分布状况。X 线衍射图谱因中药各组分衍射效应的叠加而显得较为复杂和信息丰富，但缺点是指纹图谱与化学成分间缺乏相关性，样品预处理和试验条件直接影响测量结果。对特定样品所得图谱的定性、定量分析需要由高水平专家参与，而 X 线衍射技术（XFP）为研究者提供了各种数据和可能的鉴定方案以供中药鉴定时选择使用。赵翠等（2012）采用 XFP 对煅硼砂样品进行定性分析，并对各样品共有峰进行相似度分析，得出 XFP 具有专属性强、准确可靠和可实现对煅硼砂的鉴别及质量评价的结论。

2.2.3　谱效关系的数据处理方法

合理选择数据分析技术是将指纹图谱和药效学指标高效结合的关键。随着计算机技术和统计分析方法的进步与发展，已有多种数据处理技术应用于谱效学研究中，其中包括灰色关联度分析、回归分析及双变量相关分析等。

（1）有效成分与药效的关联度预测　对各有效成分与药效之间的相关性预测可采用灰色关联度分析、人工神经网络和双变量相关分析等方法，这些数据分析方法可以建立中药图谱与药物有效性的关系，为中药药效预测提供可能。

①灰色关联度分析（grey relational analysis，GRA）　关联度是指两个变量随时间或其他的试验条件改变而发生变化的趋势的相关性，若两个变量的同向变化趋势程度高，则两个变量的关联度高，反之则关联度低。灰色关联度分析即通过度量变量的发展趋势的相同或相异程度，来衡量相关性。这类相关分析是对单一观察对象的表观评估，这些具有关联性的变量本质上常常是互相影响，具有因果关系、协同关系或者是拮抗关系。通过相关关系在一定程度上可以预估变量内部本质的互作关系。灰色关联度分析用于样本的信息量单一、影响因素复杂的图谱，可以客观地体现各成分间的影响和互作。其基本分析步骤为：

A. 分析中药图谱，仔细对比获得共有峰，用相应的药效学参数指标作为评估标准，无量纲化处理参考数列和比较数列，消除不同计量单位引起的差异。

B. 计算得到药效指标和共有峰之间的绝对差值。

C. 计算得到药效指标与每个特征峰间的关联系数，以平均值法求得关联度。如果两个研究变量在随试验加载条件变化而变化的过程中一致性程度较高，那么就定义为两者关联度比较大；相反，变化一致程度低则两者关联度小。

②人工神经网络（artificial neural networks，ANNs）　人工神经网络是一种模拟人类神经元网络信号传递方式并进行信息化处理的数学建模算法。该算法通过模仿大脑信号处理和记忆信号等方式进行信号归纳处理。其具有非线性、非局限性、非常定性、非凸性的特点。其优点在于非线性拟合能力，且不需要建立数学模型，充分考虑了事物内部作用的复杂性及关系的模糊性，对复杂的信息进行简化建模处理。其研究程序一般为：

A. 利用已有的光谱/色谱提取化学组分信号。

B. 对信号进行转换和压缩，用于提取特征峰的有效信号。

C. 将特征峰的有效信号与相对应的药效学指标建立一定的映射函数关系，同时预测特征峰的综合药效。

③双变量相关分析（bivariate correlations analysis，BCA）　双变量相关分析是通过对样本原始数据进行统计学分析，计算其相关性系数来衡量两组或几组数据之间的关系的一种算法。其基本步骤为：

A. 两组变量的正态性验证。

B. 两组数据中一组作为横坐标、另一组作为纵坐标做散点图，直观判断两组数据是否相关和相关类型。

C. 求得相关系数。

D. 对相关系数进行假设检验，得出结论。

（2）阐明各成分对药效的贡献率　通过传统的药理学和药效学研究，已经明确了有效成分的药效作用。再通过有效成分与药效的关联度预测，研究者可以得到药物的谱效关联性。但具体有效成分的分析需要通过多元线性回归和偏最小二乘回归分析等统计学数据分析进行阐明。构建准确科学的回归模型，可以初步衡量各有效成分对药效的贡献程度。回归分析主要分为多元线性回归分析和偏最小二乘回归分析。由于成分的复杂性和药效指标的非单一性，应用 PLSR 尤为常见。

①多元线性回归分析（multiple linear regression，MLR）　多元线性回归是通过建立多个自变量和单个因变量的回归模型，对每个自变量对因变量的影响程度进行参数评估的统计学经典算法。MLR 是研究单个因变量与多个自变量间的线性回归模型构建的统计学方法。通常用于构建非表数据与部分表观易分析测得指标的统计学算法，从而实现通过易测指标对难测指标进行预测分析。其主要分析步骤为：

A. 量化处理数据，选取并引入影响程度较大的变量。

B. 计算逐步回归方程。

C. 对回归方程进行假设检验并评价其有效性。

②偏最小二乘回归分析（partial least squares regression，PLSR）　偏最小二乘回归分析是综合了多因变量对多自变量的回归建模分析和主成分分析在内的多元数据降维分析方法。特别是当各变量内部高度线性相关时，用偏最小二乘回归分析更有效。另外，偏最小二乘回归分析较好地解决了样本个数少于变量个数等问题。其主要分析步骤为：

A. 对自变量与因变量进行线性组合。

B. 转变成无相互关系的综合变量。

C. 对新构建的综合变量进行回归分析。

（3）主要成分分析（聚类）　随着越来越多的中药化学成分的指纹图谱的阐明，信息多样的中药图谱所包含的信息也越来越多样化。由于中药成分的复杂性，研究者希望找到最主要的药效成分来进一步进行新药开发。但往往重要的有效成分并不是简单地配比，而是多个变量以不同的效率去影响总体的药效。

聚类分析（clustering analysis，CA）主要针对大量样品进行分类分析。谱效关系研究中，主要针对不同样品的指纹图谱进行分析，进而筛选出适宜的样品组为后续的分析做基础。主成分分析是聚类分析的一种，是通过色谱峰峰面积与药效指标计算累计贡献率及特征值来表征相关关系。

研究者通过主成分分析及典型相关性分析的多因素降维算法，将原来多个维度的数据降维成二维或三维数据进行分析，用以初步判断各个化学成分对药效的贡献效益大小。

①主成分分析（principal component analysis，PCA）　主成分的确定由累计贡献率和特征值决定，累计贡献率以＞85％且特征值以 $\lambda \geq 1$ 为佳。其基本建模步骤是：

A. 原始指标数据标准化，并求得各成分间的相关系数矩阵 R。

B. 求得 R 矩阵的特征值、特征向量和贡献率，用贡献率与特征值确定主成分个数并解释主成分含义。

C. 合成主成分，并得到综合评定。

②典型相关性分析（canonical correlation analysis，CCA）　　典型相关性分析是利用典型的相关系数对两组变量线性相关程度进行定量描述，是一种简化数据结构的分析方法。其特点是可以通过研究相关关系较大的几对典型代表变量，替代两组变量之间的复杂相互关系。其分析步骤为：

A. 确定相关分析中的几组贡献率较大的典型变量。

B. 提取典型变量。

C. 正态性检验分析。

D. 估计典型模型，评价拟合情况，计算相关系数。

E. 解释典型变量。

F. 显著性检验。

（4）综合分析　　中药谱效关系研究中，使用单一统计分析方法往往不能反映真实的谱效关系结果，因此多数研究会采用多种统计方法相佐证的综合分析方法。

①BCA＋MLR　　BCA 是研究变量间的密切程度，关系越密切相关系数越大。MLR 是研究多个自变量与一个因变量之间是否存在某种线性或非线性关系的统计方法，可定量描述自变量对因变量的贡献率，回归系数越大影响越大。在中药谱效关系分析中，BCA＋MLR 是采用较多的综合分析方法。强迫引入法（Enter）和逐步回归法（Stepwise）是 MLA 常用的 2 种方法。Enter 是将所有自变量一次性引入并进行分析，同时考察各因素的作用。Stepwise 是按各因素的贡献由大到小依次引入自变量，每引入一个自变量就对其进行显著性分析，直至将所有具有显著影响的因素全部引入。Enter 与 Stepwise 也各有缺陷。Enter 分析同时引入的自变量较多，可能会使各因素的影响变小，掩盖主要作用因素，使其不能通过显著性检验；而 Stepwise 可对各变量进行显著性检验，但不能同时分析各因素的作用。这两种方法具有互补性，因此有些研究也会同时采用 Enter 和 Stepwise 进行多元回归分析。

②BCA＋GRA　　BCA 明确反映两变量间的相关程度与方向，GRA 是通过研究已知信息来揭示未知信息，两种分析方法互补，既可相互验证又可发现研究的缺陷与不足，揭示新的研究突破点。

③PCA＋BCA　　PCA 是一种降维统计方法，利用数学变换将许多相关性很高的变量转化成彼此相互独立或不相关的变量，选出比原始变量个数少，但能解释大部分变量的几个新变量，即所谓主成分，以解释资料的综合性指标。BCA 与 PCA 的分析思路均是筛选出少量具有代表性的指标，其不同在于 BCA 筛除的是信息冗余指标，使评价体系简洁明快，PCA 筛除的是对评价结果影响较小的指标，保留重要指标。

④GRA＋BP 神经网络　　BP 神经网络是按误差逆向传播算法训练的多层前馈神经网络，也是目前应用最广的神经网络。网络具有输入层、隐藏层和输出层，其基本思想是梯度下降，利用梯度搜索技术使网络的实际输出值和期望输出值的误差均方差为最小。经过训练的神经网络能对类似样本的输入信息自行处理，输出误差最小的经非线性转换的信息。BP 神经网络的突出优点是具有很强的非线性映射能力和柔性的网络结构，网络的中间层数、各层神经元个数可根据具体情况任意设定，并随结构的差异其性能也有所不同。

⑤GRA＋BCA＋MLR　在 GRA 与 BCA 相互验证中药复方谱效相关程度的基础之上，可再配合 MLR 进一步确认组分对药效的贡献大小。

⑥PCA＋Hierarchical 聚类分析＋BCA＋MLR　Hierarchical 聚类分析是验证 PCA 结果的一种分析方法，其将 n 个记录或变量看成是一类，根据接近程度将最相近的两类合并形成 $n-1$ 类；在 $n-1$ 类中重新计算变量间的距离再进行合并，直到所有记录合并为一类。在谱效研究中，可先采用 PCA 筛选出主要药效组分，再用聚类分析加以验证，最后用 BCA 和 MLR 进行综合评价。

2.2.4　谱效关系的核心问题

影响谱效关系的核心问题主要集中在以下三个方面：指纹图谱的完整性、药效反馈的契合性、"谱-效"构建的全面性。

（1）指纹图谱的完整性　指纹图谱由于所含化学成分复杂，而不同化合物的理化性质又有所差异，因此，单个化学指纹图谱往往难以较全面地表征所含的化学成分，如何更全面、精确地获得反映化学成分的指纹图谱，一直是影响谱效关系的核心问题之一。随着谱效关系学研究的不断深入，部分学者建议综合应用多种图谱分析结果，建立多源融合的指纹图谱。李云飞等（2010）提出"多维谱效学"理念，即采用不同的仪器分析方法或检测条件（如不同波长），建立信源不同、信息互补的多维指纹图谱，以便尽可能完整地反映化学信息的多个化学指纹图谱。此外，化合物进入体内经过吸收、分布、代谢，从而发挥药效的成分可能是自身成分、代谢物或化学组分间相互作用形成的新化合物。因此，血清/血浆指纹图谱也逐渐引起学者的注意。

（2）药效反馈的契合性　目前谱效关系研究是建立在动物整体水平、组织器官水平、细胞水平等现代药理模型基础上的，与动物整体水平相比，后两者优势略显不足。一方面，上述药效评价模型没有将化合物对机体的整体调节性考虑在内；另一方面，上述药效评价模型也未将化合物在机体内复杂的吸收、代谢、分布过程考虑在内，因此有学者建议选择动物整体作为药效学评价模型。但目前动物整体水平造模成功与否多是通过西医指标来衡量，而部分业内学者认为单纯借鉴西医指标并不能完全表征造模的成功，故在开展药效学试验过程中，国内学者提出将中医证候学与西医检测指标相结合，塑造出符合实际临床"病-证"结合的模型。同时，孙莉琼等（2013）在谱效关系基础上，提出可以将符合治疗疾病多靶点、多环节作用特点的"多指标药效"纳入谱效关系学研究中。此外，王喜军等（2015）还提出中医方证代谢组学，即利用代谢组学技术发现并鉴定中医证/病生物标记物，以证/病生物标记物桥接复制与证/病关联的动物模型，建立方剂药效生物评价体系，通过生物标记物表征中医证/病的内涵，反馈真实药效信息。可见，结合现代科学技术，将上述新理论融入构建"病-证"结合的多指标药效动物模型中，已成为契合谱效关系中"效"的新趋势。

（3）"谱-效"构建的全面性　指纹图谱的化学信息与药效信息需要通过一定的数据处理才能实现二者之间的联系，进而构建真正意义上的谱效关系，因此，选择适合的数据处理方法至关重要。随着生物信息学的快速发展，多变量分析方法已经引入谱效关系构建中。目前谱效数据处理还没有统一的处理方法，通过对文献报道的梳理，发现目前常用的数据处理方法有相关分析（CA）、灰色关联度分析（GRA）、多元线性回归分析（MLR）、偏最小二乘回归分析（PLSR）、典型相关性分析（CCA）、主成分分析（PCA）、聚类分析、图谱比对法、神经网络分析等。值得注意的是，与其他数据处理方法相比，PLSR 集 CA、PCA、MLR 优势为一体，且具有无须剔除样本、预测精度高、计算量小等特点，已逐渐成为谱效关系构建的主要数据处理方法，同时是可以采用多种统计方法相佐证的综合分析方法。

2.2.5　谱效关系在研究中的延伸

随着谱效关系研究的逐渐成熟，谱效关系已向多个领域更深层次延伸，如有文献报道谱效关系已与分子对接、网络药理学、一测多评等多个技术整合，为丰富和完善中医药研究提供了新的框架。

（1）谱效关系整合分子对接　旨在进一步缩小物质基础范围以及从构效关系层面来揭示活性成分可能发挥药效的作用机制。王会（2019）在探讨核桃楸叶降血糖的活性物质及其作用机制的研究中，采用谱效关系筛选出核桃楸叶 15 种潜在的抑制 α-葡萄糖苷酶的活性成分，结合分子对接技术综合筛选出 4 种成分，包括山柰酚、槲皮素、没食子酸、槲皮素-3-O-β-D-吡喃半乳糖苷，这 4 种成分对 α-葡萄糖苷酶的抑制强度优于阿卡波糖，进一步缩小了核桃楸叶降血糖的物质基础。刘艳杰等（2012）采用谱效关系整合分子对接技术开展了大黄中络氨酸酶抑制剂的研究，谱效关系分析结果显示 15 种主要成分对络氨酸酶活性具有显著的抑制作用，进一步结合分子对接进行构效关系筛选，优化出大黄中包含大黄素、白藜芦醇等 9 种化合物具有酪氨酸酶活性抑制作用，缩小了大黄中络氨酸酶抑制剂的物质基础。马宁宁等（2019）采用谱效关系整合分子对接技术开展了延胡索抗炎作用的研究，谱效关系结果显示延胡索指纹图谱中的黄连碱、小檗碱、巴马汀、二氢血根碱和去氢紫堇碱具有显著的抗炎活性，结合分子对接预测出上述成分分别作用于 Janus 激酶 1、抑制蛋白激酶 β、蛋白激酶 C、细胞外调节蛋白激酶 2、磷脂酰肌醇-3-激酶 α 等蛋白，从而发挥抗炎作用。

（2）谱效关系整合网络药理学　旨在明确发挥药效的物质基础上，结合网络药理学开展活性成分发挥药效的作用靶点及途径的研究，进而揭示活性物质发挥药效的作用机制。刘谊民等（2021）采用谱效关系整合网络药理学开展了淫羊藿抗骨质疏松（OP）的物质基础及作用机制预测的研究，PLSR 数据分析显示淫羊藿苷、宝藿苷Ⅰ、宝藿苷Ⅱ、箭藿苷 A 和朝藿定 A 为淫羊藿发挥抗 OP 作用的物质基础，同时结合网络药理学对上述物质进行机制预测，发现这些物质可能通过调控内分泌及其他因素，如调节钙重吸收、血管内皮生长因子信号通路、瞬时受体电位通道的炎性介质等发挥抗 OP 作用。李娇娇等（2023）采用 PLSR 构建了虎杖抗炎活性物质谱效关系研究，发现大黄素-8-O-β-D-葡萄糖苷、大黄素-1-O-β-D-葡萄糖苷、大黄素-8-O-（6'-O-丙二酰基）-葡萄糖苷与抗炎活性关系密切，同时结合反向寻靶技术整合得到大黄素-8-O-β-D-葡萄糖苷的 18 个关键靶蛋白，结合网络药理学对上述靶蛋白进行通路富集分析，发现大黄素-8-O-β-D-葡萄糖苷发挥抗炎作用主要涉及包括 TNF 信号通路、磷脂酰肌醇 3 激酶/蛋白激酶 B 信号通路、Toll 样受体信号通路在内的多条通路。此外，谱效关系整合网络药理学还可用于完善有效成分库。刘肖雁等（2019）开展基于"谱-效-代"关联的参枝苓口服液质量标志物研究，采用谱效关系确定了参枝苓口服液中的 3 种成分即 5-羟甲基-2-糠醛、L-天冬氨酰基-L-苯丙氨酸、甘草酸铵，与乙酰胆碱酯酶活性抑制密切相关；而网络药理学筛选出与阿尔茨海默病相关的疾病靶点并确定了 61 种成分，二者联合确定了 64 种有效成分，完善了参枝苓口服液标志成分库。

（3）谱效关系整合一测多评　一测多评（QAMS）是王智民等（2006）首次系统性提出的多指标质量评价新模式，它是通过仅测定 1 种有效成分（对照品易得者），来实现多个成分的同步监控，而谱效关系整合 QAMS 则是在谱效关系明确发挥药效的基础上结合 QAMS 技术开展的质量评价研究。Chen 等（2020）采用谱效关系整合 QAMS 技术开展了大果飞蛾藤的质量评价研究，谱效关系结果显示大果飞蛾藤发挥二苯代苦味肼基自由基（DP-PH）清除和黄嘌呤氧化酶抑制活性的成分为 3,5-二咖啡酰奎宁酸、3,4-二咖啡酰奎宁酸和 4,5-二咖啡酰奎宁酸；同时以东莨菪素为内标物，建立了大果飞蛾藤的 QAMS 质量控制和评价新模式。王美琪（2018）应用谱效关系整合 QAMS 技术开展了滇桂艾纳香的质量评价研究，谱效关系显示滇桂艾纳香发挥止血活性的物质基础是原儿茶酸、绿原酸、咖啡酸、芦丁等成分；同时以价廉易得的绿原酸为内参物，获得原儿茶酸、咖啡酸、芦丁与绿原酸的相对校正因子分别为 1.25、1.88、0.40，建立了滇桂艾纳香"成分-效-质"的评价体系，为滇桂艾纳香质量控制和进一步深入开发提供了参考。总之，谱效关系整合 QAMS 为质量评价和控制提供了新的思路。

3　活性物质构效关系的研究

构效关系（SAR）预测模型是一种利用数据库研究天然植物活性物质的重要方法，可以大大减少研究和质量控制过程中的时间和科研成本，在天然植物活性成分构效关系研究上具有广阔的应用前景。SAR 通过使用一种计算机语言来表示化学结构，以描述生物活性所必需的复合结构特征，同时还可用于识别药团（生物活性化合物结构的组成部分，确定它们对特定生物受体的效力）和预测已知结构但没有生物数据的化合物的生物活性。采用 SAR 分析设计和合成一系列查尔酮衍生物，然后评价其抗氧化活性，结果表明在查尔酮的不同位置引入电子释放基团和庞大的杂原子基团会增加分子的活性。定量构效关系（QSAR）是在 SAR 的基础上，建立天然植物活性物质的结构与活性参数之间定量关系的数学模型，可用于识别和描述与分子性质变化相关的化合物的结构特征，从分子水平阐明营养活性物质的作用机制。QSAR 第一次登上历史舞台是由于计算机辅助药物设计（CADD，图 3）的发展，使其在医学化学中得到了广泛的应用。并且根据化合物结构活性，通过对分子部分结构的认知，人们发现了药效团分析和数据库挖掘分析。对于结构的整体认知，人们发现了分子对接技术和分子动力学分析。实际上，研究者早在 1868 年就提出化合物的生物活性与其分子结构有某种函数关系；1869 年提出几种醇类化合物的硫原子数目与麻醉效果相关；1899 年提出化合物的脂溶性对其生物活性有决定性影响；1939 年提出一个与 SAR 相关的方程式；1963 年提出将碎片法应用到 SAR 计算中；1964 年提出线性自由能相关模型、相互作用模型；1975 年提出分子连接性方法……在以上传统的 2D-QSAR 研究基础上，1980 年出现了

CADD 技术，继而比较分子场分析法、比较分子相似性指数分析法、比较分子表面分析法等 3D-QSAR 被提出；再之后，4D-QSAR、5D-QSAR 概念相继诞生。但至今，应用最多的还是 2D-QSAR 以及 3D-QSAR。2D 与 3D 比较而言，2D 计算的时间明显缩短，可作为初筛使用，以减少用于药物开发后期进一步筛选的化合物的数量。而对于 QSAR 模型的开发，①需要基于一组类似物的基本化学结构层面来考虑，包含异常值；②需要定量关联化学结构变化与生物活性变化之间的关系，以确定最可能决定候选药物生物活性的化学性质；③需要基于 QSAR 结果，来优化现有物质的化学结构，进而继续验证 QSAR 模型的准确度；④需要预测虚拟化合物的生物活性。为了实现以上内容，描述符和方法的选择至关重要。

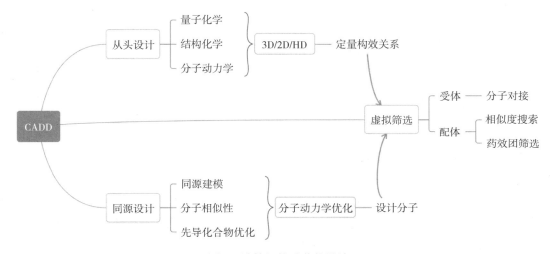

图 3　计算机辅助药物设计

3.1　构效关系研究的分类

定量构效关系（QSAR）实质上是一种以结构为中介的挖掘物质与功能信息关系的数据分析与统计，以找到以结构为单元的物质与功能的共性关系。并依据规律关系进行机制探索和药物开发。目前物质与功能的构效关系分析主要有三个层面。

3.1.1　简单分析

简单分析是在检测试验的基础上，对一类结构类似、功能相近的不同物质之间的结构进行描述，并进行化学层面的二维或者三维构图，仅通过构图比较结构上的差异，结合功效结果，分析结构和功能的相关性关系。可能用到的分析方法有科学归纳法以及统计学的相关分析等。分析的结果较为粗糙，不能作为预测模型，仅能提供某项功效的与结构相关的方向。

3.1.2　化学结构分析

化学结构分析是在简单分析的基础上，使用 Guaissa 等软件，对分子进行分析得到前线分子轨道参数（HOMO、LOMO、ΔE）、物理结构相关参数、焓势相关参数等物理化学参数。依赖分子结构软件（Guaissa）将得到的参数应用密度泛函理论、半经验法、从头算法建立优化分子结构的模型。将模型与功效相关分析后得到基于该功效的有效结构。由于其优秀的前线轨道分析能力，该方法多用于分析抗氧化能力中的失电子方式，也可以为相同方向的研究提供分子结构方向，但作为预测模型数据太少，不予推荐。

3.1.3　QSAR 预测模型

QSAR 预测模型是以大量数据为基础并以大量数据为训练，培养模型对某种靶向功能或多种靶向功能内在隐藏构效关系的认识。模型学习完成后，支持通过输入未知分子去预测相关功能和效果。属于使用经典预测模型理论，引入结构和功效关系的分析中。与目前在 CADD 过程中使用的"直接"（即基于受体或基于结构）和"间接"（即基于配体）的方法类似，QSAR 研究可以分为两大类：受体独立（RI）和受体依赖（RD）QSAR 分析。在 RI-QSAR 中，要么受体的结构无法表征，要么由于受体的结构和/或配体结合模式的不确定性，在 QSAR 分析中无法参与。这一组包括零维（0D）、一维（1D）、二维（2D）、三维（3D）和四维（4D）QSAR 方法。计算出的描述符是可识别的分子特征，如原子和分子计数、分子质量、原子性质之和（0D-QSAR）；药效团之和（1D-QSAR）；拓扑描述符（2D-QSAR）；几何、原子坐标或能量网格描述符（3D-QSAR）；以及原子坐标和构象采样的组合（RI-4D-QSAR）。在 RD-QSAR 分析中，模型来自多种配体-受体复合体构象的三维结构。这种方法提供了一个诱导匹配过程的明确模拟，使用配体-受体复合体的结构，其中配体和受体都允许通过使用分子动力学（MD）模拟。RD-QSAR 用于收集从模拟分子和受体之间的相互作用中产生的结合相互作用能，以此作为描述符。以下是不同的分子结构量化方法，即描述符分类的不同方法。QSAR 描述符的量化方法从 0D 到 4D，展现着人们对于结构量化这一课题的思考。结构量化实际上远远没有达到结束，描述符的不同使用方法本质上都是将三维结构向二维数据降维，人类基本上不可能完全实现对三维物质的降维，人们始终做的工作是从一个又一个二维的角度，观测并总结结构的描述，如站在电势的角度，总结出电势力、电荷布局等结构规律；从下一个角度如力学角度，总结出范德华力的量化数值。从物理上讲，人们对三维物质的所有二维角度（无数个）都进行描述时，才可以说通过二维的量化描述出了三维的结构。请注意，人们所说的 3D-QSAR、4D-QSAR，并没有在物理学角度上实现了升维或者降维，只是在思考结构的过程中添加了几个观测的角度。

因此，这也可以解释为什么描述符的选择会影响预测的成功率，如果描述符方法选择不正确，观测的角度不够，遗漏了关键的信息，就会导致预测的失败。这不是随机误差，而是系统的必然，由于观测角度的失误导致没有建立起正确的规律，失败是必然的。相反，人们目前努力地寻找 5D-QSAR 等方法，是为了更加全面地描述三维结构，避免产生因为观测起点不正确而导致的失败。目前的观测角度虽然不多，但是仍然可以大概率找到一定的规律，并应用于实践，而完全量化三维结构可能没有必要，也没有意义。人们研究的目的是尽可能地量化结构并进入数学函数中，便于挖掘结构规律，3D-QSAR 的成功已经大大减少了研发成本。

（1）2D-QSAR　二维定量构效关系（2D-QSAR）方法是将分子整体的结构性质作为参数，对分子生理活性进行回归分析，建立化学结构与生理活性相关性模型的一种药物设计方法，常见的二维定量构效关系方法有 Hansch 方法、Free-Wilson 方法、分子连接性方法等，最为著名和应用最广泛的是 Hansch 方法。二维定量构效关系的研究集中在两个方向：结构数据的改良和统计方法的优化。传统的二维定量构效关系使用的结构数据常仅能反应分子整体的性质，通过改良结构参数，使得二维结构参数能够在一定程度上反映分子在三维空间内的伸展状况，成为二维定量构效关系的一个发展方向。引入新的统计方法，如遗传算法、人工神经网络、偏最小二乘回归等，扩展二维定量构效关系能够模拟的数据结构的范围，提高 QSAR 模型的预测能力，是 2D-QSAR 的主要发展方向。

二维定量构效关系的描述符是活性参数。人们根据研究的体系选择不同的活性参数，常见的活性参数有：半数有效量、半数有效浓度、半数抑菌浓度、半数致死量、最小抑菌浓度等，所有活性参数均必须采用物质的量作为计量单位，以便消除分子质量的影响，从而真实地反映分子水平的生理活性。为了获得较好的数学模型，活性参数在二维定量构效关系中一般取负对数后进行统计分析。

结构参数是构成定量构效关系的另一大要素，常见的结构参数有：疏水参数、电性参数、立体参数、几何参数、拓扑参数、理化性质参数以及纯粹的结构参数等。

①疏水参数　药物在体内吸收和分布的过程与其疏水性密切相关，因而疏水性是影响药物生理活性的一个重要性质。在二维定量构效关系中采用的疏水参数最常见的是脂水分配系数，其定义为分子在正辛醇与水中分配的比例，对于分子母环上的取代基，脂水分配系数的对数值具有加和性，可以通过简单的代数计算获得某一取代结构的疏水参数。

②电性参数　二维定量构效关系中的电性参数直接继承了哈密顿公式和塔夫托公式中的电性参数的定义，用以表征取代基团对分子整体电子分配的影响，其数值对于取代基也具有加和性。

③立体参数　可以表征分子内部由于各个基团相互作用对药效构象产生的影响以及对药物和生物大分子结合模式产生的影响。常用的立体参数有塔夫托立体参数、摩尔折射率、范德华半径等。

④几何参数　是与分子构象相关的立体参数，因为这类参数常常在定量构效关系中占据一定地位，故而将其与立体参数分割考虑。常见的几何参数有分子表面积、溶剂可及化表面积、分子体积、多维立体参数等。

⑤拓扑参数　是在分子连接性方法中使用的结构参数，其根据分子的拓扑结构将各个原子编码，用形成的代码来表征分子结构。

⑥理化性质参数　偶极矩、分子光谱数据、前线轨道能级、酸碱解离常数等理化性质参数有时也用做结构参数参与定量构效关系研究。

⑦纯粹的结构参数　在 Free-Wilson 方法中使用纯粹的结构参数。这种参数以某一特定结构的分子为参考标准，依照结构母环上功能基团的有无对分子结构进行编码，进行回归分析，为每一个功能基团计算出回归系数，从而获得定量构效关系模型。

二维定量构效关系中最常见的数学模型是线性回归分析，Hansch 方法和 Free-Wilson 方法均采用回归分析。

Hansch 方法的方程形式为：

$$\log\left(\frac{1}{C}\right) = a\pi + b\sigma + cE_s + k$$

式中，π 为分子的疏水参数，其与分子脂水分配系数 Px 的关系为：σ 为哈密顿电性参数，Es 为塔夫托立体参数，a、b、c、k 均为回归系数。

Free-Wilson 方法的方程形式为：

$$\log\left(\frac{1}{C}\right) = \sum_i \sum_i G_{ij} X_{ij} + \mu$$

式中，G_{ij} 为结构参数，若结构母环中第 i 个位置有第 j 类取代基则结构参数取值为 1，否则为 0；μ 为参照分子的活性参数；X_{ij} 为回归系数。

（2）HQSAR　分子全息定量构效关系（HQSAR）方法是介于 2D-QSAR 和 3D-QSAR 之间的 2.5D-QSAR 方法。相比于 2D-QSAR，HQSAR 方法可提高模型的预测能力，并且无须 3D-QSAR 方法进行复杂的分子叠合过程和化合物构象的选择。这种方法将药物分子划分为若干功能区块定义药物分子活性位点，计算低能构象时各个活性位点之间的距离，形成距离矩阵；同时定义受体分子的结合位点，获得结合位点的距离矩阵，通过活性位点和结合位点的匹配为每个分子生成结构参数，对生理活性数据进行统计分析。分子形状分析认为药物分子的药效构象是决定药物活性的关键，因此其宗旨就是比较作用机制相同的药物分子的形状，以各分子间重叠体积等数据作为结构参数进行统计分析，获得构效关系模型。

HQSAR 计算方法与 2D-QSAR 和 3D-QSAR 计算方法完全不同，HQSAR 方法原理是以分子全息图（分子亚结构碎片）作为结构描述符表征化合物的结构信息，利用偏最小二乘法建立物质分子全息描述符与物质活性之间的数学模型，从而得到化合物的分子全息定量构效关系。HQSAR 模型主要通过原子的颜色显示单个原子对化合物活性的贡献图，从而准确预测未经测试化合物的活性。

（3）3D-QSAR　三维定量构效关系（3D-QSAR）是引入了药物分子三维结构信息进行定量构效关系研究的方法，这种方法间接地反映了药物分子与大分子相互作用过程中两者之间的非键相互作用特征，相对于二维定量构效关系有更加明确的物理意义和更丰富的信息量，因而 20 世纪 80 年代以来，三维定量构效关系逐渐取代了二维定量构效关系的地位，成为基于机制的合理药物设计的主要方法之一。应用最广泛的三维定量构效关系方法是比较分子场方法和比较分子相似性方法（CoMFA 和 CoMSIA）。

CoMFA 和 CoMSIA 是应用最广泛的合理药物设计方法之一，这种方法认为，药物分子与受体间的相互作用取决于化合物周围分子场的差别，以定量化的分子场参数作为变量，对药物活性进行回归分析便可以反映药物与生物大分子之间的相互作用模式，进而有选择地设计新药。CoMFA 将具有相同结构母环的分子在空间中叠合，使其空间取向尽量一致，然后用一个探针粒子在分子周围的空间中游走，计算探针粒子与分子之间的相互作用，并记录空间不同坐标中相互作用的能量值，从而获得分子场数据。不同的探针粒子可以探测分子周围不同性质的分子场，如甲烷分子作为探针可以探测立体场，水分子作为探针可以探测疏水场，氢离子作为探针可以探测静电场等，一些成熟的比较分子场程序可以提供数十种探针粒子供用户选择。探针粒子探测得到的大量分子场信息作为自变量参与对分子生理活性数据的回归分析，由于分子场信息数据量很大，属于高维化学数据，因而在回归分析过程中必须采取数据降维措施，最常用的方式是偏最小二乘回归法，此外主成分分析也用于数据的分析。

统计分析的结果可以图形化地输出在分子表面，用以提示研究者如何有选择地对先导化合物进行结构改造。除了直观的图形化结果，CoMFA 还能获得回归方程，以定量描述分子场与活性的关系。实际上 CoMSIA 是对 CoMFA 方法的改进，其改变了探针粒子与药物分子相互作用能量的计算公式，从而获得更好的分子场参数。

除比较分子场方法外，三维定量构效关系还有距离几何学三维定量构效关系（DG 3D-QSAR）、分子形状分析（MSA）、虚拟受体（FR）等方法。距离几何学三维定量构效关系严格来讲是一种介于二维和三维之间的 QSAR 方法。虚拟受体方法是 DG 3D-QSAR 和 CoMFA 方法的延伸与发展，其基本思路是采用多种探针粒子在药物分子周围建立一个虚拟的受体环境，以此研究不同药物分子之间活性与结构的相关性。其原理较之 CoMFA 方法更加合理，是定量构效关系研究的热点之一。

（4）4D-QSAR　3D-QSAR 中分子形状分析（MSA）的开发者提出了 4D-QSAR 方法，认为 3D-QSAR 方法中传统三维描述符实现了构象灵活性和探针表面的场活力，但是并没有考虑到存在空间中不同距离的药效团或者分子之间是否会共同作用形成一定的影响。因此，该方法的"第四维"是对训练集的空间特征进行集成采样。图 4 显示了生成 4D-QSAR 模型的步骤。在这种方法中，描述符是在分子动力学模拟（MDS）中，不同原子类型在立方网格单元中的占据频率，根据每次试验排列，对应于构象行为的集合平均。网格细胞占用描述符（GCODs）是为许多不同的原子类型生成的，称为相互作用药效团元素（IPEs）。这些 IPEs 可以是任何类型，如非极性（NP）、极性正电荷（P^+）、极性负电荷（P^-）、氢键受体（HA）、氢键供体（HB）和芳香型（Ar），对应于活性位点可能发生的相互作用，并与药效团基团有关。因此，在 4D-QSAR 分析中，IPEs 与描述符的性质有关，而 GCODs 与映射在公共网格中的 IPEs 的坐标有关。反过来，采样过程允许以三维药效团的形式构建优化的动态空间 QSAR 模型，这依赖于构象、对齐和药效团分组。

IPEs 通过遗传算法（GFA）对空间占据率进行采样，使得数据多出一个维度去描述"空间"。相当于成倍地扩大了数据量，这对统计分析而言也是减少系统误差的方法。IPEs 允许训练集中的每个化合物被划分为一组结构类型和/或类，其中涉及与共同受体可能的相互作用。由 IPEs 定义的 GCODs 集合同时映射到一个公共的网格单元空间。在 4D-QSAR 方法中，每个化合物的构象系综轮廓被用于生成自变量（GCODs），而不仅仅是一个起始构象。

推动 4D-QSAR 分析发展的一个因素是在构建 QSAR 模型时需要考虑多重构象、对齐和子结构组。这些"QSAR 自由度"在其他 3D-QSAR 分析中通常是固定的。在 CoMFA（比较分子场分析）和 GRID 形式中，描述符计算为探针原子和目标分子之间的网格点相互作用，每个化合物只有一个构象，而不是构象集合轮廓（如 4D-QSAR 方法）。它们使用不同的力场，不同类型的探针原子和能量相互作用的计算方式也不同。在 GRID 力场中被解释

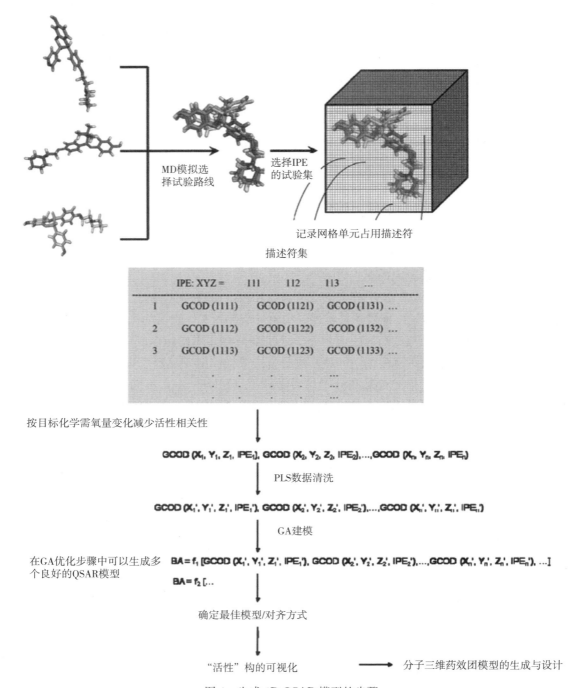

图 4   生成 4D-QSAR 模型的步骤

的相互作用是空间（兰纳-琼斯势）、静电和氢键相互作用，总能量是所有相互作用的总和。与 CoMFA 中分别考虑相互作用能（兰纳-琼斯势和静电势）相比，用 GRID 可计算每个网格点上所有不同相互作用能的和。变量选择由 Golpe（生成最优线性 PLS 估计）程序进行，该程序也用于进行多元统计分析。CoMSIA 方法使用探针原子（放置在每个晶格位置）和分子之间的相似性度量，而不是 CoMFA 场。空间、静电和疏水相似性使用 SEAL 程序计算分子叠加（相似性指数）。只要 4D-QSAR 分析可以有意义地预测"主动"构象和训练集的首选对齐，那么它实际上可以作为后续 CoMFA 和/或 CoMSIA 的"预处理器"。此外，4D-QSAR 方法已被证明在构建配体-受体数据集的定量三维药效团模型方面既有用又可靠。

3.2　构效关系的研究思路

定量构效关系是一种认识部分结构的方法，常用于预测未知化合物的物理化学性质以及通过预期性质来寻找具有相同功效的新成分。传统的定量构效关系是以多元线性回归，最小二乘法以及主成分分析进行构建的。但是随着机器学习方法的进步，QSAR 建模的技术也越来越多，如 k-均值算法（k-nearest neighbors，k-NN）、线性判别分析（LDA）、决策树（DT）、随机森林（RF）、人工神经网络（ANN）、支持向量机（SVM）以及贝叶斯（Naive Bayes）模型，集成模型等正在被越来越频繁地使用。在畜牧营养行业的科研工作中，一般研究方法为分析物质是否具有改善动物营养水平和提高动物生产性能，进而对其进行饲喂试验进行论证。但是由于这些方法的效率不高，且风险和投入较高，因而使用价格低廉、具有强大算力的量子化学计算方法就可以显著提高科研效率，精确对研究方向进行预测，其核心思想仍旧是基于物质和功能的统计分析。QSAR 通过将数据库中获得的分子结构和活性参数进行回归分析和多元统计等数字化处理，建立两者之间的回归模型，之后对该模型的预测能力进行验证和优化，用于对未知化合物的活性进行筛选和评价。所以从本质上讲，定量构效关系就是一种以结构为自变量，效果为因变量的数学函数，研究者需要从函数中找到具有影响权重的自变量，指导得到各种类型的因变量。为了将 QSAR 转换为数学问题，首要的问题是如何对结构进行量化处理，以及选择什么样的函数去表达结构与效果的关系，这些最终都会影响预测模型的成功率。

3.2.1　数据整理

首先，根据天然活性物质定位了 117 种天然产物，在 HERB 数据库中对每种天然产物的组分进行查找，将每种获取的组分分子进行分类和整理，得到 8 924 种不重复的分子，并对这些分子的功能以及名称进行采集。然后，为了可以得到能够被计算机识别并运算的大量分子描述符号，需要将得到的分子名称转化成可以被识别的结构文件，一般是通过 NCBI 直接获取，或者通过 ChemDraw 软件进行绘图。将绘图文件（.sdf）使用开源 E-Dragon 网站获取分子描述符，也可以使用 CODESSA 软件获取描述符。以结构的描述表达来统一表示分子即描述符（x），同样地，以效果为靶向的功能在模型中的作用即因变量（y）。一般 E-Dragon 开源网站提供 1 600 个描述符。

3.2.2　描述符的确定

描述符的确定本质上就是对结构进行量化。量化方法的选择也会影响最终的预测，描述符方法选择的正确与否直接关系到最终预测的成功率。化合物结构对于效果的影响可能存在于很多领域，如果研究的是自由基相关的效果指标，那么多数会注重 3D-QSAR 的构建，因为清除自由基这种对电荷敏感的反应过程，适合用比较分子场方法描述。如果没有能力做

3D-QSAR，则应在 2D-QSAR 中强调电势等相关的结构参数。分子描述符的指标随着选择方法的不同而不同，但是一般需要符合以下条件：

（1）具有结构解释性。

（2）与至少一种性质具有良好的相关性。

（3）具有区分异构体的优势。

（4）能够应用于局部结构。

（5）独立性好。

（6）简洁。

（7）不是基于试验性质。

（8）与其他描述符不相关。

（9）可以有效构建。

（10）使用熟悉的结构概念。

（11）具有正确的大小依赖性。

（12）随结构的改变而变化。

3D-QSAR 可以通过分子结构式，从一些数据库获得比较分子模型。

一般 2D-QSAR 可以通过化学运算得到很多关于分子的描述符，在虚拟实验室网站上，E-Dragon（http：//vcclab. org/lab/edragon/）可以获取 1 600 个描述符，PCLIENT 软件可以获取关于分子的 3 000 个描述符，Dragon 软件可以获取 4 884 个描述符，也有 5 300 个描述符的记录。但是量子化学计算建立的 QSAR 模型所用到的描述符并不是越多越好。对于关系模型来讲，最基本的原理还是去寻找多个自变量和多个因变量的内在关系，从而通过关系理解完成预测。因此大量的描述符不仅会造成算力的浪费，而且会因为无关变量而影响模型的准确性，更重要的是如果描述符选择与因变量冲突，可能会造成模型失败或存在内在冲突。从第一个 QSAR 模型开始，描述符的可解释性是一个常见的问题，几乎所有的模型都是使用可解释、与问题相关的物理化学符。因此描述符的选择才是整个建模构建过程中最为重要的步骤。描述符的选择方法有很多种，但都是以排除无关类变量或者多重共线的变量为主要目的。首先，要对描述符进行预处理。该处理需要保证描述符完整合理，去掉不是所有的分子都具有的描述符，以避免运算过程的空值。预处理过的数据中对每列变量进行统计分析：通过单参数分析或 T 检验观测其值，排除近似度高的描述符号（F<1.0 或 T 小于指定值）；观察与效果无关的变量；消除具有多重共线性的变量，保留其中一个变量；观察是否存在随着一个描述符而线性变化的描述符。然后，通过数据整理方法如启发式算法、遗传算法、迭代随机消除算法、模拟退火算法、粒子群算法、蚂蚁群体算法、逐步选择（SS）、虚拟筛选等，对描述符进行筛选并确定。

3.2.3　数据集划分

在 QSAR 模型进行训练和学习的过程中，为了保证数据的正确以及模型的准确，需要对整体数据按照 5∶1 或者 4∶1 的比例进行随机划分，其中 75％或者 80％的数据执行模型的训练和学习。模型训练完毕后，使用测试集对模型的损失率进行测试。一般为了保障训练的准确性，还会采用随机森林算法（RF）对模型的测试集进行多种划分和多种测试。随机森林算法对所有数据建立多个训练集进行训练，每个训练集之间不存在相关性。当得出最后的结果之后，可以通过投票方式进行决策，这样就可以有效避免某些错误数据带来的影响，从而提高模型的准确性。

3.2.4　模型构建

模型构建的过程就是自变量与因变量的函数选择过程。

（1）多元线性回归　该方法是经典的建模方法之一，是通过建立多个独立自变量和因变量的线性关系模型来预测因变量的大小。其数学计算原理为：

$$yi = b0 + b1\ x1i + b2\ x2i + \cdots\cdots + bn\ xni$$

式中，$b0$ 是常数项，$b1$ 到 bn 是自变量的系数，x 是自变量，yi 是因变量。Shinya Uno 等（2020）就曾通过多元线性回归定量分析了三肽的结构与抗氧化活性之间的关系。该方法在建立模型的时候需要非常注意描述符的选择，如果描述符选择错误就可能会导致建模失败。比较常出现的问题包括：描述符不是独立存在的；存在多重共线性等。该方法适用于自变量与因变量不多情况下的简单分析，如果数据较多的时候选用该方法可能会使数据的准确率和模型的损失率均不理想。

（2）偏最小二乘法　该方法融合了多元线性分析、相关性分析、主成分分析等多种计算原理，可以在最小化误差的平方和中找到一组最佳函数匹配。分别得到自变量和因变量的相互正交的特征向量，再建立自变量和因变量的特征向量间的一元线性回归关系以达到目标精度，或者重复提取和回归，直到模型达到了目标精度。该方法对变量集并没有很高的要求，变量集可以具有相关性或者多种共线性，因为该方法可以规避这些风险。

（3）主成分分析　是一种多变量的统计方法，主要是通过少量的主成分而揭示多个变量间的内部结构关系。其中主成分分析和因子分析密切相关，主要使用的是正交变换的处理方法，以得到主成分方差在总方差中的比例。但是该方法也存在一些缺陷：如计算得到的主成分的实际含义不明确、主成分与因变量之间不一定是直接关系以及增加的新变量会增加化学解释的难度等。

（4）神经网络建模　是一种在计算机辅助工具支持下模拟人脑的计算算法，其可以利用现有数据重构未知函数，而不需要任何关于函数结构和参数的先验知识（图5）。因此神经网络可以在没有专家参与的情况下帮助人们估计函数的结构和参数，可以执行大多数非线性模型的构建。这可能是神经网络在许多领域如此受欢迎的最重要的原因。Hu 等（2019）研究了传统的机器学习算法，利用深度网络方法提取的介质描述符预测活性分子，结果表明其与传统的算法相比具有更好的性能。

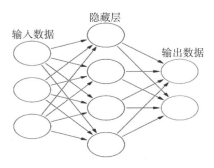

图 5　神经网络原理示意

由于神经网络是一种学习型模型，所以其可以像人脑一样通过学习来存储知识，进行模式识别、决策、新颖性检测和预测。将这些重要因素结合起来，神经网络就成为处理各种数据的强大计算方法。其基本原理是对输入数据降维后传递到隐藏层，用激活函数来不断训练，直至达到数据集 y 的归元，并使用测试集对其进行大量测试。相关的神经网络算法包括：人工神经网络（ANN）、概率神经网络（PNN）、深度神经网络（DNN）、卷积神经网络（CNN）、循环神经网络（RNN）、多层感知随机网络、径向基函数神经网络（RBFNN）、图神经网络、反向传播算法（BP）等。

3.2.5　模型验证与校准

严格的建模流程需要将数据划分成训练集和测试集，测试集不参与训练模型的参数（包括超参数）的过程。对于不需要选择超参数的模型（如广义线性模型或树模型的变量已确定时），直接使用训练集进行训练即可得到较为可靠的参数。但对于需要确定超参数的情况，如支持向量机（SVM）模型、广义线性模型或树模型需要筛选变量时，必须进一步将训练集划分成一部分验证集，以确定超参数。此时，内部验证是十分重要的环节。另外，当样本量不够大而缺少测试集时（样本量较小时，强行划分测试集可能会造成测试偏移），也需要采用内部验证的策略。

内部验证主要有两类方法：交叉验证和自助采样。

（1）交叉验证（cross validation）　最常见的方法是 10-折交叉验证和留一法。从随机性来看，单纯的交叉验证也可能存在随机种子的偏移（可以找到一些数据划分方式，使得交叉验证的平均结果较好或较差）。因此严谨的做法是进行多次交叉验证，如 10 次 10-折交叉验证（笔者通常采用 100 次 10-折交叉验证，也就是总共验证 1 000 次）。交叉验证的具体做法不详述，这里讨论选择的折数 k 对交叉验证结果的潜在影响。当样本量较小时（如少于50 时），折数 k 应当尽量大一些（建议 10 甚至 20），否则会因为折数不够而导致训练样本量不足，从而导致模型欠拟合；样本量稍大些时（如超过 200），折数 k 对验证结果的影响相对较小。折数 k 的选择，是方差和偏差的权衡。

（2）自助采样（bootstraping）　相对于交叉验证而言更为灵活。从随机性来看，较多的自助采样不容易造成随机种子设置的偏移（最常见的是 1 000 次自助采样）。更值得一提的是，自助采样在样本量较小时，相比交叉验证多些优势：自助采样保留了训练数据的样本量，使得模型降低欠拟合的风险，但同时也会引入一定的偏差（改变了样本的分布情况，被重复采用的样本的分布密度增加）。

模型除内部验证外还有外部验证。模型的外部验证就是使用另外的数据来验证模型的优劣，增强模型可信的说服力。模型的外部验证方法有很多种：接收者操作特征曲线下面积（AVC）、一致性指数（C-index）、综合判别改善指数（IDI）、净重新分类指数（NRI）等，也可以使用 SPSS 软件。模型外部验证涉及两个关键的指标：校准度和区分度。预测模型有优劣之分，好的模型不仅可以较准确地预测终点事件的发生概率（校准度好），而且可以很好地区分数据集中发生终点事件概率不同的对象（区分度好）。主要方法是通过计算和比较测试集和训练集的活动值的范围、平均值和标准差，得到预测模型的相关性后进行评价。研究者通过将训练集训练好的规律模型输入测试集，去验证正确的概率，就是对模型预准确的最好评价。

3.3 构效关系研究云工具：云 3D-QSAR 服务器

云 3D-QSAR 服务器工作流程（图 6）如下：

（1）服务器对输入数据处理，生成 3D 结构，然后对每个结构执行能量最小化。

（2）使用基于原子的对齐算法来对齐这些结构（校准）。

（3）随机生成多对训练/测试集。

（4）计算分子相互作用场 MIF。

（5）一旦 MIF 可用，将对其进行分析并开发 CoMFA 模型。

（6）应用 PLS 和留一交叉验证法（LOOCV）计算 R2、q2 和 R2pred 值。对所有获得的 CoMFA 模型进行排名。

（7）将选择所获得的所有模型中 R2、q2 和 R2pred 值最高的 50 个模型作为结果。

（8）选择其中一个模型并执行预测作业。输入结构输出预测的活性值。

图 6 云 3D-QSAR 服务器工作流程

（资料来源：Yu-Liang Wang，2021）

饲用天然活性物质的研发

　　药物发现过程非常复杂，需要跨学科的协作来设计有效且商业上可行的药物。药物设计的目标是找到可以与特定药物靶标相互作用并改变其活性的药物。药物靶标通常是保持细胞存活所需的大部分蛋白质。药物与蛋白质的特定区域结合并打开或关闭生物大分子。一些非常强大的药物，如抗生素或抗癌药物，被用来抑制细胞中的关键蛋白质，它们可以杀死细菌或癌细胞。人们普遍认为，药物研发是非常耗费时间和资源的过程。在此过程中，在动物上测试的 40 000 种化合物中有 5 种最终达到人体测试，并且只有 1/5 的化合物进入临床研究。这代表了药物研发过程中在时间、金钱和人力资源方面的巨大投资。投资主要用于数十万种化合物的化学合成、购买和生物筛选，以确定命中率，然后优化合成路线。此外，动物研究在药物功效和毒性方面的可预测性并不十分理想。因此，需要新的方法来促进、加速和简化药物研发。1981 年 10 月 5 日，《财富》杂志发表了题为《下一次工业革命：默克的计算机设计药物》的封面文章。有些人认为这是对计算机辅助药物设计（computer-aided drug design，CADD）的开始。CADD 被国际纯粹与应用化学联合会（IUPAC）定义为用于发现、设计和优化具有所需结构和性质的化合物的所有计算机辅助技术。CADD 已经从计算化学和计算机技术的最新进展中脱颖而出，并有望彻底改变功能分子的设计。CADD 的最终目标是虚拟筛选大型化合物数据库以生成一组命中化合物、先导化合物或优化已知的先导化合物，即通过改善化合物的物理、化学、药物动力学和药代动力学性质，将生物活性化合物转化为合适的药物。

　　计算机辅助药物设计（CADD）是药学理论中有力的预测和构建药物模型的工具，定量构效关系等计算机辅助药物设计方法的出现也极大地加速了药学领域新药的研发和预测。该技术应用在饲用天然活性物质中，用于计算机辅助的预测、建模、筛选和使用，这个过程即是饲用天然活性物质的虚拟筛选。计算机辅助的虚拟筛选需要建立在完整的关系研究的基础之上，需要准确的研究基础和数据来源，以及可靠的关系分析和数据挖掘，虚拟筛选工作依赖于组分与功能的规律研究。饲用天然活性物质的关系研究的准确性直接决定了虚拟筛选的成功率。虚拟筛选的本质是通过计算机模拟的化学结构活性中心，评估其是否具有一定的活性效果。实际上，计算机辅助化学分子计算是一种简洁方便的具有预测性的科研方法，其中构效关系的建立可以帮助人们有效地分析物质的结构与功能之间的关系，有助于进一步研究生物活动以及物质活性的机制。定量构效关系（QSAR）作为医药学领域开发和预测药物模型的方法被首次提出，目的是分析药物分子与药效之间的构效关系，并进行建模和预测，从而指导具有相同效果的药物分子的合成。其理论思想主要是通过寻找有效结构来达成的，属于典型的西医思维。所以 QSAR 的局限性是开发目的带来的——只适用于一种分子（有效分子）的分析和预测，并不能满足不同提取物的结构与效果的对比。因此笔者将以提取物为实验材料，探究变量情况下构效关系的研究方法，为动物营养学的发展引入计算机辅助分子分析。

1　饲用天然活性物质的虚拟筛选

CADD广泛应用于制药行业，以提高药物研发管线的效率。一种高效的方法是针对药物靶标的大型化合物库的虚拟筛选（virtual screening，VS）。目的是选择一组具有所需特性的分子靶向特定蛋白质，并消除具有不良特性的化合物。用于此目的的计算方法称为虚拟筛选方法。

虚拟筛选也称计算机筛选，广义的虚拟筛选包括了通过非生物试验、细胞试验手段进行的一系列筛选过程或者手段，如网络药理学筛选、谱效关系筛选、构效关系筛选。狭义的虚拟筛选是指在进行生物活性筛选之前，利用计算机上的分子对接软件模拟目标靶点与候选药物之间的相互作用，计算两者之间的亲和力大小，以降低实际筛选化合物的数量，同时提高先导化合物的发现效率。首先，研究者要选定针对虚拟筛选的研究方法，即基于受体还是基于配体进行研究。实际上这个问题取决于研究内容以及研究对象的实际情况。如果是使用大批量的化合物模型针对某个通路的蛋白进行靶向的影响，并且没有可以参考的配体结构或者配体结构参考意义不大，那么在靶点蛋白质结构已知的情况下，可以选择针对受体的研究。一般在没有完全掌握效果的作用机制或者疾病的关键靶点时，人们会选择配体研究，而配体研究是为了找到更多的具有相同效果的物质，扩大能产生该效果的物质数量，寻找其中效果最好的物质。其次，应完成虚拟筛选的两个任务，第一个任务是构建起虚拟分析，通过同源或者从头方式均可以，第二个任务是对其进行计算机筛选。筛选的原理依靠两个逻辑：一个是物理逻辑，即从范德华力、离子力、结构契合层面去筛选构建出来的分子；另一个是试验逻辑，即通过构效关系等的探索规律，以找到的规律为筛选条件，寻找有效的分子。

1.1　虚拟筛选的分类

从原理上讲，传统的虚拟筛选可以分为两类，即基于受体的虚拟筛选和基于配体的虚拟筛选。

基于受体的虚拟筛选从靶蛋白的三维结构出发，研究靶蛋白结合位点的特征性质及其与小分子化合物之间的相互作用模式，根据与结合能相关的亲合性打分函数对蛋白和小分子化合物的结合能力进行评价，最终从大量的化合物分子中挑选出结合模式比较合理的、预测得分较高的化合物，用于后续的生物活性测试。

基于配体的虚拟筛选一般是利用已知活性的小分子化合物，根据化合物的形状相似性或药效团模型在化合物数据库中搜索能够与之匹配的化学分子结构，然后对这些挑选出来的化合物进行试验筛选研究。分子对接是一种基于靶标蛋白质结构的药物筛选方式。通过小分子化合物与靶标进行分子对接，综合分析得分及空间构象情况，包括静电作用、氢键作用、疏水作用、范德华力作用等性质，可以探索配体小分子与受体生物大分子的具体作用方式和结合构型，解释化合物产生活性的原因，为合理地优化化合物结构提供指导；也可筛选潜在活性化合物，为试验提供参考。药效团筛选是一种基于小分子化合物的高效药物筛选手段，其通过分析一个或多个活性小分子的药效特征，概括出使分子具有活性的重要药效基团特征。药效团筛选的计算量较小，可以在分子对接前进行，对几百万或几千万的小分子数据库进行药效团筛选只需要很短时间。仅提供 1 个或多个活性分子，就可以构建公共药效团进行筛选，搜索含相同特征的小分子，并指导新活性分子的合成。在做分子对接、药效团筛选或形状相似性筛选时，一般选取多样性较好的小分子数据库，ZINC 免费数据库收录了 ChemBridge、Enamine 和 PubChem 等众多化合物数据，可全部免费下载并可下载单个供应商的数据，包括片段库、类药性库、药物库、天然产物库等。石家庄柏含生物科技有限公司提供下载服务和小分子优化工作，并构建了天然产物数据库、中药材数据库、药物库等，这些化合物含有分子质量、可旋转键数、氢键受体及供体等信息。

1.2　受体虚拟筛选的工作流程

一般来说，虚拟筛选基于受体为研究对象的成功率很高，相当于研究者在了解某一生物过程的分子机制时，通过某种物质影响该过程中的关键靶点以阻断或促进这一生物过程。基于受体的虚拟筛选过程比较统一，包括各种连续计算步骤：靶标和分子库的准备，对接和对接后分析，以及用于试验测试化合物的优先次序。基于受体的虚拟筛选的典型工作流程的所有阶段都依赖于各种计算技术的合理实现。

1.2.1　靶标选择

靶标选择是虚拟筛选的第一个阶段，对于成功的药物开发至关重要。可以靶向 4 种类型的大分子（蛋白质、多糖、脂类和核酸）中含有小分子化合物的蛋白质和酶通常是首选，因为它们的结合口袋具有高特异性、效力高且毒性低的特点。当考虑潜在的靶标蛋白质来治疗疾病时，应该考虑选择一个上游具有广泛牵连的靶标，或者下游靶标是否有利于想要解决的途径。

一旦确定了具有改变疾病潜力的靶标蛋白质，就应该获得其三维结构。蛋白质数据库（http：//www.rcsb.org）是试验确定的生物大分子三维结构的主要存储库。因此，该数据库是检索蛋白质 3D 结构的第一种方法。在蛋白质的试验 3D 结构不存在的情况下，可以使用同源模建构建。

（1）结合位点确定　一旦获得蛋白质的 3D 结构，就可以评估其成药性。成药性可以理解为受体必须与具有药物特性的分子结合的能力，取决于分子与该蛋白质中的特定口袋或裂缝有力地相互作用的能力。当配体与靶蛋白具有共结晶结构时，结合位点的位置更容易确定；但是，当不存在共结晶结构时，结合位点的位置确定就很麻烦。搜索结合口袋的工具包括 POCKET、LeadIT、LIGSITE、SURFNET、SPHGEN、FPOCKET 等。

（2）靶标准备　确定靶标并选择最可成药的结合位点后，有必要准备靶标以进行分子对接。靶标准备的一般步骤包括去除溶剂和配体分子、添加氢原子、添加电荷以及定义氨基酸质子化状态等。可能还需要改进晶体结构并限定保持柔性的结合位点部分。靶标准备通常被忽视，但对虚拟筛选富集的影响可能相当大。

（3）结构优化　晶体结构有时存在不确定性。一个常见的例子是鉴定难以区分的酰胺基团和咪唑环中的原子。除了天冬氨酸、谷氨酸、赖氨酸和组氨酸残基的质子化状态之外，组氨酸残基的两个互变异构体或羟基和硫醇基团中的氢取向可以显著改变结合位点的氢键网络。已经证明，仔细关注这些细节可以改善 36 个靶标中 20 个的虚拟筛选性能。

此外，可以对虚拟筛选性能产生积极影响的结构优化方法是结构放松。简单的结构最小化消除了冲突和张力并改善了氢键网络，这对改善靶蛋白结合口袋中的配体拟合是十分重要的。

（4）水分子　蛋白质 3D 结构的结合口袋内通常填充有一系列水分子。这些水分子中的一些在蛋白质和配体之间建立了重要的相互作用，因此在研究蛋白质-配体相互作用时水分子的考虑是非常重要的。然而，许多情况下，水分子并不重要，并且可能对虚拟筛选产生负面影响，因为它们可能占据结合过程所需的结合口袋上的某些区域。没有完美的策略来确定哪些活性位点水分子对配体结合很重要，哪些不重要。因此，谨慎分析水分子在活性部位内的作用是一种很好的做法。

（5）金属位点　一些专门的方法试图通过金属离子力场的重新参数化来改善对接精度和结合亲和力预测。受体中金属位点的准备应根据分子对接程序的要求进行。打分函数使用各种术语和形式来描述对接配体和金属原子之间的相互作用。最简单的情况下，打分函数可以奖励潜在的配位原子与受体分子中金属的接近程度。其他简单的方法将金属原子视为常规氢键供体，包括氢键能中的金属配位。在这些情况下，受体与配体模型中的复杂电势不需要特别注意，但对接配体的质子化状态可能很重要。

1.2.2　配体选择

通过虚拟筛选可以毫不费力的快速测试大量化合物。然而，不可能及时筛选单个靶标的整个化学空间，这意味着必须以某种方式限制待测化合物的数量。为了实现分子库的管理，需要提前通过不同的方法过滤一些分子；但是，对于成功的虚拟筛选，尽可能多样化的分子库至关重要。

（1）分子库　开始虚拟筛选之前，有必要收集想要测试的所有结构。如果搜索空间非常有限，并且知道哪种分子可能与靶标结合，可以绘制自己的结构并进行基于分子对接的虚拟筛选。但是，大多数情况下，对接之前有必要建立潜在配体库，其可以具有数千种最终被测试的结构。

近年来，已经开发了许多化学结构数据库，不仅存储分子的结构，还存储许多化学和生物相关信息。最常用的化合物数据库之一是 ZINC。ZINC 是一个免费的数据库，可以使用若干过滤器来进一步限制搜索空间。其他数据库包括 IBScreen、Enamine、Maybridge、Princetonbio、ChemSpider、ChemDB、DrugBank 和 PubChem 等。此外，所有主要制药公司还拥有内部分子库，包括数百万种化合物。

（2）减少筛选范围　理论上，任何分子都可以是某些靶标的配体。然而，对于被认为是药物的化合物需要 300 种其他特征，使其适合给予患者。例如，如果已知配体具有毒性或致畸性，以及不溶性、反应性和聚集性，则可以自动将其排除。此外，由于虚拟筛选的最终目标是创造一种新药，如果只关注可以合成的化合物，则可以减少搜索空间。测试在虚拟世界之外不存在的分子是没有意义的。为了评估一种新物质是否能够成为良好的候选化合物，科学家们提出了类药性概念。新分子必须具有与迄今已知的大多数药物共有一些特征，且这些特征与给药后化合物的生物利用度有关。

目前，有几种方法可用于评估某种物质的成药性，以减少数据库中化合物的数量，如简单的过滤规则和官能团过滤器。需要指出，这些方法并非绝对可靠，因为可能存在不遵守这些规则的优秀候选化合物。事实上，即使化合物遵循所有这些规则，也不能保证会通过临床试验的所有阶段。

（3）过滤规则　是通过选择具有与其他药物分子相关的某些特性的分子来限制搜索空间。过滤规则考虑了分配系数（$\log P$）、分子质量和氢键基团等特征，所有这些都与生物利用度有关。如果仅包含具有有利特征的化合物，那么寻找成功通过临床试验的新药的机会将大大增加。例如，可以基于官能团对分子进行过滤。基于某些官能团不适合药物的事实，已知会对生物体造成损害的官能团，如潜在的致突变或致畸基团通常被丢弃，因为它们形成的化合物通常也是有害的。此外，特定的反应性基团如烷基溴化物、金属等通常会产生假阳性。

1.2.3　分子对接

一旦选定了靶标蛋白质和化合物数据库，准备好之后就可以运行分子对接。分子对接是虚拟筛选中需要更多计算成本和时间的阶段，故被视为虚拟筛选过程的核心。分子对接是一种计算方法，当靶标蛋白质和化合物之间结合形成稳定的复合物时，则允许预测一个分子（配体）相对于另一个分子（受体）的优选姿势和构象，然后可以用于预测结合强度或受体和配体之间的结合亲和力。

目前，存在大量且不断增加的分子对接程序可用于虚拟筛选。这些程序具有类似的功能，所有这些都涉及寻找与受体相关的配体的优选姿势或构象。这些构象可以使用两种类型的算法来完成：搜索算法和评分函数。搜索算法产生各种可能的姿势（构象和取向）使配体适合受体的结合口袋。评分函数对由搜索算法生成的配体的不同姿势和位置进行打分，并按分数对它们进行排序。理想情况下，评分函数分数应代表蛋白质-配体系统相互作用的热力学能值，以便区分真正的结合模式与所研究的其他模式。

在这个过程的最后，最佳得分的解决方案应该对应于真正的结合构象，并且应该接近试验观察到的结果。大多数分子对接程序被开发为快速，因为它们是准备应用于大型化合物数据库。为此，搜索算法和评分函数中包含了一些假设和简化。

1.2.4　对接后分析

（1）搜索算法　真正的生物二元蛋白质-配体系统需要在多维度（$N \times M + 6$，N 和 M 参数分别描述蛋白质和配体的 3D 结构，6 是空间排列的旋转和平移组分）的空间上搜索。这种高维空间在计算上是无法处理的，为了克服这个问题，对接算法集成了不同的近似值以有效地对搜索空间进行采样。可用搜索算法的数量不断增加，以优化对相关构象空间进行采样的速度、可靠性和准确性。速度对于虚拟筛选尤其重要，其可以保证短时间评估数百万种不同的配体。目前，对接算法可以分为三大类：刚体、柔性配体和柔性靶标搜索算法。

（2）打分函数　其主要目标是计算蛋白质和配体之间的结合亲和力的能量值。存在多种用于预测蛋白质-配体复合物的结合自由能的算法。这些算法在准确性和速度上有很大差异，如果想要仅预测一种配体的结合自由能，则可以使用非常准确但耗时的技术，如自由能扰动（free energy perturbation，FEP）或热力学积分（thermodynamic integration，TI）。然而，如果目的是比较通过虚拟筛选产生的数百或数千种蛋白质-配体复合物的结合自由能，则可以使用打分函数代替。打分函数是一种依赖于若干假设和简化的方法。因为打分函数使计算蛋白质-配体结合的复杂性和计算成本显著降低，故计算过程非常快；然而，最终结果的准确性可能受到损害，因为决定分子识别的许多物理现象不包括在计算中。因此，打分函数的开发不是一项简单的任务，其可能对分子对接结果的质量产生重要影响。一般而言，评估蛋白质功能的准确性可以考虑遵循以下标准：

①必须能够估计受体和配体之间的相互作用，并且打分函数值应接近自由能。

②必须正确排列不同的结合姿势，即那些与试验结构最相似的应该是最好的得分。

③如果多个配体对接，则它们的结合自由能需要精确排序，并且能够区分结合靶标的分子和未结合靶标的分子。

④打分函数的计算必须足够快速以应用于对接算法。

目前，可用于评估蛋白质-配体相互作用的打分函数的数量很大并且在不断增加。许多算法共享具有新颖扩展的常用方法，并且其复杂性和计算速度的多样性提供了许多的技术来解决基于现代结构的药物设计问题。评分函数可以分为三大类：基于力场的打分函数、基于经验的打分函数和基于知识的打分函数。

1.2.5　虚拟筛选的验证

由于虚拟筛选包含许多阶段，且每个阶段都依赖于许多参数，因此设计协议来验证虚拟筛选是很重要的。虚拟筛选的验证不但使得人们对计算结果有信心，同时可以增加最终结果的命中率。通常，用于验证虚拟筛选分子对接阶段的方法包括：对接姿势的质量、打分的准确性、区分活性和非活性化合物的能力。

（1）对接姿势的质量　即通过重新分子对接测试评估分子对接方案获得的对接姿势的质量。将对接姿势与已知结构进行比较的标准方法是计算配体的对接构象和试验构象之间的均方根偏差（root mean square deviation，RMSD）。用于将对接姿势分类为正确或不正确的截断值约为 2.0Å。

RMSD 值可以以适应的方式计算，目的是补偿对接分子中的对称构象。例如，一个苯环 180° 的旋转导致等效构象，但标准 RMSD 计算会产生人为的较大值。适应方法是在可交换原子的组内搜索最低 RMSD 值，其基于原子类型或元素定义。

传统 RMSD 的另一个衡量标准是量化对接姿势与晶体结构的试验电子密度的匹配程度。该衡量标准消除了晶体学模型拟合到电子密度时可能施加的晶体模型偏差。

重新对接测试结果主要与对接引擎的功率和受体模型的质量有关。但是，每个对接引擎必须在搜索期间使用打分函数来区分好的和坏的对接姿势，并最终得到正确的结合模式。因此，重新分子对接测试还与结合搜索算法使用的打分函数有关。

进行重新分子对接测试时，建议通过目视仔细检查低 RMSD 姿势。有时，人眼可以发现 RMSD 值中未见的问题。

（2）打分的准确性　即预测结合姿势时对分子进行打分。正确的结合姿势会获得好的得分结果，但有时会为优质姿势产生不准确的得分。打分函数的直接评估对于虚拟筛选方案的开发和验证是十分重要的。

分子对接产生的得分应指示结合亲和力，以便能够在不同的化合物数据集中鉴定活性分子。这些得分可以以自由能或无物理意义的数字为单位表示。得分和试验值之间的线性拟合允许研究人员预测虚拟筛选的质量，因为良好的拟合意味着一系列配体的相对亲和力得到很好的再现。通常使用最小二乘法产生线性回归模型。

（3）区分活性和非活性化合物的能力　评估虚拟筛选性能最直接的方法是量化其区分活性和非活性分子的能力。为此目的，每个分子需要被分为活性或诱饵（decoy）。理想的场景中，活性分子的得分明显优于诱饵分子，活性分子的最差得分优于诱饵分子的得分。实际上，活性和诱饵得分的分布存在显著重叠。在给出阳性（活性分子）和阴性（诱饵分子）排序列表的情况下，量化评分方法性能的统计变得非常重要。大多数性能指标基于截断值或阈值来对活性分子或诱饵分子进行分类。截断值以上得分的活性分子称为真阳性，而错误归类为活性的诱饵分子是假阳性；同理，截断值以下的诱饵分子是真阴性，而错误分类为诱饵的活性分子是假阴性。

准确度、精确度和召回率是衡量二元分类系统性能的典型指标。虚拟筛选中通常使用富集因子（enrichment factor，EF）来评估虚拟筛选的性能。准确度是正确分类的分子与分子总数之间的比率；精确度是所有阳性化合物中真阳性化合物的比例；召回率是真阳性化合物与活性化合物总数之间的比率。受试者工作特征曲线（receiver operating characteristic curve，ROC）曲线以图形方式表示排序方法的整体性能，与特定阈值无关，其包括 y 轴的真阳性率（TPR）和 x 轴的假阳性率（FPR）。TPR 和 FPR 反映真阳性和假阳性的数量，分别表示为活性成分和诱饵总数的百分比值。ROC 曲线下面积（area under curve，AUC）是比非活性状态更好的活性排列的概率。

好的虚拟筛选方法，其 ROC 曲线应该尽可能靠近左上角，同时其曲线下面积（AUC）也更大，理想的虚拟筛选方法其 AUC＝1。靠概率或随机命中方法的 ROC 曲线应该靠近对角线，此时 AUC＝0.5。如果一个虚拟筛选方法接近对角线，说明该方法与靠概率的随机筛选无显著区别；如果一个虚拟筛选方法的 ROC 曲线位于对角线的下方，说明该方法只能命中非活性化合物，虚拟筛选方法都不适合用于分子对接的过程。

1.2.6　虚拟筛选后期处理阶段

当分子库中所有化合物都已对接到靶标的结合口袋中，就需要选择合适的化合物进行试验测试。最简单的方法是使用对接算法中打分函数的得分，根据得分值对化合物进行排名，并将最佳得分的化合物用于试验测试。然而，这并非简单的过程；最后还有很多待测试的化合物或列表中的化合物相似，因此没有必要对全部化合物测试。为了克服一系列的问题，通常进行目视检查、分子聚类或共识评分方法来限制要测试化合物的数量。

（1）目视检查　是虚拟筛选后期处理的首选。有助于检查不正确的金属配位姿势或不良取向的氢键等。然而，当识别出太多的命中化合物时，目视检查不适用于大规模应用。通常建议在此阶段应用化合物过滤规则。一个常见的策略是重新应用最初用于减少化合物库中数量的一些过滤规则，但现在遵循更严格的标准。

（2）分子聚类　许多情况下，虚拟筛选结束时，命中化合物列表中有许多化合物彼此相似，以至于无法测试所有命中的化合物。这种情况下，建议将命中化合物列表聚类成相似化合物的簇，并从每个簇中仅选择代表性化合物进行进一步的活性测试。

（3）一致性打分（consensus scoring）　虚拟筛选中对化合物进行错误打分的主要原因在于分子对接阶段的评分函数，其首先没有将正确的构象解决方案排序，更重要的是，在结合的比较中经常失败。结果导致该评分方法无法区分非活性化合物，因此导致许多假阳性成为化合物排名列表的最佳得分者。有研究者提出从所产生的构象集合中选择正确的生物活性构象的方法，即"一致性打分"方法，其中对接的姿势用几种不同的打分函数来重新评估，然后取顶部 N％的交叉点。一致性打分使得误报率明显低于使用单一评分函数时的误报率，并得出结论：打分函数的组合显著提高了命中率。

1.3　配体虚拟筛选的工作流程

基于配体的虚拟筛选即基于药效团模型的虚拟筛选，是指根据现有药物的结构、理化性质和活性关系的分析，建立定量构效关系或药效基团模型，预测筛选新化合物的活性。定量构效关系（QSAR）是药物计算设计中一种重要的化学计量学工具，是基于配体小分子的虚拟筛选（ligand-based virtual screening，LBVS）的一种常见做法。QSAR 的研究提供了与结构相似的分子生物活性相关的结构特征和/或物理化学性质的信息。

1.3.1　构建方法

化学空间中的类药性分子浩如烟海，数量估计在 $10^{23} \sim 10^{60}$。因此，通过计算的方法完全挖掘整个化学空间是极为困难的。在这种情况下，如何从庞大的化学空间中寻找特定的先导化合物是当前药物发现研究中的重大挑战。不过随着计算能力和试验技术的快速发展，高通量筛选（high-throughput screening，HTS）和虚拟筛选（virtual screening，VS）方法可以凭借多种多样的过滤器（filter）对大型化合物库中的分子进行有效的评价。同时，基于机器学习（machine learning，ML）技术的 QSAR 方法也成为虚拟筛选过程重要的一部分，被用于评价分子的理化性质以及药理性质。虽然通过虚拟筛选可以毫不费力的快速测试大量化合物。但是也不可能及时筛选单个靶标的整个化学空间，意味着必须以某种方式限制待测化合物的数量。为了实现分子库的管理，需要提前通过不同的方法过滤一些分子，但是对于成功的虚拟筛选，尽可能多样化的分子库至关重要。

（1）从头设计　无论是传统的 QSAR 还是基于分子对接的虚拟筛选，都只能对已知的化合物库进行筛选，寻找出满足特定性质的分子。但是从头药物设计则不同，旨在通过分子生成的方法，生成具有特定性质的全新分子以探索化学空间，补充化合物库。很多传统的从头药物设计算法都是基于计算化学的生长算法或遗传算法，通过连接"积木"以生成新的分子。从头设计更偏向于对受体的研究。但这种传统的从头药物设计算法经常需要在产生新分子与优化各种分子性质间寻找平衡，也就是说，产生出的很多新分子缺乏诸如易合成、理化性质稳定等特性，需要进一步优化。通常使用深度学习（deep learning，DL）方法可以更好地构建模型分析，其本质依然是一个用于分析 QSAR 关系的模型。而基于 DL 的生成方法则是以理想的化学性质为目标在广阔的化学空间中进行探索。基于 DL 的生成模型通过学习、分析及提取已知分子的理化性质或者结构特征，以产生符合理想性质的新分子（或化学骨架），因此也可以称其为反向 QSAR 过程。从头药物设计和虚拟筛选的意义非常相似，都是从化学空间中搜寻满足特定要求的分子，但是两者的过程则大相径庭。从头药物设计是以分子生成的方法，生成并优化各个分子，最终使该分子满足目标；而虚拟筛选则是套用各个过滤器，逐渐缩小搜索范围，最终缩小至一个可以接受的范围进行进一步验证。

（2）同源设计　同源模建广泛应用于基于结构的药物设计，随着可用晶体结构的数量增加，同源模建的重要性也在增加。同源模建可以研究突变的影响、鉴定蛋白质上的活性和结合位点、寻找给定结合位点的配体、设计给定结合位点的新配体、预测抗原表位、蛋白-蛋白对接模拟等。多年来已经建成大量的同源模型，靶标包括参与人类生物学和医学的抗体和许多蛋白质。构建超过 50％序列相似性的模型对于药物发现是足够准确的；25％～50％的相似性有助于设计诱变试验。同源设计一般包含多个步骤：模板的识别与比对、模型构建、环建模、侧链建模、模型优化、模型验证。

①模板的识别与比对　从 NCBI 蛋白数据库获取氨基酸序列，使用 BLAST 进行数据库搜索以优化和查询局部比对，给出与序列匹配的已知蛋白质结构的列表。当序列一致性远低于 30％时，BLAST 找不到模板；且 BLAST 的同源性命中不可靠。即使选择了正确的模板，对齐误差也是比较建模偏差的主要原因。由于使用单个模板进行序列比对难以对齐，可使用多种类似序列，通过 BLAST 搜索多重序列进行更准确的比对，从而形成更好的模型。

②模型构建　目标模板对齐之后，同源模建的下一步是模型构建，可以使用各种方法为靶标构建蛋白模型，通常使用刚体组装、段匹配、空间约束和人工进化来进行建模。刚体组装模型的建立依赖于将蛋白质结构解剖为保守的核心区域、连接蛋白的可变环和装饰骨架的侧链；模型精度基于模板选择和对准精度。除此之外，基于对目标序列结构的约束或利用其对相关蛋白质结构的比对作为指导，满足空间约束的建模。约束的产生是基于模板中的对齐残基与目标结构之间对应距离相似的假设。

③环建模　同源蛋白在序列中具有缺失或插入，称为环（loop），其结构在进化过程中不保守。环被认为是发生插入和缺失的蛋白的可变区域，通常决定蛋白质结构的功能特异性。环建模的准确性是研究蛋白质-配体相互作用同源模型的主要因素，建模的环结构必须在几何学上与蛋白质结构的其余部分一致。

④侧链建模　侧链建模是同源性预测蛋白质结构的重要一步。侧链预测涉及将侧链放置

在从母体结构获得的坐标上，或由从头建模模拟或两者的组合产生。蛋白质侧链倾向于以有限数量的旋转异构体的低能量构象存在。在侧链预测方法中，通过使用定义的能量函数和搜索策略，基于优选的蛋白质序列和给定的骨架坐标选择旋转异构体。可以通过所有原子的均方根偏差（RMSD）发现正确的旋转异构体来分析侧链质量。

⑤模型优化　模型优化是一个非常重要的任务，需要对构象空间进行有效抽样，且是准确识别近自然结构的手段。同源模型建立过程通过一系列氨基酸残基取代、插入和缺失进化。模型优化基于调整对齐、环建模和侧链建模，模型优化过程常使用分子力学力场进行能量最优化，且为了进一步改进，可以应用诸如分子动力学、蒙特卡罗方法和基于遗传算法的取样技术。

⑥模型验证　同源建模的每个步骤都依赖之前的过程，错误可能会被意外引入和传播，因此蛋白质的模型验证和评估是必要的。蛋白质模型可以作为一个整体及个别区域进行评估。最初，模型的折叠可以通过与模板序列的相似性来评估，也可以使用拉氏图（Ramachandran）进行模型质量评估。

1.3.2　筛选方法

（1）相似度搜索　结构相似性方法（structual similarity，SSIM）是指通过各种描述符或指纹进行相似性匹配，从而判断化合物是否具有类似活性或治病机制。20世纪90年代早期分子相似性分析首次流行，出现了相似性原理（similarity property principle，SPP），表明相似的化合物应具有相似的性质，频繁研究的性质是生物活性。虽然这个基本原理听起来很简单，但很难从方法上捕捉。问题的核心是明确定义并始终如一地考虑相似性。相似性是一种广泛使用的概念，与识别和组织物理环境的所有组成部分以及生活的许多其他方面相关。即使在更狭窄的分子世界中，相似性也可能具有许多不同的含义或解释，区分不同的相似性标准和概念至关重要。

①化学或分子相似性　尽管化学相似性和分子相似性通常按照同义使用，但这不完全准确。化学相似性主要基于化合物的物理化学特征（如溶解度、沸点、$\log P$、分子质量、电子密度、偶极矩等）；分子相似性主要关注结构特征（如共享子结构、环系统、拓扑等）及其表示。物理化学性质和结构特征通常由不同类型的描述符来解释，这些描述符通常被定义为数学函数、化学性质或分子结构的模型。对于化学相似性评估，还可以考虑反应信息和不同的官能团。目前的工作重点更多的是分子相似性而非化学相似性。

②2D与3D相似性　是指基于2D和3D分子表示来评估相似性。2D相似性方法依赖于从分子图推导出的信息，直接图比较和图相似性计算在计算上要求很高。指纹通常被定义为分子结构和性质的位串或特征集表示，能够在计算上有效地比较分子，从而实现大规模的相似性计算。因为化合物本质上是三维的并且其分子构象通常具有比相应的分子图更高的信息含量，所以涉及分子构象和相关性质的比较的3D相似性通常优于2D相似性。但是，出于两个主要原因，情况并非如此。其一，化学家是在分子图的基础上进行训练的，一般来说，他们在图表上的考虑比在化合物的三维结构上更为准确。化学家通常使用的分子图也包含构象和立体化学信息。其二，与在测试化合物的大量构象集合中鉴定生物活性构象相关的不确

定性相比，2D 方法通常更稳健、简单，且在 SAR 分析和活性预测中可以产生优异的结果。许多当前的相似性方法优先使用 2D 分子表示；但大多数相似性方法不含任何立体化学信息，这限制了它们正确处理对映体化合物的能力。

③分子与生物相似性　化合物的生物相似性与 SPP 的概念背道而驰。相反，结构或物理化学性质描述符被化合物对一组参考靶标的活性所取代，所述参考靶标通常是蛋白质。这种情况下，使用适当的相似性函数作为成对相似性的度量来比较对应于化合物的生物特征的活性谱，而不考虑化合物的结构特征，因此是在靶标空间而非化学空间中评估生物相似性。对于 SAR 分析和药物化学项目，生物相似性通常比基于结构或性质的表示更难实现，因为特定活性值可能不适用于期望研究的化合物。除了用作分子相似性度量之外，生物特征还可以提供化合物杂乱性的近似度量。

④全局与局部相似性　相似性分析的一个非常重要的标准是区分全局和局部相似性。例如，药物设计中药效团模型的比较只关注已知或假设负责活性的选定原子、基团或功能，代表了局部相似性的观点，与化学信息学中的全局性形成对比。通常用于计算分子相似性的性质或结构描述符，源自与整个化合物相关的结构信息。如果将化合物的结构信息转换成片段指纹，则获得全局分子表示。

（2）药效团筛选　药效团模型（pharmacophore modeling）是对一系列已知有活性的化合物进行药效团研究，通过构象分析、分子叠合等方法归纳得到对化合物活性起关键作用的一些基团的信息。药效团模型不仅利用分子拓扑学相似性而且利用基团的功能相似性，从而应用了生物电子等排体（bioisosterism）的概念，使得模型更加可靠。如果仅仅考虑化合物之间形状的相似性，将会导致结合模式预测错误。如果将分子的药效团特征（氢键受体、氢键供体考虑在内）则会纠正这一错误。基于受体的虚拟筛选方法对百万级别的化合物库而言筛选速度缓慢。除了速度这一因素外，基于受体的虚拟筛选方法很少考虑蛋白质柔性、水分子的影响、溶剂化效应以及配体的构象限制。尽管基于受体的虚拟筛选方法可以提供配体与蛋白质的相互作用信息，但是精确地预测蛋白质与小分子的结合力仍然是一个无法解决的问题。

为了获得准确的药效团模型，首先必须使用正确的化合物的 3D 结构，因此原子价、键级、质子化状态、互变异构以及立体异构等因素都必须进行仔细检查。此外，获得准确的药效团模型的另一个前提是，用于构建模型的化合物具有相似的结合模式。构建药效团的流程分为 4 个步骤。

①挑选一组对特定靶点中相同结合位点有活性的配体。

②对所有配体进行构象分析。由于化合物是柔性和动态的，因此必须使用构象分析的方法生成低能构象系综。构象分析在药效团模型构建过程中是至关重要的步骤，这是由于构象分析的目的不仅仅是获得化合物的全局能量最小化构象，而且要获得化合物的生物活性构象。普遍使用的构象方法如下：

A. 系统搜索方法：是指通过逐渐旋转每一个可旋转键来获得最优构象。系统搜索方法的优点在于构象搜索较为全面。然而，在可旋转键较多的化合物中，该方法的计算成本很高。

B. 随机搜索方法：最常使用的随机搜索方法为蒙特卡罗（Monte Carlo）方法，该方法可随机旋转可旋转键（旋转角度为一个随机数）。该方法起始于一个能量最小化的构象 A，随后对构象 A 进行随机的构象搜索并获得构象 B。当 Epot（B）＜Epot（A）时，新的构象 B 被接纳为能量最小化构象。蒙特卡罗方法能有效地对构象空间进行采样，然而和所有的随机搜索工具一样，其不能保证所有的构象搜索的完整性。另一个有效的随机筛选方法是 Poling 法。该方法已植入 Catalyst 程序中。

C. 模拟退火方法：是基于分子动力学的构象搜索方法，该方法假定分子中的原子会按照力场的规则进行相互作用。在模拟退火方法中，系统的温度突然升高使得分子具有足够的内能克服能量壁垒。随后系统被缓慢冷却从而获得能量合适的构象。模拟退火方法的计算成本较高，因此仅仅使用于分子集较小的情况下。和蒙特卡罗方法一样，该方法不能保证所有构象搜索的完整性。研究发现多个构象搜索工具均能产生的低能构象系统中包括了试验所观察到的活性构象。哪一种构象搜索工具的功能最为强大？这个问题的答案取决于研究的数据集和需要解决的问题。如果数据集化合物的数量较少则使用计算成本较高的计算方法，如系统搜索方法；如果数据集中的化合物数量较多，则应该使用更为快速和简化的方法，如 Catalyst 或者 Omega。

D. 分子叠合技术：目前已有多种分子叠合技术，如通过比较化合物结构的力场性质以及形状性质为基础的方法（如 DISCO、Catalyst、LigandScout）。另一种构象叠合方法是 FlexS 算法。当应用 FlexS 算法时，柔性化合物首先被拆分为片段，随后锚定片段以与参考分子相互作用类似的方式进行叠合，然后柔性分子的剩余片段被逐渐加入。分子的柔性得到充分考虑以保证叠合构象是能量较低的构象。

③指定药效团特征。分子匹配药效团的难易程度，由药效团模型中定义的药效特征数量以及药效团模型的容忍性决定。此外，分子能否匹配药效团还与分子的构象有关。当用于构建药效团模型的化合物的构象改变后，分子可能无法匹配该药效团。因此，为了增加分子匹配药效团模型的可能性，该分子需要生成一组构象系综。定义实用的药效团模型的困难在于，药效团模型只包括与靶点结合必需的关键药效团元素。

④对配体构象进行叠合从而获得药效团模型。

（3）构效关系筛选　通过 SAR 分析可确定引起药物分子生物学反应的主要化学基团，通过对化学结构进行修饰来影响该化学基团的生物活性。药物学家通常使用化学合成和计算药物设计技术，在生物活性分子中插入新的化学基团或改变现有的基团，并测试改变（增加或减少）的生物反应。SAR 信息主要是通过试验确定化合物生物活性随结构的变化而得到的，SAR 假设相似结构的分子具有相似的活性，这是因为相似的化合物可能具有相似的化学或物理性质。QSAR 是化学结构与生物活性之间的数学关系。SAR 假设的基础是结构相似的分子具有相似的功能（活性），而 QSAR 则假设不同分子的生物活性（活性相似）可以根据其结构组分的特征进行定量比较。QSAR 分析涉及的步骤包括数据集准备、结构优化、分子描述符的计算和选择、相关模型的建立、评估和验证。

（4）谱效关系筛选 谱效关系筛选方法与关系挖掘与提取息息相关，应将关系挖掘完全并总结规律，根据规律寻找具有相同规律的受体。主要思路是通过主成分分析找到关键化合物，对化合物进行构效建模、药效团建模等分析方法构建并筛选分子。

2 虚拟筛选常用数据库及工具

Web 工具按照药物设计策略的不同分为两种类型：一是基于配体的虚拟筛（ligand-based virtualscreening，LBVS），二是基于受体的虚拟筛选（structure-based virtual screening，SBVS）。LBVS 的主要方法是 2D 相似度搜索、药效团建模，QSAR 模型和形状/字段比对。SBVS 主要涉及分子对接、各种打分方法和自由能的计算。

2.1 基于配体的虚拟筛选 Web 工具

（1）具有 2D 相似性检索的在线化合物库
①ChEMBL 注释化合物数据库：
https：//www. ebi. ac. uk/chembl。
②DrugBank 药物数据库：
https：//www. drugbank. ca/。
③HMDB 人类代谢组数据库：
http：//www. hmdb. ca。
④PubChem 注释化合物数据库：
https：//pubchem. ncbi. nlm. nih. gov。
⑤SuperDRUG 2 药物数据库：
http：//cheminfo. charite. de/superdrug2。
⑥SureCheMBL 分子数据库：
https：//www. surechembl. org。
⑦ZINC 市售化合物数据库：
http：//zinc15. docking. org。
（2）具有 2D/3D 相似性检索、结构多样性以及分子描述符计算的网站
①BRUSELAS 数据库与三维形状和药效团配体相似性搜索工具：
http：//bio-hpc. eu/software/Bruselas/。
②ChemDes 分子描述符和指纹计算工具：
http：//www. scbdd. com/chemdes/。
③ChemMine Tools 小分子相似度计算与聚类和物理性质计算工具：
https：//www. ebi. ac. uk/chembl。
④pepMMsMIMIC 数据库与药效团和形状拟肽配体相似性搜索工具：
http：//mms. dsfarm. unipd. it/pepMMsMIMIC/。

⑤PharmaGist　药效团发生器：

https：//bioinfo3d. cs. tau. ac. il/PharmaGist/。

⑥Pharmit　数据库与药效团和分子形状配体相似性搜索工具：

http：//pharmit. csb. pitt. edu。

⑦Rchempp　在 ChEMBL 中的配体相似性搜索工具：

http：//shiny. bioinf. jku. at/Analoging/。

⑧SwissSimilarity　复合数据库与二维和三维配体相似性搜索工具：

http：//www. swisssimilarity. ch/。

⑨USR-VS　数据库与分子形状配体相似性搜索工具：

http：//usr. marseille. inserm. fr/。

⑩ZINCPharmer　数据库与药效团配体相似性搜索工具：

http：//zincpharmer. csb. pitt. edu/。

（3）机器学习模型以及基于配体的虚拟筛选网站

①ChemSAR　使用机器学习建立 SAR 模型：

http：//chemsar. scbdd. com/。

②DPubChem　机器学习/QSAR：

https：//www. cbrc. kaust. edu. sa/dpubchem/。

③DeepScreening　虚拟筛选的深度学习模型构建，以及查找化合物是否可以绑定到选定的目标：

http：//deepscreening. xielab. net/。

④MLViS　机器学习/QSAR：

http：//www. biosoft. hacettepe. edu. tr/MLViS/。

⑤OCHEM　机器学习/QSAR：

http：//www. ochem. eu。

（4）基于配体的靶标预测或疾病/靶标筛选预测网站

①Anglerfish　使用一个或多个指纹进行目标挖掘：

http：//anglerfish. urv. cat/anglerfish/。

②ChemProt-3　使用一个或多个指纹进行目标挖掘：

http：//potentia. cbs. dtu. dk/ChemProt/。

③DIA-DB　治疗糖尿病药物的相似性搜索：

http：//bio-hpc. eu/software/dia-db/。

④HitPickV2　具有药效团和分子形状配体相似性搜索工具的数据库（已关闭）：

http：//mips. helmholtz-muenchen. de/HitPi ckV2/target _ prediction. jsp。

⑤MolTarPred　使用二维相似度搜索的目标分析：

http：//moltarpred. marseille. inserm. fr/。

⑥MuSSel　使用二维相似度搜索的目标分析：

http：//mussel. uniba. it：5000/。

⑦PPB2　多药理学浏览器，目标预测结合最近邻算法与机器学习：

http：//gdbtools. unibe. ch：8080/PPB/。

⑧RFQSAR　基于配体的筛选和机器学习：

http：//rfqsar. kaist. ac. kr。

2.2　基于受体的虚拟筛选 Web 工具

①ACFIS　基于片段的药物发现：

http：//chemyang. ccnu. edu. cn/ccb/server/ACFIS/。

②CaverWeb　使用 Vina 对接蛋白质隧道和通道：

https：//loschmidt. chemi. muni. cz/caverweb/。

③DOCK Blaster　使用 DOCK 3. 6 开展分子对接：

http：//blaster. docking. org/。

④DOCKovalent　利用共价键进行分子对接：

http：//covalent. docking. org/。

⑤DockThor　虚拟筛选，用 MMFF94S 力场得分，版本 2 也可以处理短肽：

https：//dockthor. lncc. br/v2/。

⑥EasyVS　虚拟筛选与自动评分和 NNScore：

https：//easyvs. unifei. edu. br/。

⑦e-LEA3D　全新设计，使用 PLANTS 方法对接：

https：//chemoinfo. ipmc. cnrs. fr/LEA3D/index. html。

⑧ezCADD　对接 Vina 或 Smina，用于虚拟筛选。蛋白质与配体之间的相互作用可以用 ezLigPlot 进行可视化。其他的工具也可以作为测试版，如谱图搜索。

http：//dxulab. org/software。

⑨iScreen　使用 PLANTS 方法对接：

http：//iscreen. cmu. edu. tw/basic. php。

CHAPTER 4

饲用天然活性物质的提取、鉴定及定量方法研究

沙葱黄酮的提取工艺和结构鉴定方法研究

1 沙葱黄酮类化合物提取工艺优化

1.1 黄酮类化合物测定方法的建立

1.1.1 试验材料

沙葱采摘自内蒙古鄂尔多斯市鄂托克旗天然牧场，由内蒙古农业大学草原与资源环境学院鉴定。将新鲜沙葱样品洗净、65℃烘干、粉碎、过 80 目筛，按 1∶10 的比例加入石油醚进行脱脂脱色处理 24h，过滤、挥干石油醚后得沙葱脱脂脱色粉末，贮存备用。

芦丁标准品（贵州迪大科技有限责任公司）；NaOH、NaNO$_2$、Al（NO$_3$）$_3$·9H$_2$O、FeCl$_3$、镁粉、盐酸、无水乙醇均为国产分析纯。

旋转蒸发仪；Synergy H4 型全自动多功能酶标仪；电子分析天平；涡旋混匀机。

1.1.2 试验方法

（1）沙葱乙醇提取液的制备　准确称取经脱脂脱色处理后的沙葱粉末 2 g，加入浓度为 75％的乙醇溶液 60 mL，70℃回流提取 2 h，2 000 r/min 离心 10 min 后收集上清液，经旋转蒸发仪减压浓缩后准确定容至 50 mL 得沙葱乙醇提取液，−20℃贮存备用。

（2）沙葱乙醇提取液中黄酮类化合物的鉴定　根据黄酮类物质的鉴定方法，采取紫外线照射法、盐酸镁粉反应法、氢氧化钠反应法、三氯化铁反应法来初步判断沙葱乙醇提取液中是否含有黄酮类化合物。

①紫外线照射反应　取沙葱乙醇提取液几滴，滴在滤纸上，置于紫外灯下照射，观察其呈色反应，如有黄绿色荧光斑点，则表明有黄酮类化合物。

②盐酸镁粉反应　取沙葱乙醇提取液 3 mL 于试管中，以 75％乙醇为对照品，加入少量镁粉，振荡混匀后加入 5 滴浓盐酸，沸水加热 2 min 后观察颜色变化。

③氢氧化钠反应　取沙葱乙醇提取液适量，加入 5 mmol/L 氢氧化钠溶液，观察颜色变化。

④三氯化铁反应　将 1 g 三氯化铁溶于 100 mL 乙醇中制成 10 mg/mL 三氯化铁溶液。取沙葱乙醇提取液 3 mL 于试管中，滴加三氯化铁溶液，观察颜色变化（必要时可稍微加热）。

（3）测定波长的选择　准确称取经 105℃烘干至恒重的芦丁标准品 6 mg，用 95％乙醇溶解并定容至 10 mL，得 0.6 mg/mL 的芦丁标准品原液。分别取 300 μL 芦丁标准品原液、沙葱乙醇提取液，以 75％乙醇为空白对照，加入 20％的 NaNO$_2$ 溶液 30 μL，充分混匀后反应 3 min；加入 40% Al（NO$_3$）$_3$ 溶液 40 μL，充分混匀并反应 3 min 后加入 20% NaOH 溶液 100 μL，充分混匀反应 10 min，每管吸取 200 μL 测定各溶液在 400～700 nm 处的吸光度值，并绘制吸收曲线，确定芦丁标准品与沙葱乙醇提取液共同的最大吸收峰。

（4）标准曲线的绘制　准确吸取 0、0.1、0.2、0.3、0.4、0.5、0.6、0.7、0.8、0.9、1.0 mL 芦丁标准品原液于 2 mL 刻度离心管中，分别加入 1.0、0.9、0.8、0.7、0.6、0.5、0.4、0.3、0.2、0.1、0 mL 95% 乙醇后混匀，得不同浓度的芦丁标准品溶液；分别吸取 300 μL 不同浓度的芦丁标准品溶液于新 EP 管中，按照（3）中方法进行反应；反应结束后每管吸取 200 μL 样品于 510 nm 处测定吸光度值并编号，根据吸光度值和芦丁标准品溶液浓度绘制标准曲线，标准曲线浓度梯度见表 1。

表 1　标准曲线浓度梯度

编号	1	2	3	4	5	6	7	8	9	10
芦丁浓度（mg/mL）	0.06	0.12	0.18	0.24	0.30	0.36	0.42	0.48	0.54	0.60

（5）沙葱乙醇提取液中黄酮含量测定方法的建立　按照（4）中方法进行反应，反应结束后每管吸取 200 μL 样品于 510 nm 处测定吸光度值，根据标准曲线计算黄酮含量。

（6）试验方法评估　分别进行精密度试验、重复性试验、稳定性试验来评估此试验方法。

①精密度试验　准确吸取同一沙葱乙醇提取液，用（4）中方法测定其 510 nm 处吸光度值 5 次（$n=5$），评估试验方法的精密度。

②重复性试验　精密称取同一批脱脂脱色沙葱粉末样品 5 份，分别按照（1）中方法制备沙葱乙醇提取液，按照（4）中方法测定其 510 nm 处吸光度值（$n=5$），考察试验方法的重复性。

③稳定性试验　精密称取脱脂脱色沙葱末 2 g，按照（1）中方法获得沙葱乙醇提取液，按照（4）中方法进行反应，反应结束后 30 min 内每隔 5 min 取 200 μL 反应液在 510 nm 处测定一次吸光度值（$n=5$），考察反应所得产物的稳定性。

（7）数据分析　用 Excel 初步处理试验所得数据后，用 SAS9.0 软件进行统计分析，以平均数±标准差表示（$\bar{x}\pm$SD），$P<0.05$ 表示差异显著，$P>0.05$ 表示差异不显著，$P<0.01$ 表示差异极显著。

1.2　试验结果与分析

1.2.1　沙葱乙醇提取物中黄酮类化合物的鉴定

分别采用紫外线照射反应法、盐酸-镁粉反应法、氢氧化钠反应法、三氯化铁反应法对沙葱乙醇提取液中黄酮类物质进行鉴定，结果见表 2。紫外线照射反应试验中滤纸滴加沙葱乙醇提取物后呈现黄绿色微亮的荧光斑点，表明沙葱乙醇提取物中含有黄酮类化合物，但荧光较弱，原因可能是提取液中黄酮类物质含量较低。

　　盐酸-镁粉反应试验中，在沙葱乙醇提取物中加入少量镁粉后无显著的变化，但加入浓盐酸并加热后溶液中出现微量的砖红色沉淀，且沉淀逐渐变成棕红色，表明溶液中含有黄酮类化合物，且主要成分是黄酮和黄酮醇类物质。

　　氢氧化钠反应试验中，沙葱乙醇提取物在强碱性环境下颜色由黄色逐渐加深而呈棕黄色，提示溶液中含有黄酮类化合物。

　　三氯化铁反应试验中，沙葱乙醇提取物中加入1%三氯化铁溶液后会出现墨绿色沉淀，反应速度较快且直观，表明溶液中含有黄酮类化合物。

　　综合分析各检测结果说明沙葱乙醇提取液中含有黄酮类物质，可以进行后续试验研究。

表 2　颜色反应试验结果

项目	紫外线照射法	盐酸-镁粉反应法	氢氧化钠反应法	三氯化铁反应法
试剂		盐酸、镁粉	氢氧化钠	三氯化铁
现象	黄绿色荧光	棕红色	棕黄色	墨绿色
结论	含有黄酮类物质	含有黄酮类物质	含有黄酮类物质	含有黄酮类物质

1.2.2　测定波长的选择

　　各样品在400～700 nm波长处的扫描结果如图1（彩图9）所示。可知空白对照组在测定波长范围内无吸收峰出现，沙葱乙醇提取液在500～520 nm处出现了较为明显的吸收峰，此峰出现位置与芦丁标准品溶液吸收峰出现的位置相符。因此判断此方法可以使芦丁以及样品中的黄酮类物质的吸收峰移至510 nm附近，可以用于黄酮类化合物的测定。

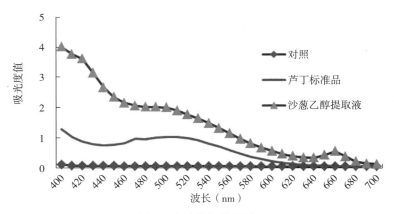

图 1　全波长扫描结果

1.2.3　标准曲线的绘制

　　测定不同浓度芦丁标准品溶液按照（4）中方法进行反应后，在510 nm处测定吸光度值，以芦丁标准品溶液浓度为横坐标，吸光度值为纵坐标，绘制标准曲线，结果如图2所示。标准曲线的回归方程为 $y = 3.9038x + 0.3515$，回归方程中相关系数 $R^2 = 0.9998$，说明试验操作可行，回归方程可用。

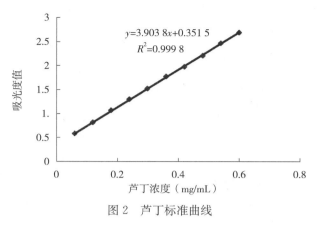

图 2　芦丁标准曲线

1.2.4　试验方法评估

（1）精密度试验　由表 3 可知，5 次反应的吸光度值无显著变化，各组之间差异不显著（$P > 0.05$），表明此试验方法精密度良好。

表 3　精密度试验结果

组别	1	2	3	4	5
吸光度值	2.399±0.029	2.365±0.017	2.328±0.053	2.385±0.031	2.324±0.048

注：以平均数±标准差表示（$\bar{x} \pm \mathrm{SD}$），同行数据后无肩注表示差异不显著（$P > 0.05$），$n = 5$。下同。

（2）重复性试验　由表 4 可知，5 次测定结果之间差异不显著（$P > 0.05$），说明此试验方法重复性较好。

表 4　重复性试验结果

项目	不同组别试验结果				
	1	2	3	4	5
称样量（g）	2.00	2.00	2.00	2.00	2.00
吸光度值	2.487±0.018	2.535±0.032	2.463±0.041	2.452±0.072	2.491±0.053

（3）稳定性试验　由表 5 可知，30 min 内芦丁标准品溶液的各次吸光度值无显著变化（$P > 0.05$），说明本试验中反应最终产物稳定性良好，吸光度值不会随着时间的变化而改变，因此可以将此试验方法用于测定沙葱中黄酮类物质的含量。

表 5　稳定性试验结果

时间（min）	5	10	15	20	25	30
吸光度值	2.570±0.022	2.567±0.013	2.565±0.058	2.568±0.026	2.563±0.075	2.564±0.051

1.3　讨论

黄酮类化合物的基本骨架为 2-苯基色酮，在母核结构中有碱性氧原子，而外部结构中又有酚性羟基，因此也可以认为黄酮类化合物是一类酚类衍生物。其分子结构中母核上的碱性氧原子及酚羟基可以与一些还原剂产生颜色反应，也可以与一些金属离子络合产生有色络合物。可用肉眼进行观测，且操作方法简单，在黄酮类化合物提取试验中被用于黄酮类化合物的快速鉴定工作。本试验中分别采用紫外线照射法、盐酸-镁粉反应法、氢氧化钠反应法、三氯化铁反应法对沙葱乙醇提取液中黄酮类物质进行鉴定，各反应结果均显示沙葱乙醇提取液中含有黄酮类物质，综合分析后确定沙葱乙醇提取液中含有黄酮类物质。

本试验建立的沙葱黄酮类化合物含量测定方法的依据是黄酮类化合物的分子结构中，苯甲酰基和桂皮酰基组成的共轭体系在 200～400 nm 处存在两个紫外线吸收带峰带 Ⅰ（300～400 nm）和峰带 Ⅱ（220～280 nm），而在中性或弱碱性及亚硝酸钠存在的条件下，与铝盐生成螯合物，加入氢氧化钠溶液后显橙红色，在 510 nm 波长左右有较强的吸收峰且符合定量分析的比尔定律。此方法因操作简单、方便快捷，常常被用于测定黄酮类化合物的含量。以芦丁为标准品，使用分光光度计分别用三氯化铝法与亚硝酸钠-硝酸铝法对枳椇子提取物中总黄酮的含量进行测定，结果发现三氯化铝法在 412 nm 处检测枳椇子提取物中总黄酮的质量分数为 1.27％；亚硝酸钠-硝酸铝-氢氧化钠在 499 nm 处检测枳椇子提取物中总黄酮质量分数为 1.25％，两者无显著性差异，证明此两种方法均可用于黄酮类化合物的检测与测定。通过亚硝酸钠-硝酸铝处理样品后在碱性环境下显色的原理研究筛选出保健品中总黄酮的测定方法，证明亚硝酸钠-硝酸铝方法是保健品中总黄酮测定较为理想的方法之一。

酶标仪作为近几年新兴的科研仪器，其优点在于操作简便快捷、精准度高、灵敏度高、反应迅速、最大限度地节省了时间并减少了样品和试剂的用量，目前已成为科学研究必不可少的仪器。本试验将传统的使用分光光度法检测黄酮类化合物含量的方法加以改进，使用多功能酶标仪对反应产物进行检测，通过精密度试验、重复性试验和稳定性试验确定该方法效果良好。

1.4 小结

本研究建立的采用酶标仪测定沙葱乙醇提取物中黄酮物质含量的方法稳定可靠，可以用于后续试验研究。

2 超声波法提取沙葱总黄酮工艺优化

2.1 试验材料与方法

2.1.1 试验材料

试验材料同本文 1.1.1。

试验仪器除本文 1.1.1 中仪器外，尚需：KQ300DE 超声波清洗机；150 mL 锥形瓶；离心机；恒温水浴锅；冷冻干燥机。

2.1.2　试验方法

（1）沙葱总黄酮得率的测定　　测定方法使用沙葱乙醇提取液中黄酮含量测定方法进行沙葱总黄酮含量的测定。沙葱总黄酮得率计算公式如下：

$$得率（mg/g）= \frac{C \times N \times V}{M}$$

式中，C 为测定液总黄酮含量（mg/mL）；N 为稀释倍数；V 为样品体积（mL）；M 为原料质量（g）。

（2）超声波法提取沙葱总黄酮单因素考察试验

①提取功率对沙葱总黄酮得率的影响　　分别取 1 g 脱脂脱色沙葱粉末，按照料液比 1：30 加入 75％乙醇，40℃超声波提取 20 min，超声波提取功率分别为总功率的 50％、60％、70％、80％、90％。每组 5 个重复。将所得产物经 2 000 r/min 离心 10 min 去除沉淀，收集上清液后置于旋转蒸发仪减压浓缩至浸膏状并定容至 5 mL。按照得率计算公式计算沙葱总黄酮得率。

②料液比对沙葱总黄酮得率的影响　　分别取 1 g 脱脂脱色沙葱粉末，分别按照料液比 1：10、1：20、1：30、1：40、1：50 加入 75％的乙醇溶液，选取超声波功率为 60％总功率，40℃超声波提取 20 min，得沙葱总黄酮，每组 5 个重复。将所得产物经 2 000 r/min 离心 10 min 去除沉淀，收集上清液后置于旋转蒸发仪减压浓缩至浸膏状并定容至 5 mL。按照得率计算公式计算沙葱总黄酮得率。

③乙醇浓度对沙葱总黄酮得率的影响　　分别取 1 g 脱脂脱色沙葱粉末，按照料液比为 1：30，分别加入 55％、65％、75％、85％、95％的乙醇溶液，选取超声波功率为 60％总功率，40℃超声波提取 20 min，得沙葱总黄酮，每组 5 个重复。将所得产物经 2 000 r/min 离心 10 min 后去除沉淀，收集上清液后置于旋转蒸发仪减压浓缩至浸膏状并定容至 5 mL。按照得率计算公式计算沙葱总黄酮得率。

④提取时间对沙葱总黄酮得率的影响　　分别取 1 g 脱脂脱色沙葱粉末，按照料液比为 1：30 加入 75％的乙醇溶液，选取超声波功率为 60％总功率，40℃条件下分别超声波提取 5、10、15、20、25 min，得沙葱总黄酮，每组 5 个重复。将所得产物经 2 000 r/min 离心 10 min 去除沉淀，收集上清液后置于旋转蒸发仪减压浓缩至浸膏状并定容至 5 mL。按照得率计算公式计算沙葱总黄酮得率。

⑤提取温度对沙葱总黄酮得率的影响　　分别取 1 g 脱脂脱色沙葱粉末，按照料液比为 1：30 加入 75％的乙醇溶液，选取超声波功率为 60％总功率，温度分别为 20、40、60、80、100℃超声波提取 20 min，得沙葱总黄酮，每组 5 个重复。将所得产物经 2 000 r/min 离心 10 min 去除沉淀，收集上清液后置于旋转蒸发仪减压浓缩至浸膏状并定容至 5 mL。按照得率计算公式计算沙葱总黄酮得率。

（3）响应面法优化超声波法提取沙葱总黄酮提取工艺　　在单因素试验的基础上，根据 Box-Behnken 中心组合设计原理，选择 A（乙醇浓度）、B（料液比）、C（提取时间）为影响因素，设计三因素三水平的响应面分析方案（表6），对沙葱总黄酮提取工艺进行优化。

表6　沙葱总黄酮响应面分析因素与水平

因素	水平		
	−1	0	1
A：乙醇浓度（%）	65%	75%	85%
B：料液比	1∶20	1∶30	1∶40
C：提取时间（min）	10	15	20

（4）数据处理与统计学分析　响应面分析采用 Design Expert V8.0.6 软件进行多元回归分析，其他数据结果用 Excel 初步处理试验所得数据后，用 SAS 9.0 软件进行统计分析，采用单因素方差分析，以平均数±标准差表示（$\bar{x}\pm$SD），$P<0.05$ 为差异显著，$P<0.01$ 为差异极显著，$P>0.05$ 表示差异不显著。

2.2　试验结果与分析

2.2.1　提取功率对沙葱总黄酮得率的影响

由图 3 可知，在其他条件不变的情况下，随着超声波提取功率的增加沙葱总黄酮得率略呈现先升高后降低的趋势，超声波功率为 70% 时达到最大，后逐渐降低。这可能是因为超声波功率在 50%~80% 时可以使沙葱的细胞壁破碎，将胞内黄酮类化合物释放溶入提取介质内；而当超声波功率超过 80% 时，超声波不仅使沙葱的细胞壁破碎，也使溶入介质内的黄酮类化合物分解，造成黄酮得率的下降。而且大功率的超声波还会损坏试验仪器，对环境造成极大

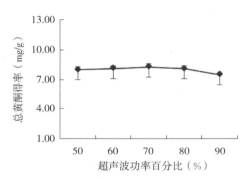

图 3　超声波提取率对沙葱总黄酮得率的影响

的噪声污染。考虑 50%~80% 的超声波提取功率所得总黄酮得率差异并不明显，因此在后续的试验中选择 60% 超声波功率作为沙葱总黄酮提取功率。

2.2.2　料液比对沙葱总黄酮得率的影响

由图 4 可知，在其他条件不变的情况下，随着料液比的增加，沙葱总黄酮得率显著升高，当料液比达到 1∶30 后沙葱总黄酮得率不再变化。这一结果可能与沙葱中黄酮类化合物在 75% 乙醇中的溶解度有关，当料液比较小时，沙葱中黄酮类化合物只有少部分溶于乙醇溶剂中，其余仍停留在细胞内，造成总黄酮得率较低。随着乙醇用量的增加，总黄酮得率明显升高。当料液比达到 1∶30 之后，沙葱粉末中所含的黄酮类化合物尽数

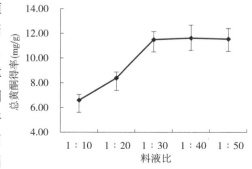

图 4　料液比对沙葱总黄酮得率的影响

被溶解出来，之后再增加乙醇用量，总黄酮得率无显著增加。这说明沙葱总黄酮提取的最适

料液比为 1∶30 左右，因此选择料液比 1∶20、1∶30、1∶40 为响应面试验的中心值。

2.2.3 乙醇浓度对沙葱总黄酮得率的影响

由图 5 可知，在其他条件不变的情况下，随着乙醇浓度的升高，总黄酮得率呈先上升后下降的趋势，当乙醇浓度为 75％ 时沙葱总黄酮得率最高，此后随着乙醇浓度的升高，沙葱总黄酮得率呈逐渐下降趋势，其中 75％ 乙醇的沙葱总黄酮得率明显高于其他试验组。由于黄酮类化合物在植物体内多以黄酮苷的形式存在，黄酮苷具有一定的亲水作用，而黄酮具有一定的疏水作用，因此乙醇浓度与黄酮类化合

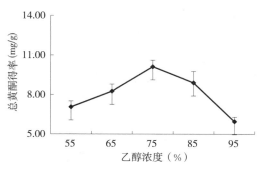

图 5　乙醇浓度对沙葱总黄酮得率的影响

物的分离效果并不呈正相关关系。本试验中沙葱总黄酮在 75％ 乙醇浓度时得率最高，因此选择 65％、75％、85％ 为响应面试验的中心值。

2.2.4 提取时间对沙葱总黄酮得率的影响

由图 6 可知，在其他条件不变的情况下，随着提取时间的增加沙葱总黄酮得率逐渐升高，15 min 后沙葱总黄酮得率增加情况趋于稳定，说明提取 15 min 左右可将沙葱中的总黄酮全部提取出来，此后再增加提取时间也不会使总黄酮得率升高。因此选择 10、15、20min 作为响应面反应试验的中心值。

2.2.5 提取温度对沙葱总黄酮得率的影响

由图 7 可知，在其他条件不变的情况下，随着提取温度的升高，沙葱总黄酮得率逐渐增加，当温度达到 70℃ 之后总黄酮得率下降。出现这一现象的原因可能是温度在 10℃ 时物质能量较低，分子活动缓慢使溶剂不能在有限的时间内将原料中的黄酮类化合物全部分离提取出来，而随着温度的逐渐升高，溶液的分子运动加强，沙葱细胞内的黄酮类化合物溶解性加大，使总黄酮得率逐渐升高。但不同温度下沙葱总黄酮得率变化并不明显，且温度过高会对超声波清洗机的元件造成一定的损害。因此在后期的试验研究中以机器运转最佳温度 40℃ 作为超声波提取沙葱总黄酮工艺的提取温度。

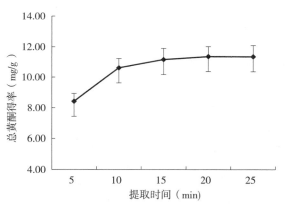

图 6　超声波提取时间对沙葱总黄酮得率的影响

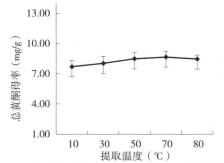

图 7　超声波提取温度对沙葱总黄酮得率的影响

2.2.6   响应面分析结果

响应面分析方案与结果见表7。试验设计中共有17个试验点，分别为：①析因点，即自变量取值在A、B、C构成的三维顶点，析因点共有12个；②零点，即区域的中心点，共有5个，旨在评估试验误差。以沙葱总黄酮得率为响应值，经过回归拟合后所得各个试验因素对沙葱总黄酮得率的回归方程为：

$$y = 12.87 + 0.25A + 0.37B + 0.24C - 0.059AB + 0.72AC -$$
$$0.25BC - 2.27A^2 - 1.37B^2 - 0.89C^2$$

表7   沙葱总黄酮响应面分析方案与结果

试验点	因素			总黄酮得率
	A （%）	B （g/mL）	C （min）	（y，mg/g）
1	−1	−1	0	8.823
2	1	−1	0	9.431
3	−1	1	0	9.135
4	1	1	0	9.507
5	−1	0	−1	9.748
6	1	0	−1	8.822
7	−1	0	1	9.139
8	1	0	1	11.112
9	0	−1	−1	9.653
10	0	1	−1	11.427
11	0	−1	1	10.274
12	0	1	1	11.06
13	0	0	0	12.561
14	0	0	0	12.701
15	0	0	0	13.148
16	0	0	0	13.021
17	0	0	0	12.911

对回归模型进行方差分析可知（表8），该模型回归显著（$P < 0.0001$），失拟项不显著（$P = 0.0773$），并且该模型决定系数 $R^2 = 0.9743$，表明自变量与响应值之间的模型关系显著，该模型能够解释97.43%的响应值变化，说明回归方程与实际情况拟合良好，可以用此模型来分析和预测沙葱总黄酮的超声波提取结果。F值可以反映各因素对试验指标影响的重要性，由F值得到影响因素贡献率为：B>A>C，即料液比>乙醇浓度>提取时间。对模型各项进行方差分析可知，模型中一次项B（料液比）对沙葱总黄酮提取率的影响显著（$P < 0.05$）；一次项A（乙醇浓度）、C（提取时间），以及交互项AB、BC对沙葱总黄酮提取率的影响不显著（$P > 0.05$）；交互项AC、A^2、B^2、C^2对沙葱总黄酮提取率的影响极显著（$P < 0.01$）。

表8　回归模型方程的方差分析

项目	平方和	自由度	均方	F 值	P 值
模型	40.630 0	9	4.510 0	29.520 0	<0.000 1
A	0.51	1	0.51	3.36	0.109 5
B	1.09	1	1.09	7.1	0.032 2
C	0.47	1	0.47	3.06	0.123 7
AB	0.014	1	0.014	0.091	0.771 6
AC	2.1	1	2.1	13.74	0.007 6
BC	0.24	1	0.24	1.6	0.247
A^2	21.72	1	21.72	142.03	<0.000 1
B^2	7.94	1	7.94	51.9	0.000 2
C^2	3.35	1	3.35	21.9	0.002 3
剩余项	1.07	7	0.15		
失拟项	0.84	3	0.28	4.99	0.077 3
纯误差	0.23	4	0.056		
总和	41.70	16		$R^2=0.974\ 3$	

　　乙醇浓度、料液比以及提取时间对沙葱总黄酮提取率的响应面分析结果见图8至图10（彩图10至彩图12），其中等高线的形状可直观地反映交互效应的强弱，圆形表示二因素交互作用不显著，椭圆形表示二因素交互作用显著。图8所示为固定提取时间在0水平，乙醇浓度与料液比对沙葱总黄酮提取率的影响。乙醇浓度与料液比之间的等高线近似为圆形，可知乙醇浓度与料液比之间无显著的交互作用。随着料液比和乙醇浓度的增加，沙葱总黄酮提取率逐渐升高，当乙醇浓度为75％左右、料液比为1∶30左右提取率达到最大，此后随着乙醇浓度的升高沙葱总黄酮提取率反而降低。

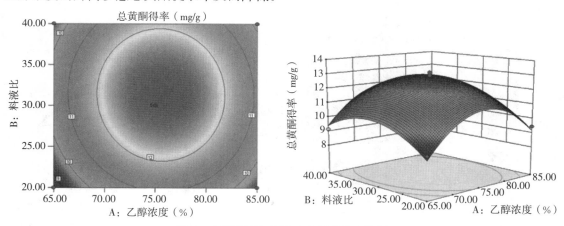

图8　乙醇浓度与料液比之间的交互作用

　　图9所示为固定乙醇浓度在0水平，料液比与提取时间对沙葱总黄酮提取率的影响。料液比与提取时间的等高线为圆，说明二者间交互作用不显著。低剂量的乙醇不能使沙葱中所

有的黄酮类化合物分离出来，因此在料液比较低时显示沙葱总黄酮的提取率较低，随着料液比的增加，总黄酮的提取率逐渐升高，当料液比达到 1：30 左右时总黄酮全部被提取出来，再增加乙醇的用量并不能增加黄酮的提取效率，因此曲线表现平稳。但长时间超声波提取会破坏溶液中黄酮类物质的结构，使黄酮类化合物的得率下降。

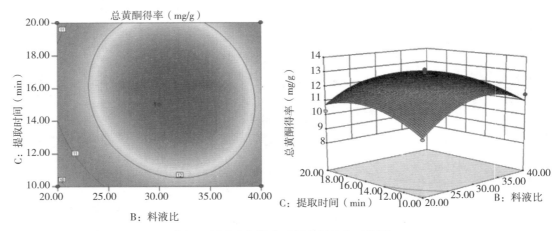

图 9　料液比与提取时间之间的交互作用

图 10 所示为固定料液比为 0 水平，提取时间与乙醇浓度对沙葱总黄酮提取率的影响。提取时间与乙醇浓度之间等高线为椭圆，表示二者交互作用显著。随着乙醇浓度的增加，沙葱总黄酮的提取率逐渐升高，在乙醇浓度为 75％左右时存在最大值，之后乙醇浓度继续升高而沙葱总黄酮的提取率逐渐下降。延长提取时间可以一定程度的增加提取率，但最终提取率出现下降，原因可能与沙葱总黄酮的分子结构极性有关，过高或过低的乙醇浓度不利于沙葱总黄酮的溶解。而超声波提取时间过长会导致已经被提取分离出来的沙葱总黄酮结构遭到破坏，从而导致总黄酮得率下降。

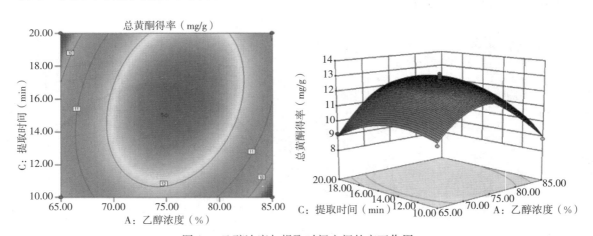

图 10　乙醇浓度与提取时间之间的交互作用

通过数据分析得到超声波法提取沙葱总黄酮的理论最佳工艺参数为：提取时间 15.76min，乙醇浓度 75.78％，料液比 1：31.19，此条件下预测沙葱总黄酮最大得率为

12.92mg/g。

2.2.7 最佳工艺验证

实际应用中，对超声波法提取沙葱总黄酮的最佳工艺参数进行适当的调整，之后对同一批脱脂脱色沙葱粉末进行验证试验（$n=5$），结果见表9。调整后沙葱总黄酮得率为（12.85±0.03）mg/g，与理论预测值接近，说明此模型及提取工艺可操作性强，结果稳定可靠，可以用于沙葱总黄酮的提取。

表9 验证试验结果

项目	提取时间（min）	乙醇浓度（%）	料液比	总黄酮得率（mg/g）
最佳工艺参数	15.76	75.78	1∶31.19	12.92[a]
实际工艺参数	15	75	1∶30	12.85±0.03[a]

注：以平均数±标准差表示（$\bar{x}\pm SD$），数据后肩注小写字母相同表示差异不显著（$P>0.05$），$n=5$。

2.3 讨论

超声波法提取是利用超声波产生的强烈振动、空化效应使物质分子运动的速度与频率加快，促使提取成分的扩散与乳化速度增加，同时使植物细胞更容易破裂，从而增加提取溶剂的穿透力，最终使有效成分快速地溶入提取剂中。因此超声波提取的最大优点就是提取时间短、提取效率高。常用的超声波提取机器有超声波细胞破碎仪、超声波清洗机以及超声波循环提取机等。在实际的操作过程中，超声波产生的噪声会对机体产生一定的危害，使人体感觉不适，同时超声波提取过程中会产生一些活性较强的自由基与提取产物发生反应，造成提取产物的抗氧化或其他生理活性遭到破坏，从而使提取物活性降低甚至丧失，因此在正常的提取过程中一定要考虑产物活性的稳定性。一般情况下超声波功率越大、提取率越高，但高功率会导致自由基活性增强，因此在试验中要进行反复试验，确定提取率较高且活性保存完好的最佳提取工艺参数。超声波提取法得到了非常深入与广泛的研究，目前已经用于多种植物有效成分的提取。谢建华（2012）使用超声波法对芦笋皮中黄酮类化合物进行提取，确定其最佳提取工艺为100%超声波功率7，使用80%乙醇，料液比为1∶100，于75℃提取75 min。此时总黄酮得率为10.23 mg/g，进一步检测该法提取的黄酮具有较好的抗氧化活性，且抗氧化活性强于芦丁和抗坏血酸。

响应面分析法是一种优化反应条件和工艺参数的有效方法，广泛应用于化学化工、生物工程、食品工业等方面。通过合理的试验设计，将试验数据用多元二次回归方程进行函数统计，对多因子试验中因子与指标的相互关系用多项式近似拟合，能够精确地研究各因子与响应值之间的关系，对函数的响应面和等高线进行分析可得到最佳工艺参数。与正交试验相比，该法求得的回归方程精度更高，试验周期更短，同时还能研究多个因素之间的交互作用。其与正交试验设计法不同，具有试验周期短、求得的回归方程精度高、能研究几种因素间交互作用等优点。合理的试验设计方法首先需要通过单因素试验筛选出对响应值有较大影响的因素，再根据因素水平和试验点的不同选择合适的设计方法。常见的试验设计方法有

BBD 设计、三水平因子设计、星点设计和 Doehlert 设计，其中 BBD 设计具有所需的试验次数相对较少、效率更高、所有的影响因素不会同时处于高水平、所有的试验点都落在安全操作区域内等优点，因此 BBD 设计被广泛应用。在单因素试验基础上，根据中心组合（Box-Benhnken）试验设计原理，采用三因素三水平的响应面分析法对超声波法提取黑穗醋栗叶片黄酮的提取工艺进行优化，所得工艺条件为：液料比 15∶1（mL/g）、超声波功率 520 W，提取时间 30 min，所得黄酮提取量为 4.59 mg/g。研究确定超声波法提取荔枝核黄酮类化合物的最佳工艺条件为：料液比 1∶15、乙醇浓度 50%，加热至 100℃提取 60 min。在单因素试验基础上，使用 BBD 设计研究超声波保留率、提取时间和提取温度作为优化因素对苦白蹄中总三萜超声波提取工艺参数进行优化分析，确定了总三萜超声波提取的最优工艺参数为：在超声波频率为 70 Hz 的条件下，于 40℃提取 35 min 时苦白蹄总三萜的提取率最高，并证明使用此方法提取所得苦白蹄总三萜的实测得率与响应面拟合所得方程的预测值符合良好，可用于苦白蹄总三萜的提取研究。根据 BBD 设计原理采用响应面法分析优化了乙醇溶剂提取三叶青中总黄酮的工艺条件，得出以乙醇浓度、液料比及提取时间为影响因素，总黄酮提取率为响应值的数学模型和工艺参数，并通过试验证明了响应面分析法优选出的工艺稳定、合理、可行。以荷叶粉为原料，使用单因素和响应面分析法考察并优化了超声波提取荷叶总黄酮的提取工艺参数，得出响应面分析法优化工艺参数所得荷叶总黄酮得率比单因素试验获得的荷叶总黄酮得率高 4.4%。本试验参考以前的研究方法，在单因素试验的基础上根据 BBD 设计原理对超声波提取沙葱总黄酮的提取工艺参数进行优化，得出了最佳工艺参数。

2.4 小结

超声波提取沙葱总黄酮的最佳工艺参数：料液比为 1∶30、乙醇浓度为 75%、提取时间为 15 min、提取温度为 40℃。经试验验证，此工艺条件下沙葱总黄酮的实际提取率为（12.85±0.03）mg/g，接近理论最大提取率 12.92 mg/g，提取效果良好，可以用于后续试验研究。

3 纤维素酶解法提取沙葱总黄酮工艺优化

3.1 试验材料与方法

3.1.1 试验材料

（1）试验样品与试剂 除 1.1.1 中所需试验试剂外，尚需：纤维素酶（l0012-5 Cellulose R-10）、一水合柠檬酸、$Na_2HPO_4 \cdot 12H_2O$（国产分析纯）。

0.2 mol/L Na_2HPO_4 母液的配制：准确称取 71.63 g $Na_2HPO_4 \cdot 12H_2O$ 溶于水后定容至 1 L。

0.1 mol/L 柠檬酸母液的配制：准确称取一水合柠檬酸 21.01 g 溶于水中定容至 1 L。

不同 pH 的柠檬酸-磷酸氢二钠缓冲溶液的配制如表 10 所示。

表 10 不同 pH 的柠檬酸-磷酸氢二钠缓冲溶液的配制方法

pH	0.2 mol/L Na_2HPO_4（mL）	0.1 mol/L 柠檬酸（mL）
2.4	1.24	18.67
3.4	5.70	14.30
4.4	8.82	11.18
5.4	11.15	8.85
6.4	13.85	6.15

（2）试验仪器　同"超声波法提取沙葱总黄酮工艺优化"的试验仪器。

3.1.2　试验方法

（1）沙葱总黄酮得率的测定　按照"超声波法提取沙葱总黄酮工艺优化"中的得率计算公式计算。

（2）纤维素酶解法提取沙葱总黄酮单因素考察试验

①纤维素酶添加量对沙葱总黄酮得率的影响　分别称取 0.1 g 脱脂脱色的沙葱粉末置于 15 mL 离心管中，按照料液比为 1∶50 加入 75%乙醇，纤维素酶的添加量分别为 1.5、3、4.5、6、7.5 mg/mL，调节溶液 pH 为 4.4，在 40℃条件下酶解 2 h 进行沙葱总黄酮的提取，提取完毕后马上将试管放入沸水中煮沸 5 min，使酶灭活。所得产物以 2 000 r/min 离心 10 min 去除沉淀，将上清液经旋转蒸发仪浓缩至浸膏状并用 75%乙醇定容至 5 mL。按照得率计算公式计算沙葱总黄酮得率。

②体系 pH 对沙葱总黄酮得率的影响　分别称取 0.1 g 脱脂脱色的沙葱粉末置于 15 mL 离心管中，按照料液比为 1∶50 加入 75%乙醇，纤维素酶的添加量为 4.5 mg/mL，调节溶液 pH 分别为 2.4、3.4、4.4、5.4、6.4，在 40℃条件下酶解 2 h 进行沙葱总黄酮的提取，提取完毕后马上将试管放入沸水中煮沸 5 min，使酶灭活。所得产物以 2 000 r/min 离心 10 min 去除沉淀，将上清液经旋转蒸发仪浓缩至浸膏状并用 75%乙醇定容至 5 mL。按照得率计算公式计算沙葱总黄酮得率。

③酶解温度对沙葱总黄酮得率的影响　分别称取 0.1 g 脱脂脱色的沙葱粉末置于 15 mL 离心管中，按照料液比为 1∶50 加入 75%乙醇，纤维素酶的添加量为 4.5 mg/mL，调节溶液 pH 为 4.4，分别设置酶解温度为 30、40、50、60、70℃，酶解 2 h 进行沙葱总黄酮的提取，提取完毕后马上将试管放入沸水中煮沸 5 min，使酶灭活。所得产物以 2 000 r/min 离心 10 min 去除沉淀，将上清液经旋转蒸发仪浓缩至浸膏状并用 75%乙醇定容至 5 mL。按照得率计算公式计算沙葱总黄酮得率。

④酶解时间对沙葱总黄酮得率的影响　分别称取 0.1 g 脱脂脱色的沙葱粉末置于 15 mL 离心管中，按照料液比为 1∶50 加入 75%乙醇，纤维素酶的添加量为 4.5 mg/mL，调节溶液 pH 为 4.4，酶解温度为 40℃，分别酶解 1、2、3、4、5 h 进行沙葱总黄酮的提取，提取完毕后马上将试管放入沸水中煮沸 5 min，使酶灭活。所得产物以 2 000 r/min 离心 10 min 去除沉淀，上清液经旋转蒸发仪浓缩至浸膏状并用 75%乙醇定容至 5 mL。按照得率计算公

式计算沙葱总黄酮得率。

（3）响应面法优化纤维素酶解法提取沙葱总黄酮工艺　在单因素试验的基础上，根据 Box-Behnken 中心组合设计原理，选择 A（酶解温度）、B（酶解时间）、C（体系 pH）为影响因素，设计三因素三水平的响应面分析方案（表11），对沙葱总黄酮提取工艺进行优化。

表 11　沙葱总黄酮响应面分析因素与水平

因素	水平		
	−1	0	1
A：酶解温度（℃）	30	40	50
B：酶解时间（h）	2	3	4
C：体系 pH	3.4	4.4	5.4

（4）数据处理与统计学分析　同"超声波法提取沙葱总黄酮工艺优化"的方法。

3.2　试验结果与分析

3.2.1　纤维素酶添加量对沙葱总黄酮得率的影响结果

由图 11 可知，随着纤维素酶添加量的增加，沙葱总黄酮得率逐渐升高，当纤维素酶添加量为 4.5 mg/mL 时所得样品总黄酮含量达到最高，此后增加酶的添加量总黄酮得率不再升高。而纤维素酶添加量大于 4.5 mg/mL 时总黄酮得率升高不明显，因此选择纤维素酶的添加量为 4.5 mg/mL 进行后续试验。

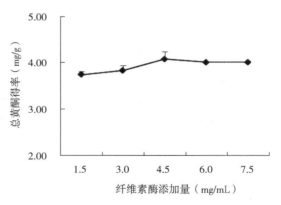

图 11　纤维素酶添加量对沙葱总黄酮得率的影响

3.2.2　体系 pH 对沙葱总黄酮得率的影响结果

由图 12 可知，随着体系 pH 的增加，沙葱总黄酮得率呈现先升高后降低的趋势，pH 为 4.4 时总黄酮得率达到最大，此后随着 pH 的进一步增加总黄酮得率明显下降。说明纤维素酶的最佳反应体系 pH 为 4.4 左右，因此选择体系 pH 为 3.4、4.4、5.4 作为响应面试验的中心值。

3.2.3　酶解温度对沙葱总黄酮得率的影响结果

由图 13 可知，随着酶解温度的升高，沙葱总黄酮得率呈现先升高后降低的趋势，当温度达到 40℃ 时沙葱总黄酮得率最高。40℃ 以后随着温度的上升总黄酮得率反而降低。说明纤维素酶法提取沙葱总

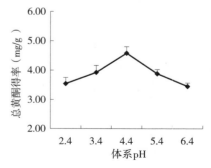

图 12　体系 pH 对沙葱总黄酮得率的影响

黄酮的最佳温度在 40℃左右，因此选择酶解温度为 30、40、50℃作为响应面试验的中心值。

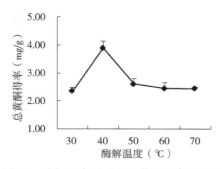

图 13　酶解温度对沙葱总黄酮得率的影响

3.2.4　酶解时间对沙葱总黄酮得率的影响结果

由图 14 可知，随着反应时间的延长，沙葱总黄酮得率逐渐升高，当酶解时间超过 3 h 后，总黄酮得率不再变化，且 3 h 反应组的总黄酮得率明显高于 1、2 h 反应组。说明酶解 3 h 可将沙葱总黄酮全部提取出来，因此选择酶解时间为 2、3、4h 为响应面试验的中心值。

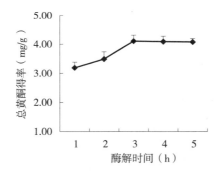

图 14　酶解时间对沙葱总黄酮得率的影响

3.2.5　响应面分析结果

响应面分析方案与结果见表 12，以沙葱总黄酮得率为响应值，经过回归拟合后所得各个试验因素对沙葱总黄酮得率的回归方程为：

$$y = 5.38 + 0.29A - 0.066B - 0.17C - 0.027AB + 0.032AC +$$
$$0.18BC - 0.17A^2 - 1.02B^2 - 0.87C^2$$

表 12　沙葱总黄酮响应面分析方案及结果

试验点	因素			总黄酮得率
	A 酶解时间（h）	B 酶解温度（℃）	C 体系 pH	（y，mg/g）
1	−1	−1	0	3.846
2	1	−1	0	4.461
3	−1	1	0	3.972
4	1	1	0	4.479
5	−1	0	−1	4.278

（续）

| 试验点 | 因素 | | | 总黄酮得率 |
	A 酶解时间（h）	B 酶解温度（℃）	C 体系 pH	（y, mg/g）
6	1	0	−1	4.797
7	−1	0	1	3.823
8	1	0	1	4.471
9	0	−1	−1	3.977
10	0	1	−1	3.279
11	0	−1	1	3.336
12	0	1	1	3.360
13	0	0	0	5.294
14	0	0	0	5.371
15	0	0	0	5.462
16	0	0	0	5.573
17	0	0	0	5.197

　　对回归模型进行方差分析可知（表13），该模型回归显著（$P<0.000\ 1$），失拟项不显著（$P=0.361\ 6$），并且该模型决定系数 $R^2=0.981\ 6$，表明自变量与响应值之间的模型关系显著，该模型能够解释98.16%的响应值变化，说明回归方程与实际情况拟合良好，可以用此模型来分析和预测沙葱总黄酮的纤维素酶解提取结果。F 值可以反映各因素对试验指标影响的重要性，由 F 值得到因素贡献率为：A＞C＞B，即酶解时间＞体系 pH＞酶解温度。对模型各项进行方差分析可知，模型中一次项 A（酶解时间），以及交互项 B^2、C^2 对沙葱总黄酮提取率的影响为极显著（$P<0.01$），一次项 C（体系 pH）对沙葱总黄酮提取率的影响为显著（$P<0.05$），一次项 B（酶解温度）以及交互项 AB、AC、BC、A^2 对沙葱总黄酮提取率的影响不显著（$P>0.05$）。

表 13　回归模型方程的方差分析

项目	平方和	自由度	均方	F 值	P 值
模型	9.36	9	1.04	41.55	＜0.000 1
A	0.65	1	0.65	26.16	0.001 4
B	0.035	1	0.035	1.40	0.275 0
C	0.22	1	0.22	8.96	0.020 1
AB	0.002 8	1	0.002 8	0.12	0.743 7
AC	0.004 1	1	0.004 1	0.17	0.696 2
BC	0.13	1	0.13	5.20	0.056 6
A^2	0.12	1	0.12	4.74	0.065 8
B^2	4.40	1	4.40	175.66	＜0.000 1

（续）

项目	平方和	自由度	均方	F 值	P 值
C^2	3.18	1	3.18	127.08	<0.000 1
剩余项	0.18	7	0.025		
失拟项	0.090	3	0.030	1.42	0.361 6
纯误差	0.085	4	0.021		
总和	9.54	16		$R^2=0.981\ 6$	

　　酶解时间、酶解温度、体系 pH 对纤维素酶法提取沙葱总黄酮提取率的响应面分析结果见图 15 至图 17（彩图 13 至彩图 15）。由图 15 可知，当固定体系 pH 为 4.4 时，随着酶解时间的延长，沙葱总黄酮得率逐渐增加，3h 之后上升趋势趋于平稳；随着酶解温度的逐渐升高，沙葱总黄酮得率呈现先上升后下降的趋势，在 40℃左右沙葱总黄酮得率存在最大值。由等高线图也可以直观地看出，酶解温度与酶解时间之间的交互作用显著。

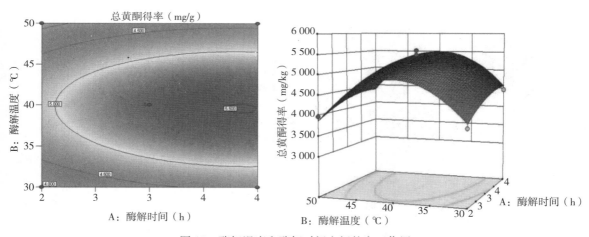

图 15　酶解温度和酶解时间之间的交互作用

　　图 16 为固定酶解温度为 40℃时，体系 pH 与酶解时间对沙葱总黄酮得率的影响。由图可知随着酶解时间的延长，沙葱总黄酮得率有逐渐升高的趋势，3 h 之后此上升趋势趋于平稳，随着体系 pH 的增加沙葱总黄酮得率有升高的趋势，在 pH 为 4.4 时沙葱总黄酮得率存在最大值，此后随着 pH 继续增加沙葱总黄酮得率逐渐下降。从等高线图中也可以看出，酶解时间与体系 pH 之间的交互作用显著。

　　图 17 所示为固定酶解时间为 3 h，随着酶解温度的逐渐升高沙葱总黄酮得率呈现先上升后下降的趋势，酶解温度达到 40℃时沙葱总黄酮得率达到最高之后开始逐渐下降，随着体系 pH 的增加沙葱总黄酮得率有升高的趋势，在 pH4.4 左右沙葱总黄酮得率存在最大值，此后随着 pH 继续增加沙葱总黄酮得率有下降的趋势。从等高线图中也可以看出，酶解温度与体系 pH 之间的交互作用不显著。

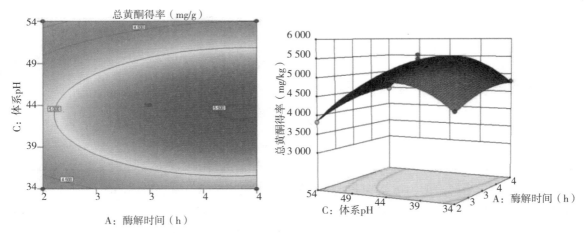

图 16　体系 pH 和酶解时间之间的交互作用

通过数据分析得到纤维素酶解法提取沙葱总黄酮的理论最佳工艺参数为：酶解时间 4 h、酶解温度 39.49℃、体系 pH 4.3。此条件下预测沙葱总黄酮最大得率为 5.51 mg/g。

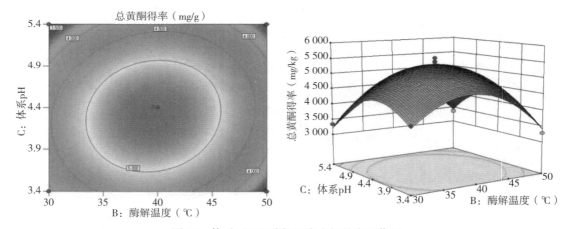

图 17　体系 pH 和酶解温度之间的交互作用

3.2.6　最佳工艺验证

实际应用中，对纤维素酶解法提取沙葱总黄酮的最佳工艺参数进行适当的调整，之后对同一批脱脂脱色沙葱粉末进行验证试验（$n=5$），结果见表 14。调整后沙葱总黄酮得率为（5.48±0.02）mg/g，接近于理论得率 5.51 mg/g，说明该提取工艺可操作性强，结果稳定可靠。

表 14　验证试验结果

项目	酶解时间（h）	酶解温度（℃）	体系 pH	总黄酮得率（mg/g）
最佳工艺参数	4	39.49	4.3	5.51[a]
实际工艺参数	4	39	4.3	5.48±0.02[a]

注：以平均数±标准差表示（$\bar{x}\pm$SD），数据后肩注小写字母相同表示差异不显著（$P>0.05$），$n=5$。

3.3　讨论

纤维素酶解法是目前广泛用于植物有效成分提取工艺的一种方法，其反应原理是纤维素酶作为辅助提取剂，可直接使植物细胞壁酶解，导致植物细胞内部有效成分直接暴露溶入提取介质中，从而得到植物有效成分。纤维素酶解法虽然对提取工艺要求较高，但除去对细胞壁进行直接酶解以外，对细胞内部其他部位无任何损伤，同时其反应条件温和，能够完好地保护植物有效成分在植物体内的生化结构，保证提取所得产物天然生物活性的完好。研究表明，用此方法可获得含量较高且生物活性完整的天然植物活性成分。除此之外，利用响应面分析法对该提取工艺进行优化，较传统的正交试验所得提取工艺参数更准确，且能够更加全面地反映各个单因素对提取率的影响效果。许多学者使用响应面分析法优化植物有效成分的提取工艺均得到了较为准确的工艺参数，在利用响应面分析法优化薄荷叶总黄酮提取工艺的同时得到了抗氧化活性较好的黄酮提取物。本试验中选用纤维素酶对沙葱细胞壁进行酶解，并用响应面分析法确定沙葱总黄酮的提取工艺参数为：在 0.1 g 沙葱粉中加入 4.5 mg 纤维素酶，在 39℃、体系 pH 为 4.3 的条件下酶解 4 h，沙葱总黄酮的提取率可达 5.478 mg/g，与赵春燕（2002）报道的总黄酮得率 3.6 mg/g 相比较该方法的沙葱总黄酮得率显著提高。黄酮类化合物的含量与植物种类以及提取方法、检测手段等密切相关，本试验中所用原料为新鲜沙葱脱脂脱色干燥后的粉末，经过纤维素酶破壁，同时使用响应面分析法对提取工艺进行优化，使包裹在细胞内的黄酮类物质得到完全释放，从而有效地提高了沙葱总黄酮得率。

3.4　小结

纤维素酶解法提取沙葱总黄酮的最佳提取工艺参数为：按照 45 mg/g 比例添加纤维素酶，提取温度为 39℃，用料液比为 1∶50 的 75％乙醇提取 4 h，提取体系 pH 为 4.3，在此条件下沙葱总黄酮得率为 5.48 mg/g。

4　沙葱总黄酮的分离纯化及结构鉴定

4.1　试验材料与方法

4.1.1　试验材料与试剂

除 1.1.1 中所需试剂外，尚需：100～200 目柱层析用聚己内酰胺；色谱纯的甲酸、乙腈。

4.1.2　试验仪器

除"超声波法提取沙葱总黄酮工艺优化"中所需试验仪器外，尚需：5 cm×50 cm 层析柱；蠕动泵；Nicolet NEXVS670 型红外光谱仪；安捷伦 1290 液相色谱仪；安捷伦 6520 Q-TOF 高分辨质谱仪。

4.1.3　沙葱总黄酮的分离纯化

（1）聚酰胺的预处理　新的聚酰胺粉置于烧杯中，加入 95％乙醇浸泡 2～3 d，每天适当进行搅拌以排除内部空气。浸泡结束后倾倒出上层 95％乙醇浸泡液，聚酰胺用蒸馏水洗至无乙醇味后，加入 5％NaOH 溶液浸泡 24 h。倾倒出上层碱液并用蒸馏水洗至中性后，加入 10％醋酸浸泡 12 h，倾倒出上层醋酸后再用蒸馏水洗至中性，备用。

（2）装柱　将 5 cm×50 cm 玻璃层析柱洗净烘干、垂直固定于铁架台上。关闭出水口阀门，并在层析柱内加入 2/3 柱体积的蒸馏水，之后打开阀门使水流出一小部分，使层析柱下层浸满水，避免装柱时产生气泡。将处理后的聚酰胺沿柱内壁缓慢倒入柱内，同时打开出水口阀门边加入聚酰胺边排出多余蒸馏水，使聚酰胺自由沉降、压实。待聚酰胺表层距柱顶端高度约 5 cm 时关闭阀门，在聚酰胺表面加盖一层薄的脱脂棉，防止后期试验中加入液体时破坏聚酰胺表面平整度，用蒸馏水以 1 mL/min 流速清洗 2 个柱体积。

（3）上样　取用蒸馏水溶解的 25 mg/mL 沙葱总黄酮溶液 30 mL，沿管壁缓慢加入，同时打开出水口阀门，使液体缓慢流出，直至所有样品全部进入柱床内。

（4）洗脱　采用蠕动泵控制洗脱速度为 1 mL/min，分别采用蒸馏水、35％乙醇、55％乙醇、75％乙醇进行梯度洗脱。洗脱过程中随时取样使用盐酸-镁粉反应法和三氯化铁反应法进行检测，确定洗脱液中不含黄酮类化合物后更换下一浓度洗脱液。将同一洗脱组分经旋转蒸发仪浓缩后冷冻干燥，得相应洗脱组分。

（5）再生　聚酰胺使用一段时间后会吸附大量色素和杂质，影响分离效果，为提高聚酰胺的使用效率，降低试验成本，洗脱完毕的聚酰胺可重新回收利用。将使用后的聚酰胺倒入烧杯中加入 5％NaOH 搅拌均匀，浸泡 24 h 后倒出 NaOH 溶液，重新加入新的 NaOH 溶液浸泡，直到 NaOH 溶液无色后倒出上层 NaOH 溶液，并用蒸馏水洗至中性，重新装柱使用。

4.1.4　沙葱黄酮结构分析与检测

使用红外光谱仪、紫外光谱仪以及液相色谱-质谱串联仪分析沙葱黄酮不同浓度乙醇洗脱分离组分的结构组成。

（1）红外光谱检测　分别取分离纯化后的沙葱总黄酮不同洗脱组分 2 mg，与 400 mg 干燥的溴化钾（KBr）粉末在玛瑙研钵中研磨混匀，制成透明薄片后在红外光谱仪上测定 4 000～500 cm^{-1} 的红外光谱。

（2）紫外光谱检测　分别取分离纯化后的沙葱总黄酮不同洗脱组分 1 mg，溶于 10 mL 35％乙醇中，使用紫外光谱仪进行 200～400 nm 波长扫描。

（3）液质联用检测　分别取分离纯化后的沙葱总黄酮不同洗脱组分 1 mg，每管 1 mL 35％乙醇水溶液复溶后调整洗脱物浓度为 10 μg/mL，过 0.22 μm 滤膜后上机测定。

以 0.1％甲酸溶液和乙腈（B）为流动相，以检测流速 0.3 mL/min 对样品进行检测。梯度洗脱时间见表 15。

表 15　梯度洗脱时间

时间（min）	流动相 B（％）	流速（mL/min）
0	20	0.3

（续）

时间（min）	流动相 B（%）	流速（mL/min）
10	95	0.3
13	95	0.3
13.1	20	0.3
17	20	0.3

质谱测定采用液相色谱仪串联高分辨率质谱仪进行，调整为负离子模式，质谱条件为：negative；Gas Temp：350；Drying Gas：12 L/min；Nebulizer：40 psi；Vcap：3 500 v；Fragment：150 v；mass range：60～1 200。质谱使用112.988 5和1 033的离子作为内标校正离子。

4.2　试验结果与分析

4.2.1　沙葱总黄酮的分离纯化结果

将超声波法提取所得沙葱总黄酮冻干粉复溶后过聚丙烯酰胺层析柱。分别使用蒸馏水以及35%、55%、75%乙醇进行充分洗脱。将相同组分洗脱液浓缩后冷冻干燥，即得沙葱黄酮不同洗脱组分（图18、彩图16）。

图18　沙葱总黄酮各洗脱组分

A. 蒸馏水洗脱组分　B. 35%乙醇洗脱组分　C. 55%乙醇洗脱组分　D. 75%乙醇洗脱组分

4.2.2　红外光谱检测结果

由图19A可知，该组分中无黄酮类化合物的特征吸收峰，有几处糖类物质的特征吸收峰，如3 269 cm⁻¹处为O—H伸缩振动产生的吸收峰；2 964 cm⁻¹处为C—H伸缩振动产生的吸收峰；1 589 cm⁻¹处为C—C环上振动产生的吸收峰；1 407 cm⁻¹处为羧基的C—O伸缩振动产生的吸收峰；1 084 cm⁻¹和667 cm⁻¹处分别为C—H内弯曲振动和外弯曲伸缩振动产生的吸收峰。由此判断蒸馏水洗脱组成分中可能含有一些糖类或环烷烃类物质。

由图 19B 可知，35％乙醇洗脱组分中含有较好的黄酮类化合物特征吸收峰，3 307 cm^{-1}左右出现的宽强峰是黄酮类化合物中 O—H 伸缩振动吸收峰；2 930 cm^{-1}左右出现的吸收峰为 C—H 反对称伸缩振动引起的吸收峰；2 858 cm^{-1}左右的吸收峰为与亚甲基和甲基相关的 C—H 伸缩振动所产生的吸收峰；1 636 cm^{-1}的吸收峰为 C═C 伸缩振动产生的吸收峰；1 300～1 100 cm^{-1}范围内出现的中等强度多重谱带的吸收峰由 C—C—C 基团的伸缩振动和 C—C（═O）—C 基团的弯曲振动所产生。

由图 19C 可知，55％乙醇洗脱组分在 3 303 cm^{-1}左右出现的宽强峰是黄酮类化合物中 O—H 伸缩振动吸收峰；2 929 cm^{-1}左出现的吸收峰为 C—H 反对称伸缩振动引起的吸收峰；1 639 cm^{-1}的吸收峰为 C═C 伸缩振动产生的吸收峰；1 729 cm^{-1}处的吸收峰证明有环酮的结构存在，因为在环酮中 C—C（═O）—C 基团的键角会影响羰基的吸收频率，其伸缩振动受到相邻 C—C 键的影响，使其伸缩频率一般在 1 780～1 700 cm^{-1}；2 858 cm^{-1}左右的吸收峰为与亚甲基和甲基相关的 C—H 伸缩振动所产生的吸收峰；1 000～650 cm^{-1}为烯烃 C—H 外弯曲振动所产生的吸收峰；1 300～1 100 cm^{-1}范围内出现的中等强度多重谱带的吸收峰由 C—C—C 基团的伸缩振动和 C—C（═O）—C 基团的弯曲振动所产生。由此判断

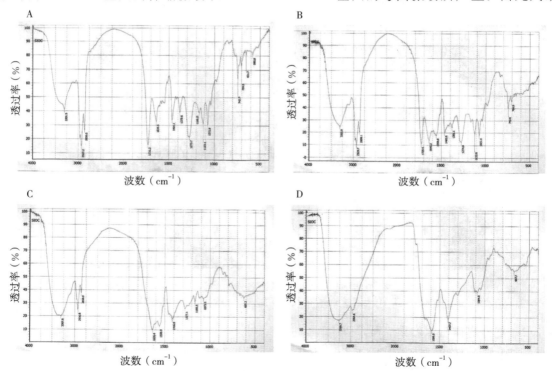

图 19　分离纯化后沙葱总黄酮各洗脱组分红外光谱
A. 蒸馏水洗脱组分红外光谱　B. 35％乙醇洗脱组分红外光谱
C. 55％乙醇洗脱组分红外光谱　D. 75％乙醇洗脱组分红外光谱

55％乙醇洗脱组分的主要成分也是黄酮类化合物。

由图19D可知，75％乙醇洗脱组分的红外光谱检测结果与55％乙醇洗脱组分的检测结果相似。3 301 cm⁻¹左右出现黄酮类化合物中O—H伸缩振动吸收峰的宽强峰；2 927 cm⁻¹左右出现C—H伸缩振动引起的吸收峰；1 639 cm⁻¹处出现C═C伸缩振动产生的吸收峰；1 731 cm⁻¹处出现环酮的吸收峰；2 856 cm⁻¹左右出现C—H伸缩振动吸收峰；1 000～650 cm⁻¹处出现烯烃C—H外弯曲振动的吸收峰；1 300～1 100 cm⁻¹范围内出现的吸收峰由C—C—C基团的伸缩振动和C—C（═O）—C基团的弯曲振动所产生。由此判断75％乙醇洗脱组分的主要成分依然是黄酮类化合物。

4.2.3　紫外光谱检测结果

由于黄酮类物质的特殊分子结构，其紫外吸收光谱主要有两个吸收带，分别是300～400 nm处的带Ⅰ和200～300nm处的带Ⅱ，带Ⅰ强度较带Ⅱ的强度略微显弱，而糖类物质在200 nm之前吸收峰值较高，且随着波长的增加再无其他吸收峰。

由图20A可知，蒸馏水洗脱组分仅在250～300 nm处有非常弱而且较宽的紫外吸收峰，可认为该组分中黄酮类物质含量非常少。从图形判蒸馏水洗脱组分可能含有糖类物质，这可能是因为沙葱总黄酮提取时所用的试剂为75％乙醇，含有一部分蒸馏水，可以将沙葱细胞中的部分糖类物质溶解，经过聚酰胺层析柱后被蒸馏水洗脱出来。

由图20B可知，35％乙醇洗脱组分在240～300 nm有较明显的吸收峰，在340 nm处存在较明显的吸收峰，符合黄酮类物质的紫外线吸收特征，同时200 nm处吸收峰较高说明该

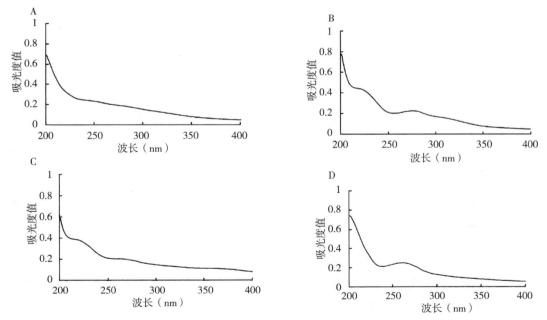

图20　沙葱总黄酮各洗脱组分紫外光谱检测结果

A. 蒸馏水洗脱组分紫外光谱检测结果　B. 35％乙醇洗脱组分紫外光谱检测结果

C. 55％乙醇洗脱组分紫外光谱检测结果　D. 75％乙醇洗脱组分紫外光谱检测结果

组分中可能含有糖类物质。

由图 20C 可知，55％乙醇洗脱组分在 250～300 nm 处有较弱的吸收峰，在 350～400 nm 处也呈现较弱的吸收峰，符合黄酮类化合物的紫外吸收光谱特征，且显示带Ⅰ与带Ⅱ的强度相似，疑为黄酮或黄酮醇类物质。由此判断该组分中可能含有糖类物质。

由图 20D 可知，75％乙醇洗脱组分中除糖类物质特有的吸收峰以外，在 250～300 nm 处出现明显的吸收峰，300～400 nm 处无明显吸收峰，具体成分还需进一步研究。

4.2.4　液质联用检测结果

（1）蒸馏水洗脱组分检测结果　由图 21 至图 23（彩图 17、彩图 18）可知，蒸馏水洗脱组分中糖类的信号非常强，总离子谱中显示样品在 7.5～8 min 有非常高的质谱峰，根据质谱信号与葡萄糖标准品的比对，确认该质谱峰为糖类吸收峰，峰面积为 30 606 227（mAV・min）。质谱结果显示，保留 7 min 的样品中含有大量的单糖，其质荷比（m/z）为 180。

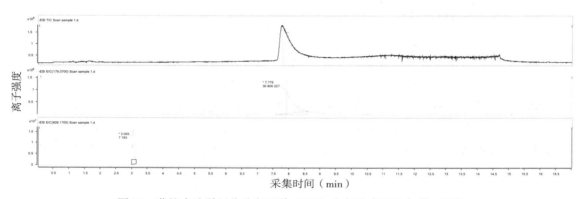

图 21　蒸馏水洗脱组分总离子谱（TIC）与提取离子流色谱（EIC）

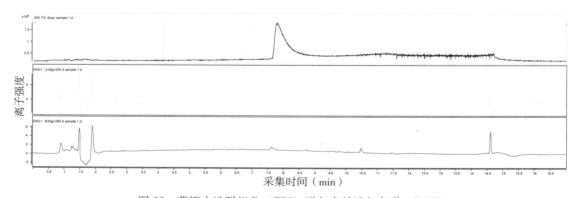

图 22　蒸馏水洗脱组分（TIC）谱与高效液相色谱（DAD）

（2）35％乙醇洗脱组分检测结果　由图 24（彩图 19）所示，总离子谱（TIC）显示在 3 min 和 7 min 处有较强的吸收峰，有较强的糖类信号和较弱的黄酮类物质信号。糖类信号检测显示在 7.7 min 处有很强的糖类信号，糖类峰面积为 19 818 355（mAu・min），3 min 处仅有较弱的黄酮信号。DAD 谱显示仅有一个较显著的吸收峰，见图 25（彩图 20）和图 26，TIC 谱显示在 5 min 处有信号，且含量达到 1 871 565，经过质谱分析结果判断很可能

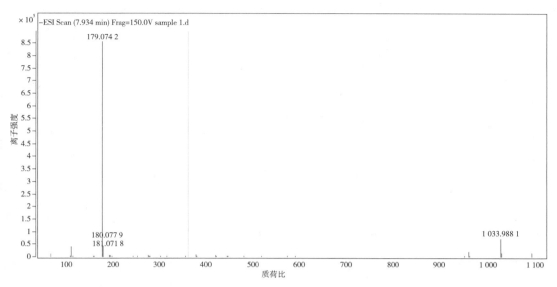

图 23　蒸馏水洗脱组分电喷雾离子源（ESI）检测结果

327（m/z）为 3′，4′-环氧基-7-O-5-甲氧基黄酮醇。5.7 min 处得出 329（m/z）为 7-O-5，4′-二甲氧基-3′-羟基黄酮，其结构如图 27 所示。

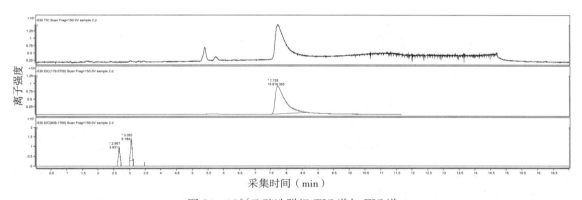

图 24　35％乙醇洗脱组 TIC 谱与 EIC 谱

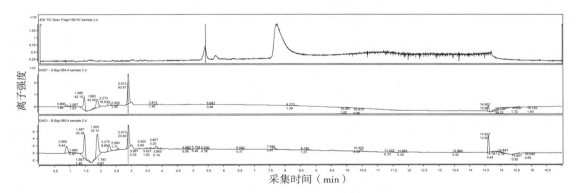

图 25　35％乙醇洗脱组 TIC 谱与 DAD 谱

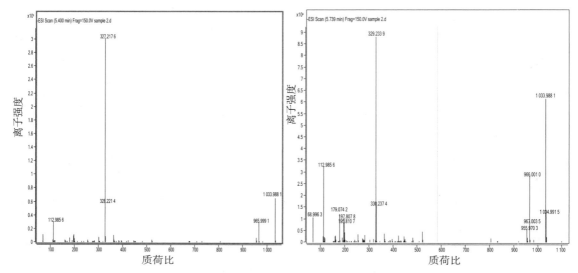

图 26　35％乙醇洗脱组分 ESI 检测结果

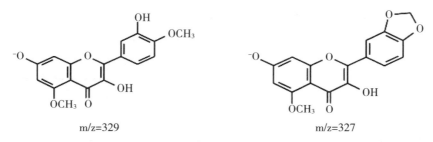

m/z=329　　　　　　　　　　　　　m/z=327

图 27　35％乙醇洗脱组分主要黄酮类化合物结构

（3）55％乙醇洗脱组分检测结果　由图 28（彩图 21）可知，总离子谱显示在 7.5 min 左右有一个较大的波峰，在 2.5～4 min 有几个小的波峰，最高峰的保留时间为 7.7 min，与标准葡萄糖的保留时间相同，且含量较高。芦丁的保留时间为 3min 左右，结果显示芦丁有较好的信号，且含量较高。DAD 图谱显示有基础含量较高的物质吸收峰（图 29、彩图 22），通过进一步分析 TIC 谱与 ESI 检测结果可知（图 30），3.0 min 处 m/z＝609.146 8 的物质为芦丁，其 DAD 图谱也与标准品芦丁的 DAD 图谱相同。7.7 min 处的物质为单糖，如葡萄糖等。3.4 min 处发现 m/z＝593 的物质为木犀草素-5′-O-葡萄糖-4-羟基苯丙酸。3.3 min 处 m/z＝463.088 6 的物质为槲皮素-7-O-葡萄糖苷（异槲皮苷）。3.7 min 处 m/z＝163.039 8 的物质为鼠李糖。而 3.4 min 处 m/z＝826.556 7 的峰面积较大为 260 271（mAV·min），经过进一步分析认为该物质有可能是一种在金合欢素的基础上连接一个葡萄糖、一个鼠李糖、一个阿拉伯糖（150）和一个苏阿糖的黄酮苷类物质，但其具体结构还需进一步研究确认。55％乙醇洗脱组分主要分子结构示意见图 31。

（4）75％乙醇洗脱组分检测结果　由图 32（彩图 23）可知，总离子谱显示有较高的糖类吸收峰，芦丁含量非常少，该结果在 3.043 min 的质谱结果和芦丁检测结果里均能够看

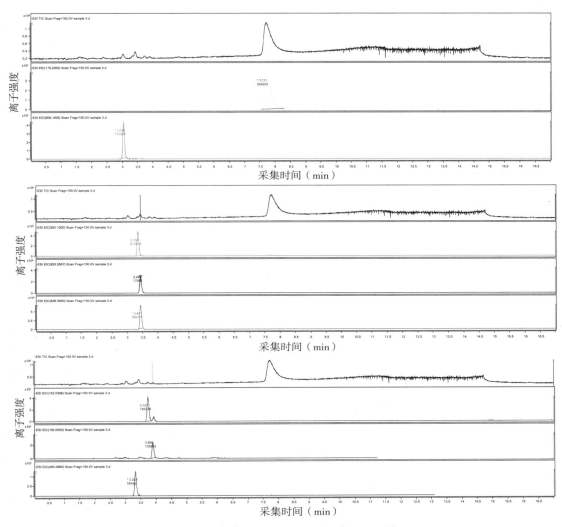

图 28　55％乙醇洗脱组分 TIC 谱与 EIC 谱

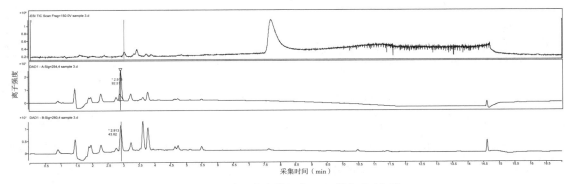

图 29　55％乙醇洗脱组分 TIC 谱与 DAD 谱

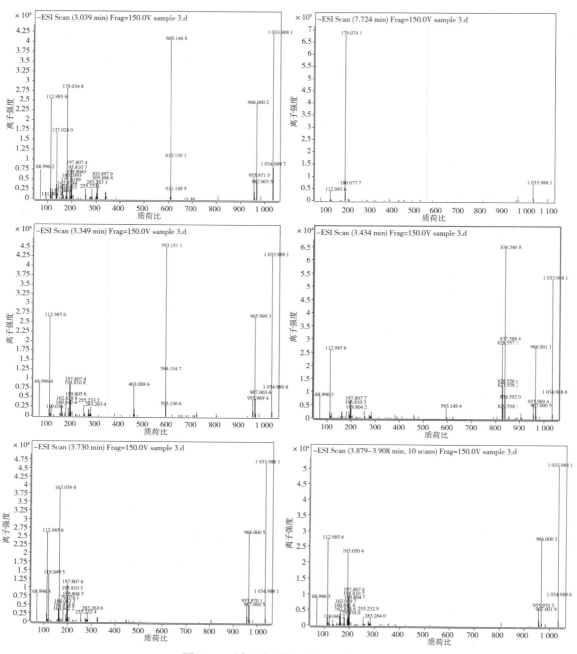

图 30　55%乙醇洗脱组分 ESI 检测结果

出。而 DAD 谱发现有几个紫外吸收峰，但不是芦丁（图 33、彩图 24）。根据 DAD 谱判断 2.8 min 与 3.5 min 处的物质应该是黄酮类，7.7 min 处的物质为糖类。进一步质谱分析结果显示在 3.5 min 处的 m/z=949 的物质含量较高，达到 125 126，紫外光谱显示在 240～260 nm 处有吸收峰，280～320 nm 处有吸收峰，可以肯定该物质是黄酮类，有可能是黄酮苷或是双黄酮类。在 3.4 min 处有 m/z=836 的物质，但是含量非常少，怀疑该物质为在

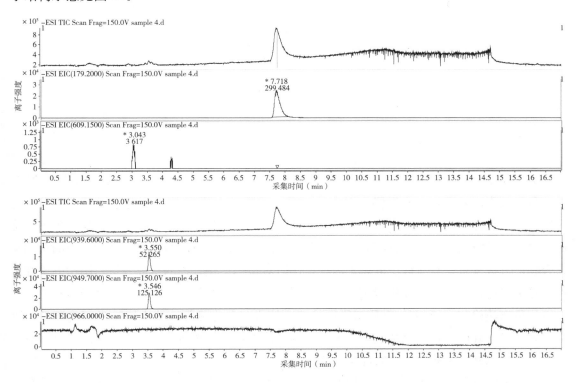

m/z=609   m/z=463   m/z=464

m/z=593

图 31　55％乙醇洗脱组分主要成分分子结构

m/z＝597 的基础上连接一个葡萄糖和一个鼠李糖的物质。3.6 min 处有一个含量为 258 602 的物质，m/z＝284，与黄酮类物质出现时间相似，为金合欢素。75％乙醇洗脱组分主要分子结构示意见图 34。

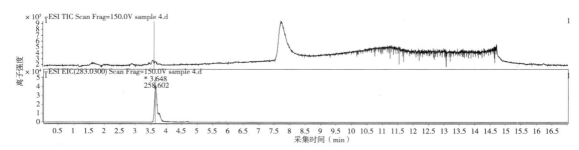

图32　75％乙醇洗脱组分 TIC 谱与 EIC 谱

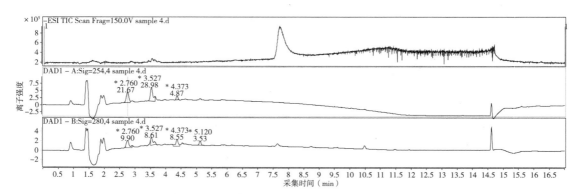

图33　75％乙醇洗脱组分 TIC 谱与 DAD 谱

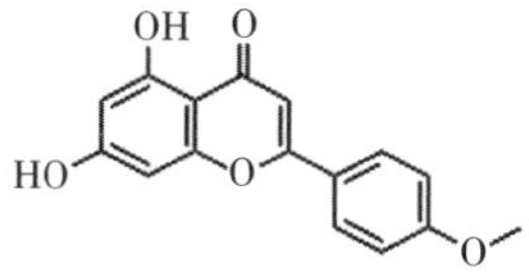

m/z=284

图34　75％乙醇洗脱组分主要成分分子结构

4.3　讨论

黄酮类化合物是指物质分子结构中具有 2-苯基色原酮基本母核结构的一系列化合物。随着科学技术的发展，学术界将分子中具有 C_6—C_3—C_6 基本骨架的化合物泛指为黄酮类化合物，此结构即为两个苯环通过三碳链相互链接而成。因分子中含有酮基，且显黄色，故称此类物质为黄酮类化合物。近年来人们对黄酮类化合物的研究不断深入，目前已知的黄酮类化合物已有数千种，具有广泛的生理活性，同时对黄酮类化合物的组成分析与结构的研究工作也是突飞猛进。结构研究中应用最为广泛的分析方法有红外光谱检测、紫外光谱检测、高效液相色谱法检测、液相色谱-质谱联用检测、核磁共振检测等。其中红外光谱检测是一种非常方便且准确的有机化合物鉴定方法，因为不同物质的红外光谱具有非常明显的特征性，所以可据此判断化合物结构域官能团组成。有研究者使用红外光谱检测分析鉴定老鹳草中主要的化学成分有鞣质、黄酮等。有研究报道了红外光谱检测分析茵陈配方颗粒中的总黄酮成分及其含量的方法。本试验结果显示，沙葱总黄酮不同洗脱组分的特征吸收谱带是由 O—H 伸缩振动和 C—O 的伸缩振动产生，而氢键对这些振动谱带的影响较大，因此 C—O 的伸缩振动与 O—H 的弯曲振动不是独立的振动方式，而是受到相邻基团的振动影响产生偶合发生振动。3 303 cm^{-1} 左右出现的宽强峰是黄酮类化合物中 O—H 伸缩振动吸收峰，1 260～ 1 000 cm^{-1} 处出现的尖峰是 C—O 伸缩振动的吸收峰，是一个较强的谱带，1 667～ 1 640 cm^{-1} 处出现的不太尖的吸收峰为 C=C 伸缩振动所产生的吸收峰，2 960～2 850 cm^{-1} 处的吸收峰为与甲基和亚甲基有关的 C—H 伸缩振动的吸收峰，1 000～650 cm^{-1} 为烯烃 C—H 外弯曲振动所产生的吸收峰。如今红外光谱检测仅作为物质结构鉴定的辅助检测方法，主要还是依赖与质谱和核磁来对物质的结构进行鉴定，依据这些试验结果来综合判读黄酮类化合物的组成成分及分子结构。液质联用技术又称液相色谱-质谱联用技术，其作用原理是使用液相色谱作为分离系统、质谱为检测系统，对样品的结构以及组成进行分析与测定的技术。如今，液质联用技术已经在食品药品安全检验、成分分析和天然产物提取等方面得到了广泛深入的应用。有研究使用液质联用技术快速鉴定白花蛇舌草中黄酮类化合物的化学成分以及组成结构。有研究者使用液质联用技术分析鉴定了杜仲叶总黄酮的组成以及结构，发现其主要成分为芦丁、金丝桃苷以及紫云英苷等物质。本试验依据红外光谱、紫外光谱、液质联用检测结果以及颜色鉴定试验等因素综合考虑分析得出，超声波法提取所得沙葱总黄酮中主要含有芦丁、三裂尾草素、条叶蓟素以及异槲皮苷、汉黄芩素等黄酮类物质。这与赵春燕（2010）使用传统乙醇加热回流提取所得沙葱总黄酮中有效成分大致相同。由此认为沙葱总黄酮提取方法对其主要活性成分的提取与分离无显著影响；也证明沙葱总黄酮中主要含有芦丁、槲皮苷、3′，4′-环氧基-7-O-5-甲氧基黄酮醇与 7-O-5，4′-二甲氧基-3′-羟基黄酮等黄酮类物质。

4.4　小结

本试验结合紫外光谱、红外光谱以及液质联用检测结果，验证蒸馏水洗脱成分含有大量的单糖；35％乙醇洗脱组分除含有单糖外可能含有 3′，4′-环氧基-7-O-5-甲氧基黄酮醇与 7-O-5，4′-二甲氧基-3′-羟基黄酮；55％乙醇洗脱组分中含有糖类、芦丁、木犀草素-5′-O-葡萄糖-4-羟基苯丙酸、异槲皮苷；75％乙醇洗脱组分中含有糖类、金合欢素及黄酮类物质。

沙葱异黄酮的含量测定方法研究

据文献报道，植物中异黄酮的含量测定方法大多是采用提取液直接经显色反应后测定吸光度，然后计算含量。但是由于天然产物提取液的成分非常复杂，在定量测定某种或某一类化合物的含量时，容易受到其他组分的干扰，所以本试验对沙葱异黄酮含量的测定采用了紫外分光光度法（UV）和高效液相色谱法两种方法，并对两种方法的试验结果进行了比较。高效液相色谱法的测定结果更为精确可靠，但紫外分光光度法用于工厂的常规分析，也不失为一种简便、快捷的好方法。

1 试验材料与方法

1.1 试验材料与试剂

沙葱采自内蒙古鄂尔多斯市鄂托克旗天然草场；鸢尾苷（含量≥98％）；活性炭；100～200目聚酰胺粉；无水乙醚；无水乙醇；色谱乙腈；超纯水自制。

1.2 试验仪器

加热回流提取装置；通风橱；5 cm×50 cm层析柱；RE52CS旋转蒸发仪；SHB-Ⅲ A循环水式多用真空泵；恒温烘箱；TU-1800PC紫外可见分光光度计；高效液相色谱仪LC-2010C；Intertsil ODS-SP C18（250 mm×4.6 mm，5 μm）；超声脱气仪；QL-01溶剂过滤器；恒温水浴锅；电子天平。

1.3 试验方法

1.3.1 沙葱脂溶性粗提物的制备

将冷冻保存的新鲜沙葱切成1 cm左右长度放入提取器中，用乙醚加热回流1 h 2次，回收乙醚，提取液用活性炭脱色，过滤。提取液4℃保存，静止过夜，水沉法沉淀大分子物质，离心去除杂质。将上清液用旋转蒸发仪浓缩至浸膏状。

1.3.2 聚酰胺预处理

取聚酰胺粉以95％乙醇浸泡，不断搅拌，除去气泡后装入层析柱中。用3～4倍体积的95％乙醇洗脱，洗至洗脱液透明并在蒸干后无残渣（或极少残渣）。所得产物依次用2～2.5倍体积的5％NaOH溶液、1倍体积的蒸馏水、2～2.5倍体积的10％醋酸溶液洗脱，然后用蒸馏水洗脱至pH中性。洗脱组分置于65℃烘箱中烘干，用之前经过120℃的高温活化0.5 h。

1.3.3　装柱和上样

本试验采用湿法装柱，称取 200g 活化后的聚酰胺粉，用蒸馏水搅拌均匀后填入层析柱中，打开层析柱下部活塞，继续用蒸馏水淋洗聚酰胺层析柱，至聚酰胺界面不再下降为止。

将 10 mL 浸膏加到聚酰胺上部，吸附样品至饱和后分别用 30%、50%、70%、95% 的乙醇溶液以 0.5 mL/min 流速洗脱，洗脱液经减压浓缩后在恒温烘箱中干燥成粉末，备用。试验流程见图 1。

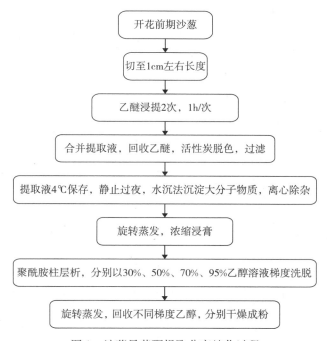

图 1　沙葱异黄酮提取分离纯化过程

1.3.4　异黄酮类化合物的定性检测

（1）浓盐酸-镁粉反应　在样品的乙醇溶液中加入少量镁粉振摇，再滴加几滴浓盐酸，黄酮、黄酮醇类、二氢黄酮类和二氢黄酮醇类一般显红色至紫红色，异黄酮、查耳酮、儿茶精类为负反应。

（2）醋酸镁显色　喷以 1% 的醋酸镁甲醇溶液，通过纸斑反应，异黄酮呈褐色，且在紫外线下产生荧光。

（3）铝盐反应　向样品乙醇溶液中加入氯化铝溶液，置于紫外灯下观察，有显黄色现象，则说明有异黄酮类化合物。

（4）铁盐反应　向样品乙醇溶液中加入氯化铁溶液，观察现象，若有墨色沉淀，则说明有异黄酮类化合物。

（5）氢氧化钠显色　向样品乙醇溶液中加入氢氧化钠溶液，异黄酮类化合物在碱液中呈黄色。

（6）紫外分光光度法　异黄酮类化合物的 A 环与 B 环几乎不共轭，其紫外光谱具有共同的特征：强的带Ⅱ吸收峰（245～270 nm），而带Ⅰ（300～400 nm）则以带Ⅱ的肩峰或低强度吸收峰出现，由此可以鉴定异黄酮类化合物。

1.3.5　紫外分光光度法测定沙葱异黄酮的含量

（1）沙葱的前处理　从内蒙古鄂尔多斯市天然草场采集的鲜沙葱（开花前期），将其切至 1 cm 左右长度，65℃烘干。

（2）标准品溶液的制备　精密称取鸢尾苷对照品 1.8 mg，用 95％乙醇溶解，定容至 50 mL 容量瓶中，摇匀，得浓度为 0.036 mg/mL 的标准液。

（3）样品溶液的制备　称取一定质量的前处理沙葱，乙醚浸提 2 次，每次 1 h。收集提取液，回收乙醚，活性炭脱色，过滤，4℃静止过夜保存，水沉法沉淀大分子物质，离心除杂。上清液经旋转蒸发仪浓缩至浸膏状。过聚酰胺层析柱，分别用 30％、50％、70％、95％乙醇梯度洗脱，回收乙醇后烘干，为浅黄棕色粉末，味苦。分别精密称取 0.1 g 样品，用 95％乙醇定容至 50 mL 容量瓶中，摇匀，作为样品储备液。取样品储备液 3 mL 用 95％乙醇定容至 50 mL 容量瓶中，摇匀，作为样品供试液。

（4）测定波长的选择　将标准品溶液和样品溶液在 200～400 nm 波长范围内进行光谱扫描，二者吸收曲线类似，均在 295 nm 处有最大吸峰，故选择 295 nm 为测定波长。

（5）标准曲线的绘制　精密吸取 0.5、1、1.5、2、2.5 mL 标准液，分别置于 5 mL 容量瓶中，用 95％乙醇定容至刻度，摇匀。以 95％乙醇为空白，在波长 295 nm 处测定吸光度值，每个梯度重复测定 2 次。以吸光度值（A）为纵坐标（y）、鸢尾苷浓度（μg/mL）为横坐标（x）绘制标准线，结果表明鸢尾苷浓度与吸光度值呈良好线性关系，回归方程为 $y=0.027\,6x-0.020\,9$，$R^2=0.999\,4$（图 2）。

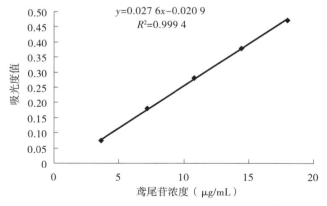

图 2　紫外分光光度法测定鸢尾苷浓度标准曲线

（6）样品的测定　将样品供试液按标准曲线的制作方法，在 295 nm 处测定吸光度值，以 95％乙醇为空白，重复测定 5 次，测定结果代入标准曲线方程计算样品异黄酮的浓度，结果见表 1。

表1　异黄酮浓度的测定结果及精密度试验（$n=5$，$\mu g/mL$）

处理	5次异黄酮浓度测定结果					平均值	相对标准偏差（%）
	1	2	3	4	5		
30%乙醇洗脱	3.435	3.478	3.431	3.471	3.467	3.457	0.63
50%乙醇洗脱	7.996	8.167	8.138	8.022	8.079	8.080	0.90
70%乙醇洗脱	6.678	6.638	6.583	6.652	6.565	6.623	0.71
95%乙醇洗脱	13.29	13.33	12.85	13.67	13.31	13.29	2.2

（7）沙葱异黄酮提取率的测定　取粗提浸膏1 mL，按标准曲线制作方法进行操作，在295 nm处测定吸光度值，以95%乙醇为空白，由标准曲线公式计算出沙葱异黄酮的浓度，按照回归方程计算沙葱中异黄酮的含量，结果见表2。

表2　紫外分光光度法测定沙葱异黄酮提取率结果

测定次序	1	2	3	4	5	平均值	相对标准偏差（%）
沙葱中异黄酮含量（mg/kg）	6.013	6.501	5.922	6.801	6.308	6.327	5.7

1.3.6　高效液相色谱法测定沙葱异黄酮的含量

沙葱的前处理、标准品溶液的制备、样品溶液的制备、测定波长的选择同紫外分光光度法。

（1）流动相的选择　同时选取甲醇-水（60∶40）、甲醇-水（70∶30）、乙腈-水（20∶80）、乙腈-水（30∶70）等几个不同体系的流动相进行测定。结果表明，在乙腈-水（30∶70）体系中，鸢尾苷标准溶液和样品供试液基线分离效果好且峰形美观、保留时间短、分析效率高，故采用此流动相进行试验。

（2）色谱条件的确定　色谱柱为Intertsil ODS-SP C18（250 mm×4.6 mm，5 μm），流动相为30%乙腈，柱温25℃，流速0.5 mL/min，进样量10μL，检测波长295 nm，分析时间15 min。以保留时间定性、峰面积定量、外标法计算。

（3）标准曲线的制作　精密吸取0.5、1、1.5、2、2.5 mL标准液，分别置于5 mL容量瓶中，用95%乙醇定容至刻度，摇匀，经0.45 μm滤膜过滤，在上述经确定的色谱条件下进样测定，以标准品溶液浓度（μg/mL）为横坐标（x），峰面积为纵坐标（y）进行线性回归，回归方程为$y=30\,587x+630.72$，相关系数$R^2=0.999\,9$（表3、图3）。

表3　高效液相色谱法绘制标准曲线参数

标准溶液浓度梯度（μg/mL）	3.6	7.2	10.8	14.4	18.0
峰面积（mAV·min）	108 763	222 733	332 790	439 742	550 826
保留时间（min）	10.356	10.352	10.357	10.359	10.350
回归方程	$y=30\,587x+630.72$，$R^2=0.999\,9$				

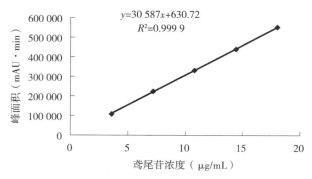

图 3　高效液相色谱法测定鸢尾苷浓度标准曲线

　　（4）样品的测定　将样品溶液经 $0.45\mu m$ 滤膜过滤，在上述经确定的色谱条件下进样测定，重复测定 5 次，每个重复扎针 3 次，根据样品峰面积和标准曲线计算其浓度。绘制标准品、样品色谱图，结果见表 4、图 4 和图 5。

表 4　异黄酮浓度的测定结果及精密度试验（$n=5$）

| 处理 | 5 次异黄酮浓度测定结果（μg/mL） | | | | | 平均值（μg/mL） | 相对标准偏差（%） |
	1 次	2 次	3 次	4 次	5 次		
30%乙醇洗脱	0.379 3	0.380 1	0.379 7	0.379 4	0.378 8	0.379 5	0.13
50%乙醇洗脱	4.043 7	4.054 1	4.052 6	4.045 8	4.041 8	4.047 6	0.13
70%乙醇洗脱	2.666 7	2.672 9	2.670 2	2.669 7	2.669 2	2.670 5	0.085
95%乙醇洗脱	9.111	9.132	9.111	9.122	9.131	9.121	0.097

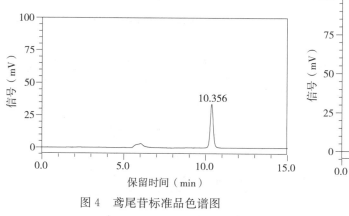

图 4　鸢尾苷标准品色谱图

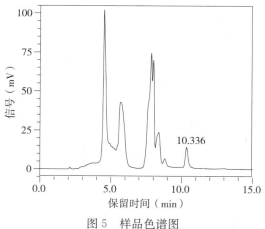

图 5　样品色谱图

　　（5）沙葱异黄酮提取率的测定　取粗提浸膏 1 mL 按照标准曲线的制作方法进行操作，在上述经确定的色谱条件下进样测定，重复测定 5 次，每个重复扎针 3 次，根据样品峰面积和标准曲线计算其浓度，按照回归方程计算沙葱中异黄酮的含量，结果见表 5。

表 5　高效液相色谱法测定沙葱异黄酮提取率结果

测定次序	1	2	3	4	5	平均值	相对标准偏差（%）
沙葱中异黄酮含量（mg/kg）	4.315	4.325	4.303	4.321	4.331	4.320	0.26

2　试验结果与分析

2.1　紫外分光光度法

2.1.1　精密度试验

取供试样品溶液 5 份，按含量测定方法进行测定，从而准确测定异黄酮的含量。测定结果用相对标准偏差（RSD）来衡量，结果见表 1。

2.1.2　加样回收率试验

精密吸取标准品溶液 0.25、0.5、0.25、0.5、0.5 mL（试验组），分别置 5 个 5 mL 容量瓶中，再分别精密加入样品溶液 0.5 mL，用 95% 乙醇定容至刻度，摇匀，测定其吸光度值，按以下公式计算回收率。测定结果用 RSD 来衡量，结果见表 6。

回收率＝［（测得量－样品溶液含量）/标准品溶液加入量］×100%

表 6　紫外分光光度法测定加样回收率试验（μg）

项目	不同标准品溶液试验组					相对标准偏差（%）
	0.25 mL	0.5 mL	0.25 mL	0.5 mL	0.5 mL	
加标准品质量	9	18	9	18	18	
30% 乙醇洗脱组						
试样中相当鸢尾苷的质量	1.729	1.729	1.729	1.729	1.729	
测得相当鸢尾苷的质量	10.355 1	20.108 7	10.362 3	20.076 1	20.029 0	
回收率（%）	95.85	102.11	95.93	101.93	101.66	
平均回收率（%）			99.50			3.31
50% 乙醇洗脱组						
试样中相当鸢尾苷的质量	4.040	4.040	4.040	4.040	4.040	
测得相当鸢尾苷的质量	12.902 2	21.333 3	13.239 1	21.347 8	21.713 8	
回收率（%）	98.47	96.07	102.21	96.15	98.19	
平均回收率（%）			98.22			2.54
70% 乙醇洗脱组						
试样中相当鸢尾苷的质量	3.312	3.312	3.312	3.312	3.312	
测得相当鸢尾苷的质量	12.442 0	21.246 4	12.380 4	21.079 7	20.702 9	
回收率（%）	101.45	99.64	100.77	98.71	96.62	

（续）

项目	不同标准品溶液试验组					相对标准偏差（%）
	0.25 mL	0.5 mL	0.25 mL	0.5 mL	0.5 mL	
平均回收率（%）			99.43			1.90
95%乙醇洗脱组						
试样中相当鸢尾苷的质量	6.645	6.645	6.645	6.645	6.645	
测得相当鸢尾苷的质量	15.641 3	25.025 4	15.394 9	23.981 9	24.308 0	
回收率（%）	99.96	102.11	97.22	96.32	98.13	
平均回收率（%）			98.57			2.34

2.2　高效液相色谱法

2.2.1　精密度试验

取供试样品溶液 5 份，每份扎针 3 次，在上述经确定的色谱条件下进样测定峰面积，RSD＝0.097%，表明精密度良好。试验结果见表 4。

2.2.2　加样回收率实验

精密吸取标准品溶液 0.125、0.25、0.125、0.25、0.25 mL（试验组），分别置 5 个 5 mL 容量瓶中，再分别精密加入样品溶液 0.25 mL，用 95%乙醇定容至刻度，摇匀，经 0.45 μm 滤膜过滤，在上述经确定的色谱条件下进样测定峰面积，计算回收率。测定结果用 RSD 来衡量，结果见表 7。

表 7　高效液相色谱法测定加样回收率试验（μg）

项目	不同标准品溶液试验组					相对标准偏差（%）
	0.125 mL	0.25 mL	0.125 mL	0.25 mL	0.25 mL	
加标准品质量	4.5	9	4.5	9	9	
30%乙醇洗脱组						
试样中相当鸢尾苷的质量	0.094 9	0.094 9	0.094 9	0.094 9	0.094 9	
测得相当鸢尾苷的质量	4.697 8	9.176 1	4.716 6	9.167 0	9.181 1	
回收率（%）	102.29	102.28	102.70	100.80	100.96	
平均回收率（%）			101.53			0.88
50%乙醇洗脱组						
试样中相当鸢尾苷的质量	1.011 9	1.011 9	1.011 9	1.011 9	1.011 9	
测得相当鸢尾苷的质量	5.405 9	10.099 6	5.398 6	10.107 6	10.102 0	
回收率（%）	97.65	100.97	97.48	101.06	101.00	
平均回收率（%）			99.63			1.89
70%乙醇洗脱组						
试样中相当鸢尾苷的质量	0.668	0.668	0.668	0.668	0.668	
测得相当鸢尾苷的质量	5.158 2	9.830 7	5.156 1	9.838 3	9.820 3	

（续）

项目	不同标准品溶液试验组					相对标准偏差（%）
	0.125 mL	0.25 mL	0.125 mL	0.25 mL	0.25 mL	
回收率（%）	99.79	101.81	99.74	101.89	101.69	
平均回收率（%）			100.98			1.11
95%乙醇洗脱组						
试样中相当鸢尾苷的质量	2.28	2.28	2.28	2.28	2.28	
测得相当鸢尾苷的质量	6.79	11.40	6.77	11.19	11.23	
回收率（%）	100.44	101.36	99.78	98.96	99.40	
平均回收率（%）			99.99			0.94

2.3　紫外分光光度法与高效液相色谱法测定结果比较

两种方法测定异黄酮浓度结果比较见表8。

表8　紫外分光光度法和高效液相色谱法测定异黄酮浓度结果比较

洗脱组	紫外分光光度		高效液相色谱	
	异黄酮平均浓度（μg/mL）	相对标准偏差（%）	异黄酮平均浓度（μg/mL）	相对标准偏差（%）
30%乙醇	3.457	0.63	0.379 5	0.130
50%乙醇	8.080	0.90	4.047 6	0.130
70%乙醇	6.623	0.71	2.670 5	0.085
95%乙醇	13.290	2.20	9.121 0	0.097
提取率	6.327（mg/kg）	5.70	4.320（mg/kg）	0.260

3　讨论

3.1　沙葱异黄酮的提取和分离纯化

葱（*Allium fistulosum* L.）为百合科（Liliaceae）葱属（*Allium*）植物，原产于亚洲西部，我国南方广泛栽培。中医认为，葱具有发表解肌、利肺通阳、解毒消肿之功效。葱脂溶性成分对治疗缺血性心血管系统疾病有较好的临床疗效及活性。国内外学者对葱属其他植物，如小根蒜、蒜、韭等的化学成分及药理作用进行了大量研究，分离出多种化合物。葱属植物含有挥发性硫化物，是重要的生物活性物质。据文献报道，葱属植物中有机硫化物对热及水极不稳定。近年来，对葱属植物挥发性硫化物的研究主要集中在水蒸气蒸馏提取物成分及药理活性方面，且对大蒜的研究尤为深入。

本试验选择乙醚作为浸提剂提取沙葱的脂溶性活性成分异黄酮。异黄酮类化合物的苷元极性较弱，一般难溶于水或不溶于水，可溶于甲醇、乙醇、乙酸乙酯、乙醚等有机溶剂或稀碱液中。糖苷易溶于甲醇、乙醇、吡啶、乙酸乙酯及稀碱液中，难溶于苯、乙醚、氯仿、石油醚等溶剂，可溶于热水中。

对于分离黄酮类化合物来说，聚酰胺是较为理想的吸附剂。其吸附强度主要取决于黄酮类化合物分子中羟基的数目与位置，以及溶剂与黄酮类化合物或与聚酰胺之间形成氢键缔合能力的大小。聚酰胺适用于分离黄酮体、酚类、醌类、有机酸、生物碱、萜类、甾体、酞类、糖类、氨基酸衍生物等。尤其对黄酮体、酚类、醌类等物质的分离远比其他方法优越。本试验采用不同浓度乙醇溶液（30％、50％、70％、95％）梯度洗脱，对沙葱脂溶性活性成分异黄酮进行分离纯化。

黄酮类化合物从聚酰胺层析柱上洗脱时有以下规律：

（1）苷元相同，洗脱先后顺序一般是叁糖苷、双糖苷、单糖苷、苷元。

（2）母核上增加羟基，洗脱速度即相应减慢。

（3）不同类型黄酮化合物，先后流出顺序一般是异黄酮、二氢黄酮醇、黄酮、黄酮醇。

（4）分子中芳香核、共轭双键多者易被吸附，故查耳酮往往比相应的二氢黄酮难于洗脱。

3.2　沙葱异黄酮的含量测定

由于异黄酮类化合物的 A 环与 B 环几乎不共轭，其紫外光谱具有共同的特征：强的带 II 吸收（245～270 nm），而带 I（300～400 nm）则以带 II 的肩峰或低强度吸收峰出现，由此可以初步鉴定异黄酮类化合物。在大豆异黄酮强的带 II 吸收峰下，各种杂质的紫外吸收值较小，因此可以据此用一阶紫外分光光度法检测大豆异黄酮含量。

高效液相色谱法（HPLC）是近年来用于异黄酮的分离、纯度分析和定量检测方面的重要分析手段，具有进样量少、分离效果好、紫外检测器灵敏度高、定量精密度高等特点，同时经实践证明 HPLC 还有实用检测器种类较多、需要时组分收集容易的优点，就目前的普遍性而言，是所有光谱、色谱分析中最基本、最适合绘制指纹图谱，以及用途最广的一种方法。但 HPLC 由于存在设备成本及维修费用高、色谱柱价格较高且易污染、有机溶剂消耗大易造成资源浪费和环境污染等情况，使其在分析检测物质的应用中受到限制，但仍是目前应用最多的色谱分析方法。建立一种分离效果好、出峰时间短、检测范围宽、最低检测限低、有机溶剂消耗少的液相色谱分离和制备条件，是今后的研究重点之一。

本试验采用紫外分光光度法和高效液相色谱法两种方法对沙葱异黄酮的含量进行测定，并将两种方法进行比较：紫外分光光度法在其最大吸收峰 295 nm 处进行测定；高效液相色谱法以 Intertsil ODS-SP C18（250 mm×4.6 mm，5 μm）为色谱柱，在流动相为 30％乙腈、柱温为 25℃、流速为 0.5 mL/min、进样量为 10 μL、检测波长为 295 nm 的条件下进行测定。两种方法均以鸢尾苷为对照品。高效液相色谱法的测定结果更为精确可靠，但紫外分光光度法也是一种简便、快捷的好方法。

HPLC 法测定异黄酮的含量大多选择甲醇-水为流动相。试验中起初以甲醇-水（60：40）、甲醇-水（70：30）为洗脱剂，对样品与标准品进行分析，结果标准品出现次肩峰，样品未能基线分离，经多次试验确定用乙腈-水（30：70）为洗脱系统，样品中异黄酮与其相

邻峰分离度 $R>1.5$，理论塔板数、拖尾因子等均符合要求，获得较好峰形。进样量的确定以鸢尾苷标准品溶液进行考察，分别进样 10 μL 和 20 μL。进样量为 20 μL 时，理论塔板数、拖尾因子太小，且有肩峰；进样量为 10 μL 时，理论塔板数、拖尾因子均符合要求，且峰形比较好。故本试验确定进样量为 10 μL。

异黄酮为沙葱乙醚提取物中的有效成分，沙葱异黄酮的含量测定至今尚未建立一个统一的测定方法。为确定测定方法，本试验将紫外分光光度法和高效液相色谱法进行了比较。紫外分光光度法和高效液相色谱法均可用于化学对照物质的纯度测定。紫外分光光度法是基于测定化合物存在的特殊的生色基团，可以检测对主成分的吸收值有较大影响的杂质，也可用于检测有可以忽略不计的或有特征吸收峰的杂质的存在。其紫外光谱吸收范围的最大吸收峰少、需要外界标准对照，且大量的化合物含有相似的特征生色基团或助色基团，使该方法的应用有一定的局限性。高效液相色谱法是在 20 世纪 60 年代末期，研究者在经典液相色谱法和气相色谱法的基础上发展起来的新型分离分析技术，其具有分辨率高、分析速度快、重复性高、选择性强、色谱柱可反复使用、自动化操作、分析精确度高、应用广泛等优点。

从表 8 中可以看出，紫外分光光度法测定值比高效液相色谱法测定值高。分析原因可能是聚酰胺吸附纯化以后提取制得的异黄酮样品中含有一些与鸢尾苷有相似特征的生色基团或助色基团。生色基团可与被测物质形成更大的共轭体系，助色基团的孤电子对与被测物质形成 p-π 共轭，从而在 295 nm 处强化了吸收，在紫外分光光度法测量中被作为鸢尾苷的含量计算，因此测定结果与真实值有偏离。HPLC 法能避免杂质的干扰，测定成分为鸢尾苷单一成分，专属性强、重现性好，结果可靠，是一种有效的含量测定方法。

4　小结

（1）紫外分光光度法和高效液相色谱法均可测定沙葱异黄酮的含量。

（2）两种方法的测定结果不一致，紫外分光光度法测定结果高于高效液相色谱法。两种方法测定结果均是 95％乙醇洗脱组沙葱异黄酮浓度高于 30％、50％以及 70％乙醇洗脱组。

（3）高效液相色谱法准确度、灵敏度和精密度高，可应用于沙葱异黄酮含量测定，从而为沙葱的全面质量评价提供一定的科学依据。

沙葱多糖的提取、纯化和结构鉴定方法研究

1　沙葱多糖的提取及活性炭脱色工艺的研究

1.1　试验材料

1.1.1　主要试验材料

沙葱为每年 6、7 月采自内蒙古鄂尔多斯鄂托克旗天然草场，保鲜袋分装后于－20℃冰箱保存。使用时 65℃烘箱烘干后准确称重，用于多糖提取。

1.1.2　主要试剂与仪器

主要试剂包括无水乙醇、98％浓硫酸、苯酚、三氯乙酸、活性炭、葡萄糖。以上试剂均为分析纯。

试验仪器如下：电子分析天平 FA1104 型；可见分光光度计 Unic2100 型；电热恒温水浴锅 HH．S11-6 型；快速混匀器 SK-1 型；低速大容量多管离心机 L-500 型；调温电热套 DZTW 型；旋转蒸发仪 RE52CS 型；高速低温冷冻离心机 3K15 9000162 型；循环水式多用真空泵 SHB-ⅢA 型。

1.2　试验方法

1.2.1　沙葱多糖的提取

按照热水浸提法提取沙葱多糖的工艺参数：将烘干后沙葱用 98％的工业酒精按 1∶8（烘干沙葱∶酒精）的比例于 70℃脱脂 1 次；65℃烘干后按 20∶1 的水料比于 80℃浸提 8 h；抽滤弃去残渣后的多糖提取液经旋转蒸发仪浓缩至原体积的 1/3 后，加 8％的三氯乙酸过夜；离心除去蛋白沉淀，上清液加等体积无水乙醇于 4℃过夜；以 7 800r/min 离心 30 min，收集沉淀为沙葱多糖，冷冻干燥后称重备用，纯化时配制成 10mg/mL 沙葱多糖溶液。

1.2.2　沙葱多糖活性炭脱色工艺的研究

（1）多糖含量的测定

①测定方法　采用苯酚-硫酸法。此法是目前使用最广泛和最有效的多糖含量的检测方法。其原理为：苯酚-硫酸试剂可以与游离的或寡糖、多糖中的己糖、糖醛酸（或者甲苯衍生物）起显色反应，己糖在 490 nm 处（戊糖及糖醛酸在 480 nm 处）有最大吸光度值，吸光度值与糖含量呈线性关系。

②葡萄糖标准曲线的绘制

A. 葡萄糖标准溶液的配制：准确称取 105℃下干燥至恒重的标准葡萄糖 0.395 g 于

250 mL容量瓶中，加水至刻度，配得浓度为 1.58 mg/mL 葡萄糖母液，用移液管移取 10 mL 葡萄糖母液至 100 mL 容量瓶中定容至刻度，即得浓度为 0.158 mg/mL 的标准葡萄糖溶液。

B. 苯酚溶液的配制：称取苯酚 100 g，加 0.1 g 铝片和 0.05 g NaHCO₃ 进行常压蒸馏，收集（180±20）℃的馏分。精密称取该馏分 6 g 充分溶解于 94 g 去离子水中，转置于棕色试剂瓶中，即得 6%苯酚溶液，置于冰箱中备用。

C. 标准曲线的绘制：分别吸取 0.25、0.5、0.75、1.0、1.25 mL 标准葡萄糖溶液，各以去离子水增容至 1.5 mL，之后加入 6%苯酚溶液 2.0 mL 及浓硫酸 6.5 mL，静置 10 min，摇匀，置于 40 ℃恒温水浴锅中 30 min，取出后冷却 10 min，于 490 nm 测定溶液吸光度值，以 1.5 mL 蒸馏水按照同样显色操作为空白，横坐标为多糖溶液的浓度，纵坐标为吸光度值得到标准曲线。

（2）沙葱多糖溶液最大吸收波长的确定　对沙葱多糖溶液进行可见-紫外光谱全波长扫描，确定其中有色物质的最大吸收峰。扫描结果表明沙葱多糖溶液无最大吸收波长，根据互补色原理选择 450 nm 为检测波长。对活性炭脱色效果的衡量，一般用脱色率和多糖损失率来表示：

$$脱色率＝（脱色前 OD_{450nm}－脱色后 OD_{450nm}）/脱色前 OD_{450nm}×100\%$$

$$多糖损失率＝（脱色前多糖含量－脱色后多糖含量）/脱色前多糖含量×100\%$$

（3）沙葱多糖活性炭脱色单因素试验

①活性炭添加量对脱色效果的影响　在各试管中分别加入准确量取的待用沙葱多糖提取液 5 mL，然后按照质量体积比依次加入 0.5%、1%、1.5%、2%、2.5%、3%、3.5%、4%的活性炭，在 60℃下脱色 4 h，离心，取上清液测定脱色率和多糖损失率，每种处理重复 3 次，取平均值。

②脱色时间对脱色效果的影响　在各试管中分别加入准确量取的待用沙葱多糖提取液 5 mL、2%的活性炭，在 60℃下，分别控制脱色时间为 20、30、40、50、60、70、80、90 mim，离心，取上清液测定脱色率和多糖含量，每种处理重复 3 次，取平均值。

③脱色温度对脱色效果的影响　在各试管中分别加入准确量取的待用沙葱多糖提取液 5 mL、2%的活性炭，在温度为 20、30、40、50、60、70、80、90℃条件下分别脱色 1h，离心，取上清液测定脱色率和多糖含量，每种处理重复 3 次，取平均值。

（4）沙葱多糖活性炭脱色正交试验　在单因素试验的基础上，选取脱色时间（A）、脱色温度（B）和活性炭添加量（C）三个因素进行正交试验设计，每个因素选三个水平，以脱色率和多糖损失率为考查指标，选用正交表 L₉（3³）进行正交试验，每种组合重复 3 次，取平均值。试验因素水平设计见表 1。

表 1　活性炭脱色因素水平设计

水平	因素		
	A：脱色时间（min）	B：脱色温度（℃）	C：活性炭添加量（%）
1	30	70	0.5

（续）

水平	因素		
	A：脱色时间（min）	B：脱色温度（℃）	C：活性炭添加量（%）
2	40	80	1.0
3	50	90	1.5

1.3　试验结果与分析

1.3.1　活性炭添加量对脱色效果的影响

　　如图 1 所示，0.5% 的活性炭添加量与其他浓度的活性炭添加量相比，脱色率最高而多糖损失率最低，此条件下脱色效果最佳，脱色率为 90.57%，多糖损失率为 53.71%。

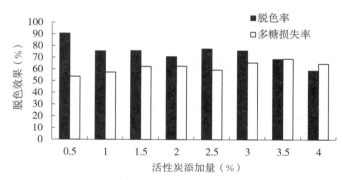

图 1　活性炭添加量对脱色效果的影响

1.3.2　脱色时间对脱色效果的影响

　　如图 2 所示，20～70 min 时间段，随着脱色时间的延长，脱色率先上升，到 40 min 达到最大，然后呈下降趋势，70 min 后脱色率虽然小幅增加，但多糖损失率却明显增加。综合考虑脱色率和多糖损失率，吸附时间为 40 min 时活性炭脱色即能达到较好的效果，此时脱色率为 69.81%，多糖损失率为 47.44%。

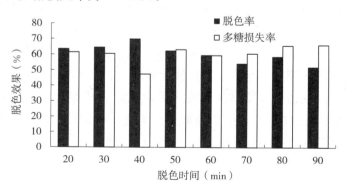

图 2　脱色时间对脱色效果的影响

1.3.3　脱色温度对脱色效果的影响

　　如图 3 所示，20～40℃ 温度范围内，随着温度的升高，脱色率呈下降趋势，但多糖损失率均较高。温度超过 40℃ 后，脱色率逐渐提高，且多糖损失率呈下降趋势。相比较而言，

90℃的脱色效果较好，脱色率为81.73％，多糖损失率为64.33％。

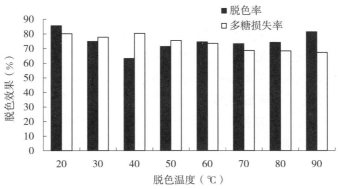

图3　脱色温度对脱色效果的影响

1.3.4　最佳脱色条件的确定

表2正交试验结果表明，影响沙葱多糖活性炭脱色效果的因素，按影响程度的大小顺序为C＞B＞A。即活性炭添加量对脱色效果影响最大，其次为脱色温度，再次为脱色时间。这与孔凡利等（2012）研究报道的荔枝多糖活性炭脱色结果不一致。根据正交试验数据统计结果，确定沙葱多糖活性炭脱色最佳工艺条件为$A_2B_2C_2$，即脱色温度80℃，活性炭添加量1.0％，脱色时间为40 min，在此条件下，脱色率为93.25％，多糖损失率为18.79％。

表2　沙葱多糖活性炭脱色正交试验结果与分析

试验编号	因素及其水平			试验结果		
	A	B	C	脱色率（％）	多糖含量（％）	综合评分
1	1	1	1	93.40	50.87	95.04
2	1	2	2	94.67	53.09	97.75
3	1	3	3	97.72	37.46	84.79
4	2	1	2	93.91	53.84	98.06
5	2	2	3	95.77	44.51	90.35
6	2	3	1	92.81	46.04	90.25
7	3	1	2	93.65	43.85	88.65
8	3	2	1	92.95	50.25	94.59
9	3	3	2	97.71	42.70	86.66
K_1	277.59	281.75	279.88			
K_2	278.66	282.69	285.47			
K_3	272.90	264.71	263.79			
k_1	92.53	93.92	93.29	T＝829.14		
k_2	92.89	94.23	95.16			
k_3	90.97	88.24	87.93			
R	1.92	5.99	7.23			

注：本试验采用综合加权评分法，权重系数均为0.5，分别把两项中最大的指标定为100分，其他各试验编号按下式评分：综合评分＝（脱色率/91.67）×100×0.5＋（多糖含量/82.35）×100×0.5。K_1、K_2、K_3表示每个因素各水平下的指标总和；k_1、k_2、k_3表示对应因素下的平均值；R表示对应因素下的极差（极差＝平均得率最大值－平均得率最小值）；T表示Σ求和。

1.4　讨论

试验选择因活性炭脱色，成本低、效果好，且不会影响提取物的生物活性，尤其适用于工业化生产。根据工业化生产的要求，先通过单因素试验比较了活性炭添加量、脱色时间和脱色温度对沙葱多糖活性炭脱色效果的影响，在此基础上又采用正交试验确定了沙葱多糖活性炭脱色的最优工艺条件，即脱色温度为 80℃、活性炭添加量为 1.0%、吸附时间为 40 min，在此条件下既可以使脱色率达到最高，又可以使多糖损失率下降到较低水平，这为沙葱多糖活性炭脱色处理提供了确切的方法，也为沙葱多糖工业化生产提供了相关的试验依据。

2　沙葱多糖的纯化鉴定、结构解析及理化性质

2.1　试验材料

2.1.1　主要试验材料

将制备的沙葱多糖在 80℃、1.0% 的活性炭添加量条件下，脱色 40 min，离心弃去活性炭，将脱色后多糖溶液经旋转蒸发仪浓缩至原体积的 1/3，按 1∶1 比例加入无水乙醇过夜，离心后沉淀即为除蛋白、脱色后的粗多糖，将其用适量蒸馏水溶解后，低温冷冻干燥。

2.1.2　主要试剂与仪器

（1）主要试剂　包括标准单糖如 L-鼠李糖（L-Rha）、D-葡萄糖（D-Glc）、D-木糖（D-Xylose）、L-阿拉伯糖（L-Ara）、D-阿拉伯糖（D-Ara）、D-甘露糖（D-Man）、D-半乳糖（D-Gal）、D-果糖（D-Fru）；标准葡聚糖如 Dextran T-10、T-40、T-70、T-110 以及 Dextran T-2000；SephadexG-100、SephadexG-150；Toluidine blue；牛血清蛋白、考马斯亮蓝 G-250；苯胺、KBr（均为国产分析纯试剂）；乙腈、D_2O（均为进口色谱纯试剂）；无水乙醇、苯酚、98% 浓硫酸、35%～38% 的盐酸、正丁醇、冰醋酸、活性炭、氯仿、正丁醇、三氯乙酸、O-Phthalic acid、$BaCO_3$、Alcian blue 8GX、Thymol（均为国产分析纯）；中速层析滤纸；国产硅胶板（200 mm×200 mm，厚度为 0.20～0.25 mm）。

（2）主要仪器　包括荧光分光光度计日立 850 型；氨基酸自动分析仪日立 850 型；红外光谱仪 Nicolet NEXVS670 型；高效液相色谱仪依利特 P230 型；紫外/可见分光光度计 Lab Tech 型；旋转蒸发仪 RE52CS 型；冷冻干燥机 FD-1 型；酸度计 PHD-200A 型；恒温水浴锅 B-220 型；电子天平 BP211-D 型；可见分光光度计 722 型；自动旋光仪 WZZ-2A 型；循环水式多用真空泵 SHB-ⅢA 型；核磁共振波谱仪 Bruker Avance Ⅲ 500 型；偏振塞曼原子吸收分光光度计 Z-8000 型；高速冷冻离心机 STXY GL-22M 型。

2.2　试验方法

2.2.1　多糖的纯化和鉴定

（1）多糖的 SephadexG-100 凝胶柱纯化

①凝胶柱的预处理　取 SephadexG-100 凝胶 9.0 g，加入 150 mL 蒸馏水，沸水中煮沸 1 h，可以缩短膨化时间，也可以去除凝胶颗粒中的气泡。

②SephadexG-100 凝胶柱层析步骤

A. 装柱：采用湿法装柱（层析柱规格为 50 cm×2.6 cm），要求装填致密均匀。层析柱必须垂直安装好，取蒸馏水倒入柱内 1/3 处，然后将预处理的葡聚糖凝胶用玻璃棒沿柱壁小心地缓慢倒入柱内，尽量一次装完，以免出现不均匀的断层。

B. 平衡：待凝胶沉降后打开螺旋夹，用 3～5 倍的蒸馏水平衡层析柱，使柱内的凝胶分布、膨胀度达到均衡状态。

C. 上样：为了避免在加样时将凝胶表面冲起，加样前，应在平衡好的凝胶柱表面放一片干净的滤纸。取 100 mg 粗多糖，配成 20 mg/mL 溶液，过滤后，沿柱壁缓慢加入，用蒸馏水洗脱。要注意不要使液面低于胶面。

D. 洗脱：用蒸馏水洗脱，流速 0.5 mL/min，手动收集馏分，每管 2.5 mL。

E. 收集：每隔一管用苯酚-硫酸法跟踪检测多糖含量，收集合并单一组分溶液。

F. 浓缩：收集的单一组分溶液冷冻干燥，得白色精制多糖粉末。每次洗脱之后要重新处理凝胶，重复使用。

（2）多糖纯度的鉴定

①紫外分光光度法分析　准确称取精制多糖 10 mg，分别用蒸馏水配制成 2 mg/mL 的溶液，在紫外/可见分光光度计上于 200～400 nm 范围进行紫外线扫描，检测在 260 nm 和 280 nm 是否有核酸和蛋白质的吸收。

②纸层析鉴定　用中速滤纸（22 cm×15 cm）进行试验。将精制多糖用蒸馏水配制成 2 mg/mL 的溶液各 1 mL，毛细管点样，上样量 20 μL。展层剂为正丁醇：浓氨水：水（40：50：5），展层剂在层析缸中饱和 2 h 后，采用垂直上行法室温展层 6 h。用 0.5% 的甲苯胺蓝乙醇溶液染色，以 95% 的乙醇漂洗至背景褪色。

③比旋光度的测定　将分离纯化所得的多糖分别溶于 10%、20%、25% 的乙醇溶液中，其沉淀物用 100 mm 试管，于 20℃ 钠光测定不同浓度乙醇沉淀物的旋光度值，然后按下式计算其比旋光度值 D^{20}。

$$D^{20} = \frac{\partial}{LC}$$

式中，∂ 为测定的旋光度（°）；L 为溶液的浓度（g/mL）；C 为试管长度（dm）。

④凝胶柱层析鉴定　用 SephadexG-100（50 cm×2.6 cm）进行试验。将精制多糖以蒸馏水配成 5 mg/mL 浓度，上样量 3 mL，以蒸馏水洗脱，流速 0.5 mL/min，手动收集洗脱液，每管 3 mL，硫酸-苯酚法隔管检测多糖的分布。

2.2.2　沙葱多糖的结构解析

（1）多糖相对分子质量的测定　所用凝胶为 SephadexG-100，层析柱规格为 50 cm×2.6 cm，湿法装柱，0.1 mol/L 的 NaCl 溶液平衡 24 h。洗脱液为蒸馏水，洗脱速度为 0.5 mL/min。蓝色葡聚糖（Dextran T-2000）和各标准葡聚糖上样量均为 3 mg，先用蓝色葡聚糖测得外

水体积 V_0，再用已知分子质量的标准葡聚糖 T-110、T-70、T-40、T-10 相继上柱。自动收集器分管收集洗脱液，每管 3 mL，苯酚-硫酸法检测，分别测定它们的洗脱体积 V_e。以分子质量 M_r 的自然对数 lnM_r 为纵坐标，V_e/V_0 为横坐标绘制标准曲线。然后取分离、纯化的多糖 3 mg 上柱，在与制作标准曲线相同的条件下测定各自的洗脱体积 V'_e，根据各自的 V'_e/V_0 从标准曲线上求得其对应的分子质量。

（2）多糖中单糖组成的鉴定

①多糖水解液的制备　进行多糖的单糖组成分析，首先需要对多糖进行完全酸水解。水解多糖常用的酸包括 2 mol/L 硫酸、6 mol/L 盐酸和三氟乙酸（TFA）。陶乐平等（1994）介绍，盐酸常用于糖蛋白和含氨基脱氧糖的水解，硫酸主要用于水解中性糖，TFA 用于植物细胞壁多糖、糖蛋白和糖胺聚糖的水解。由于 TFA 价格昂贵且毒性较大，因此本研究采用硫酸和盐酸两种水解方法研究分离纯化所得两种多糖的单糖组成。

A. 多糖的硫酸水解：准确称取分离纯化后的多糖 10 mg 于 5 mL 安瓿中，加入 2 mL 2 mol/L 的 H_2SO_4，用酒精喷灯封口，100℃水解 10 h，$BaCO_3$ 中和（直接往水解液中放 $BaCO_3$ 干粉直至水解液 pH 为中性），3 000 r/min 离心 10 min，吸取上清液，3 000 r/min 再离心 10 min，上清液即为多糖硫酸水解液。

B. 多糖的盐酸水解：准确称取分离纯化后的多糖 10 mg，置于 5 mL 安瓿中，分别加入 2 mL 6 mol/L 的盐酸使其完全溶解，然后用酒精喷灯封口，75℃水解 3 h。水解液冷却后以 3 000 r/min 离心 10 min 去除沉淀，上清液即为多糖盐酸水解液。将制备好的多糖水解液置于冰箱低温保存用于单糖组成的分析。

②薄层层析（TLC）

A. 活化：将待用硅胶板于 105℃烘箱中活化 30 min。

B. 点样：分别精确称取标准单糖 L-Rha、D-Glc、D-Xyl、L-Ara、D-Ara、D-Man、D-Gal、D-Fru 各 5 mg，溶解于 1 mL 蒸馏水中，将准备好的多糖硫酸水解液浓缩至原体积的 1/2 和各标准单糖一起点样。

C. 上样：准备标准单糖 5 μL、多糖硫酸水解浓缩液 20 μL。用毛细点样管多次上样，以各样点扩散后直径不超过 5 mm 为宜。

D. 展层：展层剂为正丁醇：冰醋酸：水（4：1：5），饱和 30 min 后，采用倾斜上行法，自下而上扩展。展开到距薄层板上端约 1 cm 处时取出，自然风干除去展层板上的溶剂。

E. 显色：苯胺-邻苯二甲酸试剂（苯胺 1.5 mL，邻苯二甲酸 1.66 g，溶于 100 mL 水饱和的正丁醇）喷雾，105℃烘干显色。

F. 比移值（R_f）的测定和斑点颜色的记录：显色后首先测定层析薄板上各标准单糖及多糖水解产物层析斑点的 R_f，并记录各斑点颜色。然后通过 R_f 和斑点颜色的对比判断多糖的单糖组成。

③高效液相色谱分析（HPLC）　　色谱测定条件：依利特 P230 高效液相色谱仪；Altech ELSD 800 蒸发光散射器；NH_2 色谱柱；流动相为乙腈：乙酸乙酯：水（60：25：15）；进样量为 20 μL；流速为 1 mL/min；柱温为 30℃；检测池温度为 40℃；标准单糖的

浓度为 0.1% （W/V）；各标准单糖溶液、多糖硫酸水解液、多糖盐酸水解液经 0.45 μm 微孔滤膜过滤后，依次进样，数据采集时间为 30 min。

（3）多糖的红外光谱分析（IR）　取分离纯化后的多糖 2 mg，分别与 400 mg 干燥的 KBr 粉末在玛瑙研钵中研磨混匀，然后在压片机上制成透明薄片，在红外光谱仪上测定 4 000～400 cm^{-1} 的红外光谱。

（4）多糖的 ^{1}H-nmR、^{13}C-nmR、^{2}D-nmR 分析　取适量分离纯化后的多糖溶于 0.5 mL D_2O 水中制成多糖饱和溶液，以 TMS 为参考，在 Bruck Avance Ⅲ 500 型核磁共振仪上于常温 500Hz 测定其 ^{1}H-nmR 谱，在 Bruck Avance Ⅲ 500 型核磁共振仪上于常温 100Hz 测定其 ^{13}C-nmR 谱和 ^{2}D-nmR 谱。

2.3　多糖的理化性质

2.3.1　多糖溶解性
称取适量分离纯化后的多糖分别溶解于纯水、无水乙醇、乙醚、丙酮和乙酸乙酯等溶剂，观察其溶解特性。

2.3.2　多糖 pH 的测定
称取分离纯化后的多糖 10 mg，溶解于 10 mL 蒸馏水中，在 PHD-200A 型酸度计上测定 pH。

2.3.3　多糖的纯度测定
测定纯化前后多糖含量和蛋白质含量。多糖含量的测定采用硫酸-苯酚法，见"2.2.1 多糖的纯化和鉴定"。多糖中蛋白质含量的测定，采用考马斯亮蓝染色法。葡萄糖标准曲线和蛋白质标准曲线见图 4 和图 5。计算多糖在纯化前后的纯度、得率和蛋白质含量。

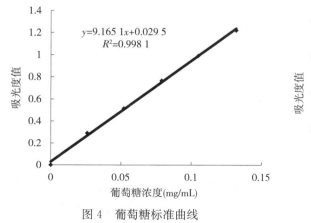

图 4　葡萄糖标准曲线

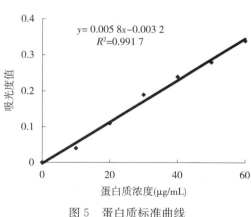

图 5　蛋白质标准曲线

2.3.4　多糖中非糖成分的测定
（1）氨基酸组成及含量测定　硫酸水解法处理纯化前后多糖样品，参照《饲料中氨基酸的测定》（GB/T 18246—2019），以日立 835-50 型氨基酸自动分析仪检测多糖的氨基酸组成。

（2）粗灰分和粗脂肪的测定　参照《饲料中粗灰分的测定》（GB/T 6438—2007），测定多糖中的粗灰分含量。参照《饲料中粗脂肪的测定》（GB/T 6433—2006），测定多糖中粗脂肪的含量。

（3）多糖中矿物质元素的测定　参照《饲料中钙、铜、铁、镁、锰、钾、钠和锌含量的测定 原子吸收光谱法》（GB/T 13885—2017），以 Z-8000 型偏振塞曼原子吸收分光光度计测定多糖中的 Ca、Fe、Zn、Mg 等常量矿物质元素。参照《食品安全国家标准 食品中硒的测定》（GB/T 5009.93—2017），以日立 850 型荧光分光光度计测定多糖中的微量矿物质元素 Se。

2.4　试验结果与分析

2.4.1　多糖的纯化鉴定结果

（1）多糖的 SephadexG-100 凝胶柱纯化结果　沙葱多糖的 SephadexG-100 凝胶柱层析出现了 2 个洗脱峰，表明含有 2 种多糖组分，其中第一个洗脱峰窄而低，测定多糖含量较少，应弃去；第二个洗脱峰宽而高，测定多糖含量较多，故收集合并第 35～45 管液体，低温冷冻干燥后得白色疏松状粉末，命名为 SCSP。

（2）多糖的纯度鉴定结果

①多糖的紫外线扫描图谱　如图 6 所示，SCSP 溶液在波长 200～400 nm 范围内的紫外线扫描结果显示，在 260 nm 和 280 nm 处均无明显吸收峰，说明过层析柱后收集的 SCSP 较纯，基本不含核酸和蛋白质。

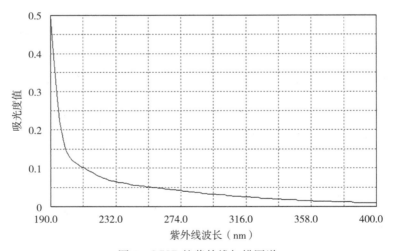

图 6　SCSP 的紫外线扫描图谱

②多糖的纸层析图谱　单糖、双糖、寡糖、多糖及其衍生物都可通过纸色谱法得到满意的分离和鉴定结果，由图 7（彩图 25）的纸层析图谱可见，SCSP 纸层析的结果为单一海蓝色集中斑点，这说明 SCSP 为分子质量均一的单一组分。

③多糖比旋光度测定结果　不同的多糖具有不同的比旋光度，它们在不同浓度的乙醇中具有不同的溶解度。如果多糖水溶液经不同浓度的乙醇沉淀所得沉淀物具有相同的比旋光度，则证明多糖为均一组分。SCSP 的三种乙醇浓度多糖沉淀比旋光度测定结果均为 +51.36°，说明 SCSP 为均一组分多糖。

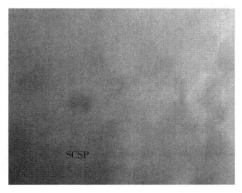

图 7　SCSP 的纸层析图谱

④多糖的凝胶柱层析　　如图 8 所示，SCSP 凝胶柱层析洗脱曲线为单一狭窄对称峰，说明 SCSP 为均一组分多糖。

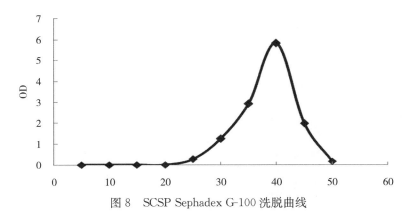

图 8　SCSP Sephadex G-100 洗脱曲线

2.4.2　多糖的结构解析

（1）多糖相对分子质量的测定　　SCSP 多糖分子质量测定的标准曲线见图 9，该标准曲线的回归方程是：$y = -1.575\,8x + 8.641\,8$，$R^2 = 0.994\,5$。标准蓝色葡聚糖测得的外水体积 V_0 为 41.90 mL，SCSP 的洗脱体积 V'_e 为 31.49 mL。根据 V'_e/V_0，测得其分子质量为 58.87 ku。

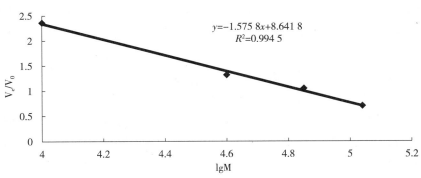

$$y = -1.575\,8x + 8.641\,8$$
$$R^2 = 0.994\,5$$

图 9　凝胶过滤法测定分子质量的标准曲线

（2）多糖中单糖组成的鉴定

①多糖的硅胶薄层层析　SCSP硫酸水解产物、8种单糖硅胶薄层层析 R_f 以及斑点颜色见图10（彩图26）和表3。

表3　硅胶薄层层析结果

样品	R_f （mm）							
	0.26	0.39	0.40	0.41	0.44	0.45	0.53	0.59
L-Rha								＋（红色）
L-Ara					＋（红色）			
D-Man						＋（棕色）		
D-Fru				＋（浅棕）				
D-Gal	＋（棕色）							
D-Glc			＋（棕色）					
D-Xyl							＋（红色）	
D-Ara		＋（红色）						
SCSP硫酸水解产物	＋（棕色）		＋（棕色）					＋（红色）

注："＋"表示在可见光下有颜色反应。

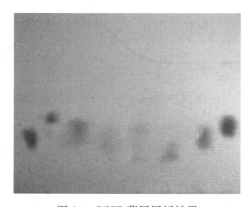

图10　SCSP薄层层析结果

②多糖的高效液相色谱　图11是SCSP盐酸水解产物的高效液相色谱（HPLC），图谱上出现的各个吸收峰经与各标准单糖图谱出峰时间对照，结果显示SCSP盐酸水解产物中的单糖主要有鼠李糖和葡萄糖，其中鼠李糖的峰值高，葡萄糖峰值低，未见半乳糖对应吸收峰出现，说明SCSP糖链中的主要单糖构成是鼠李糖和葡萄糖。

图12是SCSP硫酸水解产物的HPLC图谱，图谱上出现的各个吸收峰与各标准单糖图谱出峰时间对照，结果显示SCSP硫酸水解产物中的单糖主要有鼠李糖和葡萄糖；其中鼠李糖的峰值高，葡萄糖峰值低，未见半乳糖对应吸收峰出现，说明SCSP糖链中的主要单糖构成是鼠李糖和葡萄糖。

SCSP两种水解方法的HPLC图谱分析表明，SCSP的盐酸水解和硫酸水解效果基本相同，且两种水解方法可能均未使 SCSP 彻底水解完全，其中高丰度的单糖鼠李糖和葡萄糖可以水解，但硅胶薄层层析中可以分辨出的半乳糖在水解样的 HPLC 图谱中几乎无法辨别，这可能与具体的水解方法、水解条件及高效液相色谱的具体条件有关。

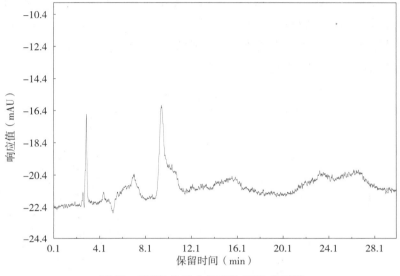

图 11　SCSP 盐酸水解产物 HPLC 图谱

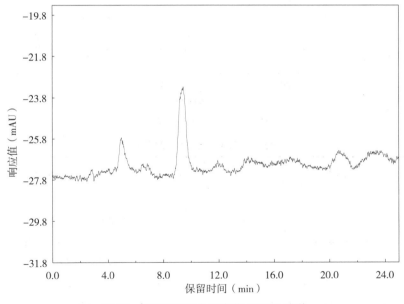

图 12　SCSP 硫酸水解产物 HPLC 图谱

（3）多糖的红外线谱分析　由 SCSP 的红外线谱可见（图 13），3 414.04 cm^{-1} 处出现的宽强峰是糖类分子内 O—H 和 N—H 的伸缩振动吸收峰，2 932.06 cm^{-1} 处出现的较弱峰是糖类 C—H 的振动吸收峰，在 1 400~1 200 cm^{-1} 区域出现不太尖的峰是 C—H 的变角振动吸收峰，这三个区域的吸收峰是糖类的特征吸收峰。1 738.40 cm^{-1} 和 1 601.38 cm^{-1} 处较强的峰是羧基的 C=O 伸缩振动峰和氨基的 N—H 变角振动峰，1 404.17 cm⁻¹是羧基的 C—O 伸缩振动峰，推断样品中少量存在的蛋白质可能为糖结合蛋白；1 240.86 cm⁻¹附近是硫酸基吸收峰，1 200～1 000 cm⁻¹间较大的吸收峰是糖环 C—O—C 和 C—O—H 的 C—O 伸缩振动峰；930～960 cm（954.46 cm⁻¹）区域为糖的吡喃环的振动吸收峰，但由于其立体结构的差异又分成不同的吸收峰。954.46、914.85、876.14、832.41、766.67 cm⁻¹附近的吸收峰可能为其组成单糖 L-脱氧鼠李糖、β-D-吡喃半乳糖、β-D-葡萄糖的特征构型吸收峰。具体官能团及其结构信息归属见表 4。

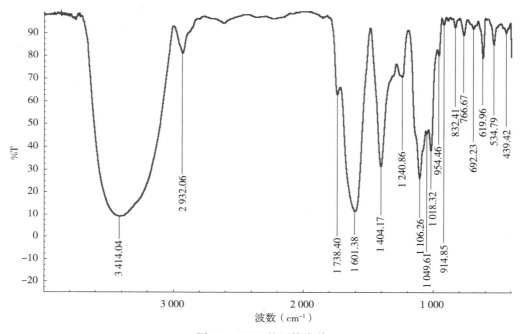

图 13　SCSP 的红外线谱

表 4　SCSP 的红外线谱分析

序号	吸收波数（cm⁻¹）	官能团及其振动方式
1	3 414.04	O—H、N—H 伸缩振动
2	2 932.06	糖类 C—H 伸缩振动
3	1 738.40、1 601.38	糖类羧基 C=O 伸缩振动
4	1 404.17	羧基 C—O 伸缩振动
5	1 240.86	羧基 O—H 变角振动或硫酸基 S=O 伸缩振动
6	1 106.26、1 049.61、1 018.32	C—O—C（环内醚）的 C—O 伸缩振动
7	914.85	吡喃环的非对称性伸缩振动
8	832.41	α-端基差向异构的 C—H 变角振动
9	766.67	吡喃环的对称性伸缩振动

（4）多糖的核磁共振（nmR）分析　在 ¹H-nmR 图谱中（图 14），δ5.057 ppm 为一个

异头氢的共振峰，其化学位移大于 δ5.0 ppm，说明单糖残基为 α-型吡喃糖，这与红外线谱的分析结果不十分一致；δ4.264、δ4.693、δ3.580、δ4.737、δ4.888 为 4 个异头氢的共振峰，其化学位移小于 δ5.0 ppm，说明这些单糖残基均为 β-型吡喃糖，这与红外线谱的分析结果一致；另外，SCSP 在 δ3.0～4.5 ppm 范围内分别于 δ3.490、δ3.728、δ3.930、δ4.264 位移处出现了 4 组峰，说明该多糖链中至少包括 4 种单糖，为杂多糖，这与 SCSP 盐酸和硫酸水解产物的 HPLC 分析的结果不十分一致。在 4 组峰中，δ3.490 处的共振峰面积最大，可能是其鼠李糖环的 C 质子共振峰。

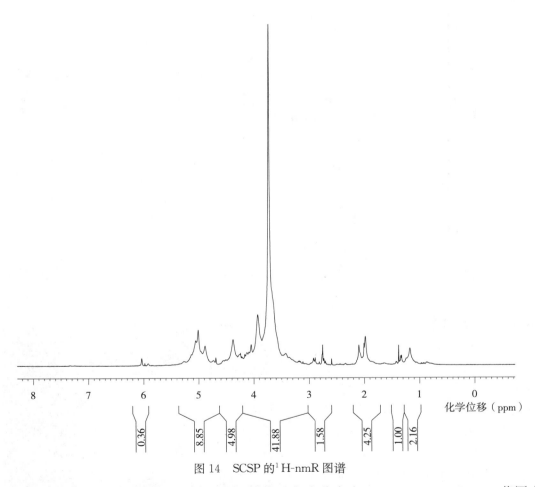

图 14　SCSP 的 ^{1}H-nmR 图谱

在 ^{13}C-nmR 图谱中（图 15），SCSP 的碳信号集中分布在 δ16.47～100.37 ppm 范围内，异头碳区有 3 个峰，其化学位移 δ 依次为 95.08、99.84、100.37 ppm，分别归属-α-Rha、n 和 α-GlC-（1→4）。δ78.97 和 δ76.72 ppm 分别是 α-Man（1→2）和 β-Glc（1→2）-的 C-2 和

C-3 的信号。δ67.78、δ69.46、δ70.54、δ16.47 ppm 分别是 α-Man（1→4）、-α-Rha、β-GlC-（1→2）和-α-Rha（1→3）中 C-3、C-3、C-4 和 C-6 的信号。δ166.68、δ170.69 处出现的可能羧基的共振吸收峰。

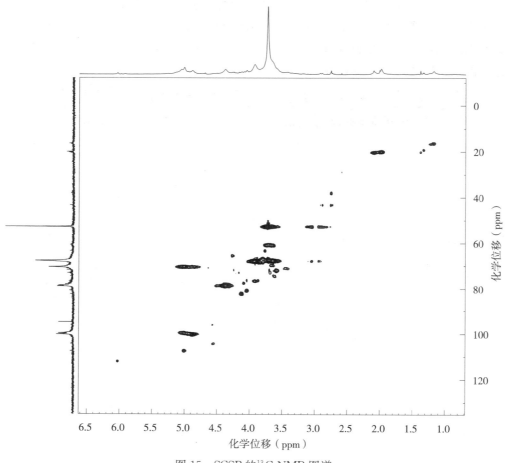

图 15　SCSP 的 ^{13}C-NMR 图谱

2.4.3　多糖的理化性质

（1）多糖的溶解特性　SephadexG-100 柱层析纯化后冷冻干燥的 SCSP 为白色疏松片状晶体（图 16、彩图 27），无色无味，易溶于水，不溶于无水乙醇、乙醚、丙酮、氯仿、正丁醇等有机溶剂。

（2）多糖的 pH　经 PHD-200A 型酸度计测定，SCSP pH 为 7.15。由 pH 值测定结果可见，SCSP 为中性多糖。

（3）多糖的纯度测定　多糖纯度测

图 16　沙葱多糖冻干图

定结果表明，SCSP 在过层析柱纯化后多糖含量明显增加，说明多糖的纯度大大提高，但由于纯化过程不可避免地造成多糖的损失，使纯化后多糖得率降低（表 5）；蛋白测定结果表明，纯化后蛋白质含量明显减少，多糖中仍残留了少量的蛋白质成分，可能由于其含量较低，故紫外线谱未能检出。这些经纯化未被除去的蛋白质很可能是以结合态与糖共存的糖结合蛋白，对多糖的活性可能有重要的影响。

表 5　多糖和蛋白质纯度测定结果（％）

多糖样品	多糖含量		多糖得率		蛋白质含量	
	纯化前	纯化后	纯化前	纯化后	纯化前	纯化后
SCSP	38.82	87.23	3.25	1.97	10.49	2.13

（4）多糖中非糖物质的检测　为了确定多糖中是否存蛋白质以外的其他成分，分别对纯化后的多糖进行了氨基酸、粗灰分、粗脂肪和几种矿物质元素含量的测定。表 6 至表 8 的结果说明，纯化后 SCSP 中残留的氨基酸、矿物质元素和粗脂肪相对较少，纯化效果较好。

表 6　氨基酸分析结果（mg，以 100 mg 样品计）

氨基酸种类		SCSP 中氨基酸含量	
		纯化前	纯化后
Asp	天门冬氨酸	0.690	0.315
Thr	苏氨酸	0.238	0.090
Ser	丝氨酸	0.272	0.101
Glu	谷氨酸	1.196	0.427
Gly	甘氨酸	0.213	0.105
Ala	丙氨酸	0.263	0.094
Cys	胱氨酸	0.216	0.216
Val	缬氨酸	0.298	0.172
Met	蛋氨酸	0.241	0.238
Ile	异亮氨酸	0.172	0.106
Leu	亮氨酸	0.201	0.115
Tyr	酪氨酸	0.053	0.030
Phe	苯丙氨酸	0.174	0.127
Lys	赖氨酸	0.468	0.182
His	组氨酸	0.112	0.042
Arg	精氨酸	0.165	0.084
Pro	脯氨酸	0.091	0.093
总氨基酸含量		5.063	2.537

表 7　粗灰分和粗脂肪分析结果（%）

检测项目	SCSP 中粗灰分和粗脂肪含量	
	纯化前	纯化后
粗灰分	16.37	7.82
粗脂肪	5.34	2.49

表 8　矿物质元素分析结果

元素种类	SCSP 中矿物质元素含量
Ca（mg，以 100 g 样品计）	4 360.47
Fe（mg/kg）	3.47
Zn（mg/kg）	4.47
Mg（mg，以 100 g 样品计）	37.68
Se（mg/kg）	0.089

2.5　讨论

2.5.1　多糖的纯化和鉴定

凝胶过滤法又称凝胶柱层析法。由于凝胶具有一定大小的孔径，故不同形状和大小的多糖分子在凝胶层析柱中移动速度不同，其规律是较大分子的移动较慢，较小分子的移动较快，流出液跟踪检测多糖分布，绘制洗脱曲线，如只有单一对称峰，则表明该多糖为均一组分。凝胶柱层析法可以用来分离大分子多糖中的小分子化合物，如盐类、色素、小分子游离蛋白和小分子糖，既起到纯化多糖的目的，又可以用来鉴定多糖的纯度。沙葱多糖 SephadexG-100 凝胶层析柱洗脱曲线中出现 2 个多糖吸收峰，说明沙葱多糖有 2 种组分，考虑到后续动物试验需要大量的多糖，本研究只收集第 2 个峰型高、面积宽、含量较高的多糖组分进行纯度鉴定和结构分析。

多糖是大分子化合物，其纯度标准不能用通常小分子化合物的纯度标准来衡量，因为即使是多糖纯品，其微观也是不均一的，纯度只代表某一多糖的相似链长的平均分布。多糖纯品指的是一定分子质量范围内的均一组分。通常进行多糖纯度鉴定的方法均有一定程度的误差，必须选择两种以上的方法才能最终确定多糖物质的均一性。本研究采用紫外分光光度法、纸层析法、比旋光度法和凝胶过滤法 4 种方法检验纯化后 SCSP 的纯度。SCSP 的紫外分析结果表明无核酸和蛋白质的明显吸收，纸层析见单一染色斑点，凝胶柱层析结果显示只出现了单一对称峰，以上纯度鉴定结果综合表明提取纯化得到的 SCSP 纯度较高，并且多糖纯度测定结果也证明了纯化前后纯度提高了 48.41%，由以前的 38.82% 提高到 87.23%，蛋白含量的减少说明过层析柱可以再次脱除蛋白质和相对分子质量较小的其他杂质。

2.5.2　多糖的结构解析

多糖的结构分析描述包括分子质量、单糖的组成及连接类型、单糖和糖苷键的构型及重复单元等。

多糖的分子质量测定是研究多糖性质中一项较为重要的工作。多糖的性质往往与其分子质量大小有关。一般说来，分子质量增大，黏度增高。在生物学研究中发现，分子质量较大的右旋糖酐可使红细胞聚集，便于从血液中提取白细胞和血小板等成分；而低分子质量的右旋糖酐可以用来防治某些血栓性疾病，如冠心病、脑血栓等，因为它有解聚红细胞和改善血流循环的作用。常用于测定多糖分子质量的方法有渗透压法、黏度法、凝胶色谱法、超过滤法。本研究用凝胶过滤层析法通过葡聚糖标准分子质量曲线求出 SCSP 的分子质量为58.87 ku。

单糖组成分析的第一步是将多糖的糖苷键完全断裂，方法有甲醇解、盐酸水解、硫酸水解及三氟醋酸水解等，最常用的是三氟醋酸水解法，但考虑到三氟醋酸有剧毒，本研究采用实验室常用的盐酸水解和硫酸水解，水解后将单糖进行定性和定量。高效液相色谱是在经典柱色谱和气相色谱的基础上发展起来的仪器化液相柱色谱，流动相在高压输液泵的驱动下，在色谱柱中与高分离效能的固定相做相对运动，由于样品中不同组分在流动相和固定相之间的分配系数不同，因此，这些组分在两相间反复多次地进行平衡分配，造成差速迁移而彼此分离。HPLC 具有分离速度快（分离时间不超过 1 h）、分辨率高、分离效果好、重现性好和不破坏样品等优点，因此，自从 20 世纪 70 年代 HPLC 开始应用于糖结构研究以来，已取得了较大的进展，成为常量及微量单糖和寡糖重要的分离、分析方法之一。多糖的 HPLC 可依据标准单糖的保留时间和水解液的保留时间，鉴定出单糖的组分和含量。SCSP 的两种水解液的 HPLC 表明两种水解方法效果差别不大，并且水解都不十分彻底。SCSP 的 HPLC 出现了与 L-鼠李糖和 D-葡萄糖相同保留时间的洗脱峰，说明其单糖组分中有 L-鼠李糖和 D-葡萄糖。与薄层层析结果不同的是，HPLC 图谱未见 D-半乳糖洗脱峰，其原因可能是水解不彻底或多糖的 HPLC 的色谱条件不十分合适。

随着现代仪器的发展，物理分析方法也在多糖结构分析中占有很重要的地位，如红外线谱法、核磁共振（nmR）、质谱（MS）分析等。

红外线谱法（IR）是研究糖类物质结构不可缺少的重要手段。红外线谱主要用于确定常规官能团、识别呋喃糖和吡喃糖、确定糖苷键的构型，还可用于不同糖的组成鉴别。糖类中的一些特殊功能基团都呈现一些特异的红外线吸收光谱，据此可以判别糖链上的主要取代基。首先，红外线谱可以用于判断化合物是否为糖类。$3\,600 \sim 3\,200\ cm^{-1}$ 区域由许多小峰构成的宽强峰是分子内羟基 O—H 的伸缩振动吸收峰，是由于分子内的羟基常形成多种方式的氢键所致。N—H 在这个区域也有伸缩振动吸收峰。$3\,000 \sim 2\,800\ cm^{-1}$ 区域较弱的吸收峰和 $1\,400 \sim 1\,200\ cm^{-1}$ 区域不太小的吸收峰分别是 C—H 伸缩振动和变角振动所致，这两个区域的吸收峰是糖类的特征吸收峰，没有这两个区域的吸收峰可以初步判断该化合物不是糖类。$1\,200 \sim 1\,000\ cm^{-1}$ 间全谱最强的吸收峰是由两种 C—O 伸缩振动所引起，一种是C—O—H，另一种是糖环 C—O—C。其次，$1\,000 \sim 700\ cm^{-1}$ 以下的指纹区，吸收峰归属的判定较复杂，但也最有用，是能够给出最多结构信息的区域。此区域的吸收峰可以用于识别吡喃糖和呋喃糖，以及吡喃环的 α 和 β 两种半缩醛羟基异构体。α 构型的糖苷键常出现$(844 \pm 8)\ cm^{-1}$，而 β 构型的多糖出现 $(892 \pm 7)\ cm^{-1}$。另外，红外线谱也可以用于检测糖类的官能团。1 250 cm⁻¹ 附近是硫酸基的吸收峰，1 640～1 620 cm⁻¹ 附近是酰氨基的吸收峰。SCSP 红外线谱在 3 600～3 200 cm⁻¹、3 000～2 800 cm⁻¹、1 400～1 200 cm⁻¹ 区域内均出现了糖类的特征吸收峰，在 875 cm⁻¹ 处出现了吡喃糖的伸缩振动峰，此外还出现了氨基和羧基的吸收峰，说明提取纯化产物多糖中的单糖是吡喃糖，并含有少量蛋白质成分。

自从核磁共振（NMR）技术被引入多糖结构的研究以来，其推动了多糖结构的研究进程，成为多糖结构分析强有力的工具。尤其是 20 世纪 90 年代以来，二维核磁共振（2D-NMR）在理论、方法和技术方面得到了飞速发展，各种各样的脉冲序列层出不穷，使 2D-NMR 在复杂的生物大分子化学结构鉴定中得到了广泛应用。NMR 能提供多糖的糖单元种类和相对含量、糖苷键的构型、连接方式以及序列等信息，将获得的结构信息与甲基化分析结果相结合，可对多糖分子结构进行进一步的确认和表征。另外，NMR 具有不破坏样品的优点，因此对难以得到的多糖样品的结构解析具有重要意义。核磁共振氢谱（¹H-NMR）能提供重要的结构信息，主要解决多糖结构中糖苷键的构型问题；多糖的¹H-NMR 信号大多数堆集在 $\delta 4.0 \times 10^{-6} \sim 5.5 \times 10^{-6}$ 的狭小范围内，$\delta 3.5 \sim 4.0$ ppm 为糖环质子信号，$\delta 5.0$ ppm 左右为端基 C 上的质子位移，这个范围内吸收峰的个数和单糖残基个数相对应。在 $\delta 5.0$ ppm 左右出现 3 个左右的端基质子的信号，在 $\delta 3.5$ ppm 左右出现 2 个峰，说明样品中存在糖类；一般 α 构型糖苷的异头碳上的氢的共振比 β 构型糖苷向低场位移 0.3～0.5 ppm，前者一般出现在 $\delta 4.9 \sim 5.6$ ppm，而后者一般出现在 $\delta 4.3 \sim 4.9$ ppm 范围，SCSP 的¹H-NMR 在此两个区域均出现了异头质子信号，说明 SCSP 同时含有 α 和 β 构型的糖苷，这与红外线谱的结果不十分一致。¹³C-NMR 的化学位移范围较¹H-NMR 广，可达 82×10^{-4}，既可用于确定各种碳的位置，又能区别分子的构型和构象。SCSP 的¹³C-NMR 图谱中，碳信号集中分布在 $\delta 16.47 \sim 100.37$ ppm 范围内，异头碳区有 3 个峰，其化学位移 δ 依次为 95.08、99.84、100.37 ppm，分别归属 n、α-Glc（1→4）和-α-Rha。

2.6　小结

本研究优化了沙葱多糖活性炭脱色的工艺条件，分析了活性炭添加量、脱色时间和脱色温度对沙葱多糖脱色效果的影响，并在单因素试验的基础上，采用正交试验确定了沙葱多糖活性炭脱色的最佳工艺参数指标为：脱色温度 80℃、活性炭添加量 1.0%、吸附时间 40 min。在此条件下，脱色率为 93.25%，多糖损失率为 18.79%。

对活性炭脱色后的沙葱多糖进行 SephadexG-100 层析柱纯化，收集单一吸收峰溶液，冷冻干燥后经紫外分光光度法、纸层析法、比旋光度法和凝胶柱层析法联合检验为均一多糖，命名为 SCSP；采用 SephadexG-100 凝胶柱层析法测定了 SCSP 的分子质量为 58.87 ku。采用硅胶薄层层析（TLC）、高效液相色谱（HPLC）鉴定单糖组成，综合 TLC、HPLC 和 IR 检测的结果，最终确定 SCSP 是由 D-葡萄糖、L-鼠李糖、D-半乳糖构成的杂多糖；SCSP 红外线谱在 3 414.04 cm⁻¹、2 932.06 cm⁻¹ 和 1 400～1 200 cm⁻¹ 区域出现了糖类分子的特征吸收峰，在 954.46 cm⁻¹、914.85 cm⁻¹、876.14 cm⁻¹ 附近有 L-鼠李糖、β-D-吡喃半乳糖、β-D-葡萄糖的特征吸收峰。核磁共振图谱确定了 SCSP 糖链的主要连接方式为 α-Glc（1→4）、 n 和-α-Rha。

　　SCSP 的理化性质研究得出，SCSP 为白色疏松结晶，易溶于水，不溶于乙醇、乙醚、丙酮、氯仿、正丁醇等有机溶剂，旋光度为＋51.36°，SCSP 水溶液 pH 为 7.15。SCSP 纯度检测结果多糖含量为 87.32%，得率为 1.97%，蛋白质含量为 2.13%，未被纯化除去的蛋白质可能是以结合态与多糖共存的糖结合蛋白。检测 SCSP 中其他非糖成分如游离氨基酸、粗灰分、粗脂肪和 Ca、Fe、Zn、Mg、Se 矿物质元素，含量分别为 2.88 mg（以 100 mg 样品计）、7.82%、2.49%、4 360.47 mg（以 100 g 样品计）、3.47 mg/kg、4.47 mg/kg、37.68 mg（以 100 g 样品计）、0.089 mg/kg。

沙葱挥发油的提取工艺和成分鉴定方法研究

1 水蒸气蒸馏法提取沙葱挥发油最佳工艺参数的确定

目前，国内外用于植物挥发油的提取方法有水蒸气蒸馏法、有机溶剂提取法以及超临界CO_2萃取法等，其中水蒸气蒸馏法简单易行，便于操作，是《中国药典》中挥发油含量测定所选用的方法。本研究通过改进《中国药典》挥发油提取方法，通过单因素试验来考察浸泡时间、料液比、超声波处理时间、蒸馏时间对沙葱挥发油提取量的影响，然后用正交试验确定提取沙葱挥发油的最佳工艺参数。

1.1 试验材料

1.1.1 主要试验材料

本试验所用的沙葱于 2010 年 8 月采自内蒙古鄂尔多斯鄂托克旗天然草场。

1.1.2 主要仪器

主要仪器包括 Sartorious BP221S 电子天平；S11-6 型电热恒温水浴锅；DZTW 型调温电热套；挥发油测定器；超声波细胞粉碎仪；烘箱。

1.2 试验方法

精确称取 100 g 沙葱粉，浸泡后经超声波处理一定时间，置 2 000 mL 圆底烧瓶中，加一定量的水与玻璃珠数粒，自冷凝管上端加水使其充满挥发油测定器的刻度部分，并溢流入烧瓶时为止。将烧瓶置电热套中加热至沸腾，保持微沸一定时间后停止加热，放置片刻，开启测定器下端活塞，将水和挥发油缓缓放出。用乙醚萃取挥发油，于 35℃挥发乙醚，得到淡黄色的沙葱挥发油。

水蒸气蒸馏法提取沙葱挥发油单因素试验：

（1）浸泡时间对沙葱挥发油提取率的影响　精确称取沙葱粉100 g，将料液比固定为1：10，超声波处理时间固定为 10 min，蒸馏时间固定为 3.5 h，分别以 0.5、1、1.5、2、2.5 h 的浸泡时间进行提取，计算挥发油提取率，考查不同浸泡时间对沙葱挥发油提取率的影响。重复 3 次。

（2）料液比对沙葱挥发油提取率的影响　精确称取沙葱粉 100 g，将浸泡时间固定为 2 h，超声波处理时间固定为 10 min，蒸馏时间固定为 3.5 h，分别以 1：8、1：9、1：10、1：11、1：12 的料液比进行提取，计算挥发油提取率，考查不同料液比对沙葱挥发油提取率的影响。重复 3 次。

（3）超声波处理时间对沙葱挥发油提取率的影响　精确称取沙葱粉 100 g，将浸泡时间固定为 2 h，蒸馏时间固定为 3.5 h，料液比固定为 1∶10，分别以 0、5、10、15、20 min 的超声波处理时间来进行提取，计算挥发油提取率，考查不同超声波处理时间对沙葱挥发油提取率的影响。重复 3 次。

（4）蒸馏时间对沙葱挥发油提取率的影响　精确称取沙葱粉 100 g，将浸泡时间固定为 2 h，超声波处理时间固定为 10 min，料液比固定为 1∶10，分别以 2.5、3、3.5、4、4.5 h 的蒸馏时间来进行提取，计算挥发油提取率，考查不同蒸馏时间对沙葱挥发油提取率的影响。重复 3 次。

1.3　数据统计分析

本试验数据用 Excel 进行处理后采用 SAS9.0 软件，进行 ANOVE 平衡设计方差分析。

1.4　试验结果与分析

1.4.1　浸泡时间对沙葱挥发油得率的影响

如表 1 所示，浸泡时间在 0.5～1.5 h 时，沙葱挥发油的得率随着浸泡时间的延长而升高，数值之间存在着显著的差异（$P < 0.05$），而浸泡时间在 1.5～2.5 h 时，沙葱挥发油的得率随着浸泡时间的延长而没有明显的变化，数值之间没有显著差异（$P > 0.05$）。

表 1　浸泡时间对沙葱挥发油得率的影响

项目	浸泡时间（h）				
	0.5	1	1.5	2	2.5
挥发油得率（%）	0.21 ± 0.009^C	0.25 ± 0.008^B	0.30 ± 0.014^A	0.31 ± 0.016^A	0.30 ± 0.016^A

注：同行数据肩注相同字母表示差异不显著（$P > 0.05$），不同字母表示差异显著（$P < 0.05$），下同。

选择适当的浸泡时间，有利于节省时间，提高工艺效率。由图 1 可知，在 0.5～1.5 h 内，沙葱挥发油的得率随着浸泡时间的延长而升高；当浸泡时间超过 1.5 h 时，挥发油得率

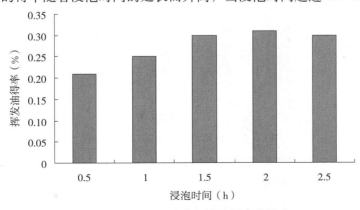

图 1　浸泡时间对沙葱挥发油得率的影响

升高速度变慢。浸泡理论认为浸泡可使植物细胞间隙变大，组织细胞充分膨胀，加速细胞内、外液动态交换而有利于挥发油的提取。因此认为，沙葱浸泡1.5 h时组织细胞已经充分膨胀，故选择1.5 h作为最适浸泡时间。

1.4.2　料液比对沙葱挥发油得率的影响

如表2所示，料液比为1∶（8~9）时，沙葱挥发油的得率随着加水量的增加而没有明显的变化，数值之间没有显著的差异（$P > 0.05$）；而料液比在1∶（9~11）时，挥发油的得率随着加水量的增加而升高，数值之间存在着显著差异（$P < 0.05$）；料液比为1∶10和1∶12时，得率数值的差异不显著（$P > 0.05$），由此可知，得率最高的料液比是1∶11。

表 2　料液比对沙葱挥发油得率的影响

项目	料液比				
	1∶8	1∶9	1∶10	1∶11	1∶12
挥发油得率（%）	0.24±0.012[C]	0.25±0.008[C]	0.31±0.014[B]	0.34±0.012[A]	0.30±0.008[B]

挥发油提取过程中，确定料液比不仅可以提高挥发油的得率，而且能够节约生产用水和生产成本。由图2可知，在料液比为1∶（9~11）时，随着料液比的增加挥发油的得率有明显的升高趋势；在料液比为1∶11时，沙葱挥发油得率最大；料液比超过1∶11时，挥发油得率有下降趋势。可以认为，料液比过小时，不能充分浸润沙葱，产生的蒸汽量少，影响挥发油的得率；而料液比过高易导致溶液暴沸，影响提取效果。因此认为，1∶11的料液比为沙葱挥发油提取的最适料液比。

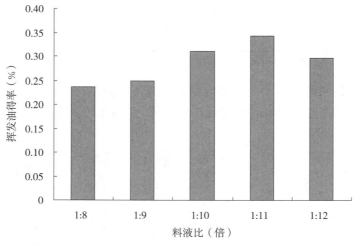

图2　料液比对沙葱挥发油得率的影响

1.4.3　超声波处理时间对沙葱挥发油得率的影响

如表3所示，超声波处理时间在0~5 min时，沙葱挥发油的得率没有明显的变化，数值之间没有显著的差异（$P > 0.05$）；而超声波处理时间在5~20 min时，沙葱挥发油的得率随着超声波处理时间的延长而升高，数值之间存在显著的差异（$P < 0.05$）。

表 3   超声波处理时间对沙葱挥发油得率的影响

项目	超声波处理时间（min）				
	0	5	10	15	20
挥发油得率（%）	0.26 ± 0.016^D	0.26 ± 0.009^D	0.29 ± 0.012^C	0.36 ± 0.017^B	0.39 ± 0.005^A

    研究表明，超声波能产生强烈的震动、空化效应和搅拌作用，超声波处理不仅可以提高植物挥发油的提取速度，而且不破坏植物主要的活性成分。由图 3 可知，随着超声波处理时间的延长，沙葱挥发油的得率升高，在超声波处理 20 min 时挥发油得率达到最高。因此认为，沙葱挥发油提取的最适超声波处理时间为 20 min。

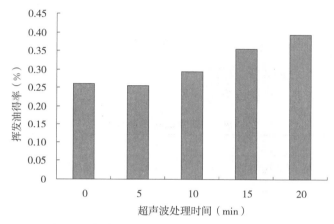

图 3   超声波处理时间对沙葱挥发油得率的影响

1.4.4   蒸馏时间对沙葱挥发油得率的影响

    如表 4 所示，蒸馏时间为 2.5～3 h 时，沙葱挥发油得率的差异不显著（$P>0.05$），3.5～4 h 时也没有显著的差异（$P>0.05$），并且蒸馏时间在 3～3.5 h 时，沙葱挥发油的得率随着蒸馏时间的延长而升高。因此认为，提取沙葱挥发油最理想的蒸馏时间是 3.5 h。

表 4   蒸馏时间对沙葱挥发油得率的影响

项目	蒸馏时间（h）				
	2.5	3	3.5	4	4.5
挥发油得率（%）	0.27 ± 0.029^B	0.30 ± 0.005^B	0.36 ± 0.014^A	0.38 ± 0.012^A	0.38 ± 0.008^A

    由图 4 可知，随着蒸馏时间的延长，沙葱挥发油的得率呈现上升趋势，蒸馏时间超过 3.5 h 后，挥发油得率增加缓慢。可以认为，随着蒸馏时间的延长，溶液中的油类组分减少，因此提取的挥发油量减少。在生产过程中为了节约时间，可选择 3.5 h 作为提取沙葱挥发油的最适蒸馏时间。

1.4.5   水蒸气蒸馏法提取沙葱挥发油最佳工艺条件的选择

    （1）正交试验优化沙葱挥发油提取工艺   根据单因素试验结果，选取单个因素的较优区域，以挥发油体积为考察指标，重点考察浸泡时间（A）、料液比（B）、超声波处理时间

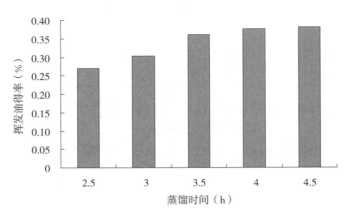

图 4 蒸馏时间对挥发油得率的影响

（C）、蒸馏时间（D）四个因素对沙葱挥发油得率的影响，每个因素选择三个水平，按 L_9（3^4）正交表设计试验。正交试验因素水平见表 5。

表 5 正交试验因素水平

水平	因素			
	A：浸泡时间（h）	B：料液比（倍）	C：超声波处理时间（min）	D：蒸馏时间（h）
1	1.5	1∶9	10	2.5
2	2.0	1∶10	15	3.0
3	2.5	1∶11	20	3.5

　　由表 6 的正交试验结果可知，影响水蒸气蒸馏法提取沙葱挥发油因素的主次排序为 C（超声波处理时间）＞B（料液比）＝D（蒸馏时间）＞A（浸泡时间）。由试验结果得出水蒸气蒸馏法提取沙葱挥发油的最佳工艺条件为 $A_1B_3C_3D_3$，即浸泡时间为 1.5 h、料液比为 1∶11、超声波处理时间为 20 min、蒸馏时间为 3.5 h。在最佳工艺条件下，水蒸气蒸馏法提取沙葱挥发油的得率为 0.46%。

表 6 水蒸气蒸馏法提取沙葱挥发油正交试验结果

试验编号	因素及其水平				挥发油得率（%）
	A	B	C	D	
1	1	1	1	1	0.25
2	1	2	2	2	0.34
3	1	3	3	3	0.46
4	2	1	2	3	0.32
5	2	2	3	1	0.38
6	2	3	1	2	0.30

（续）

试验编号	因素及其水平				挥发油得率（%）
	A	B	C	D	
7	3	1	3	2	0.41
8	3	2	1	3	0.35
9	3	3	2	1	0.36
K_1	1.05	0.98	0.90	0.99	
K_2	1.00	1.07	1.02	1.05	
K_3	1.12	1.12	1.25	1.13	
R	0.12	0.14	0.35	0.14	

（2）验证试验　为进一步验证正交试验结果的可靠性与重现性，按最佳工艺条件进行 3 次平行试验，沙葱挥发油的得率分别为 0.44%、0.47%、0.45%。这说明正交试验优选的工艺条件准确可靠。

1.5　讨论

本试验是通过考察浸泡时间、料液比、超声波处理时间、蒸馏时间四个因素对沙葱挥发油得率的影响，确定选择各因素适宜水平进行正交试验，通过正交试验得出水蒸气蒸馏法提取沙葱挥发油的最佳工艺条件。此法设备简单、成本低廉、操作简便、挥发油产量大，可以成为工业生产中的常用方法。在试验过程中，蒸馏出的一部分沙葱挥发油油滴散布在水中，有些贴在提取器的壁上，导致无法收集，故本次试验采用乙醚萃取挥发油的方法以促进沙葱挥发油的收集。蒸馏前增加了超声波预处理，高功率的超声波造成植物细胞壁的破坏和溶剂的快速渗透，而不破坏其主要化学成分，只是提高了提取速度。有研究显示，适宜的发酵温度可以提高从属植物大蒜的挥发油得率。本次试验没有设计发酵温度对沙葱挥发油得率的影响的研究。

1.6　小结

本试验通过研究浸泡时间、料液比、超声波处理时间、蒸馏时间对沙葱挥发油得率的影响，确定了各因素的适宜水平。在单因素试验的基础上，通过正交试验确定了水蒸气蒸馏法提取沙葱挥发油的最佳工艺参数，即浸泡 1.5 h、料液比 1∶11、超声波处理 20 min、蒸馏 3.5 h。该工艺条件容易控制，稳定可行。在此条件下，水蒸气蒸馏法提取沙葱挥发油得率可达到 0.46%。

2　气相色谱-质谱联用仪研究沙葱挥发油的化学成分

大多数植物挥发油具有芳香气味，是多种中草药的重要有效成分。挥发油的成分随植物的科属品种、采集季节等不同而有差异，有时甚至同一植物，生长环境、采集部位不同，所含挥发油的含量和成分也会不同。因此挥发油的成分较复杂，多为几十种至上百种化学成分的混合物，传统方法不易分离。近年来，气相色谱-质谱联用技术因其分离效率高、样品用量少、分析速度快等优点，已成为挥发油成分分离、鉴定和含量测定的重要手段，尤其适用于挥发油中多种未知且无标准品对照的化学成分的定性、定量分析。

本试验采用水蒸气蒸馏法优选的最佳工艺条件下提取的沙葱挥发油，通过气相色谱-质谱联用（GC-MS）技术对沙葱挥发油中的化学成分进行分离鉴定，以面积归一法测定各组分的相对含量。

2.1 试验材料

试验材料为水蒸气蒸馏法优选的最佳工艺条件下提取的沙葱挥发油。

2.2 主要仪器及分析条件

主要仪器为 GC-MS/DSQⅡ型气相色谱-质谱联用仪。

色谱条件为 TR-5MS 石英毛细管柱（30 m×0.25 mm×0.25 μm）初始升温至 40℃，以 5℃/min 的升温速率升至 160℃（10 min），然后以 10℃/min 的升温速率升至 280℃（3 min）；柱流量 1 mL，进气化室 260℃，载气 He。

质谱条件为 E1 离子源，电子能量 70 eV，分辨率 500 ppm，离子源温度 250℃，接口温度 280℃，扫描范围 29～350 amu，进样量 1 μL。

2.3 图谱分析

应用 Xcalibur 专业分析软件对总离子流图进行分析，设定相关的分析条件后，选取 60 个色谱峰，按峰面积归一法计算各组成化合物的相对百分含量；成分鉴定根据 GC-MS 技术测定所得的质谱信息，应用 NIST Ms Search 2.0 数据库进行检索。通过与标准图谱对照、分析，对于与标准图谱相似度高的化合物，根据标准图谱确定其化合物结构；对于与标准图谱相似度较低、但含量较高的化合物，在标准图谱给出相似化学结构的基础上，主要根据质谱图的裂解规律和有关理论来分析其可能的化学结构。

2.4 试验结果与分析

沙葱挥发油 GC-MS 总离子流图见图 5。

由表 7 可知，采用上述分析条件从水蒸气蒸馏法提取的沙葱挥发油中鉴定出 37 种化学成分。其中主要成分有二甲基三硫醚、二烯丙基二硫化物、甲基-3 烯丙基三硫醚、二甲基四硫醚、二烯丙基三硫醚、甲基烯丙基二硫醚、二烯丙基四硫醚等含硫化合物，含量分别为 12.71%、2.53%、28.84%、10.53%、12.21%、9.44%、2.66%，总的含量达到总组成含量的 78.92%。

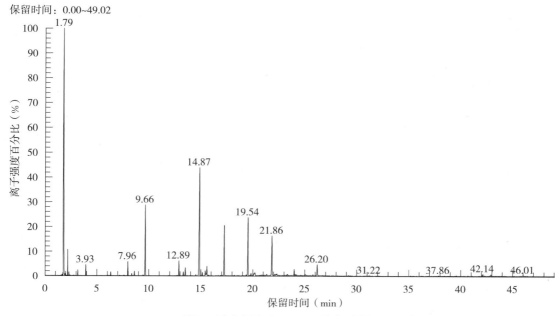

图 5　沙葱挥发油 GC-MS 总离子流图

表 7　沙葱挥发油化学成分分析结果

保留时间 （min）	化合物名称	分子式	相对分子 质量	相对含量 （%）
1.96	2-Propen-1-ol（2-丙烯-1-醇）	C_3H_6O	58	0.13
2.19	Hexane（正己烷）	C_6H_{14}	86	1.61
2.32	Ethyl Acetate（乙酸乙酯）	$C_4H_8O_2$	88	0.35
3.17	1-Propene，1-（methylthio）-，（E）-［反-1-丙烯，1-（甲硫基）-］	C_4H_8S	88	0.55
3.93	Disulfide dimethyl（二甲基二硫醚）	$C_2H_6S_2$	94	1.19
6.33	1-Propene，3，3′-thiobis-Allyl sufide（二烯丙基硫醚）	$C_6H_{10}S$	114	0.50
7.96	1，3-Dithiane（1，3-二硫杂环戊烷）	$C_4H_8S_2$	120	2.11
8.61	Disulfide，methyl 1-propenyl（顺-甲基-1-丙烯基二硫醚）	$C_4H_2S_2$	120	0.69
9.45	2，3-Bis（ethylthio）-3-methylpentane（2，3-二乙硫基-3-甲基戊烷）	$C_8H_{18}S_2$	178	0.14
9.66	Dimethyl trisulfide（二甲基三硫醚）	$C_2H_6S_3$	125	12.71
12.89	Diallyl disulphide（二烯丙基二硫化物）	$C_6H_{10}S_2$	146	2.53
14.50	Disulfide，methyl（methylthio）methyl［甲基（甲硫基）甲基二硫醚］	$C_3H_8S_3$	140	0.23
14.86	Trisulfide，methyl 2-propenyl（甲基-3 烯丙基三硫醚）	$C_4H_8S_3$	152	28.84
15.15	3，6-Dibutyl-1，2-dihydro-1，2，4，5-tetrazine（3，6-二丁基-1，2-二氢-四嗪）	$C_{10}H_{20}N_4$	196	0.57
15.43	cis-Styryl pentyl sulfoxide（顺-苯乙烯基二苯亚砜）	$C_{13}H_{18}OS$	222	1.09
15.59	Propanoic acid，3-mercapto-2-（mercaptomethyl）-［3-巯基-2-（巯基甲基）丙酸］	$C_4H_8O_2S_2$	152	1.97
17.26	Tetrasulfide dimethyl（二甲基四硫醚）	$C_2H_6S_4$	158	10.53

（续）

保留时间 （min）	化合物名称	分子式	相对分子质量	相对含量（%）
18.22	Propane，2，2-bis（methylthio）-（2，2-二甲硫基丙烷）	$C_5H_{12}S_2$	136	0.11
19.36	Fluorene，1，4-dihydro-（1，4-二氢芴）	$C_{13}H_{12}$	168	0.15
19.53	Trisulfide，di-2-propenyl（大蒜素，二烯丙基三硫醚）	$C_6H_{10}S_3$	178	12.21
20.87	Naphthalene，1，2-dihydro-1，4，6-trimethyl-（1，2-二氢-1，4，6-三甲基萘）	$C_{13}H_{16}$	172	0.19
21.14	Benzenamine，2，5-dihydromethyl-（2，5-二羟甲基苯胺）	$C_8H_{11}NO_2$	153	0.12
21.33	Methane，tris（methylthio）-［三（甲硫基）甲烷］	$C_4H_{10}S_3$	154	0.24
21.85	Disulfide，methyl 2-propenyl（甲基烯丙基二硫醚）	$C_4H_8S_2$	120	9.44
22.13	Phenol，4-bromo-3-methyl-（4-溴代-3-甲基酚）	C_7H_7BrO	186	0.20
22.32	Ethene，1，2-bis（methylthio）-（反-1，2-二甲基-乙烯）	$C_4H_8S_2$	120	0.27
23.98	Pentasulfide dimethyl（硫化二甲酯）	$C_2H_6S_5$	190	1.27
24.13	Propane，1，1′-thiobis-3-（methylthio）-（1，1-硫联-3-甲硫基丙烷）	$C_8H_{18}S_3$	210	0.19
24.21	5-Methyl-2-phenyl-2-hexenal（5-甲基-2-苯基-2-乙烯醛）	$C_{13}H_{16}O$	188	0.14
25.78	Benzene，1，3，5-trimethyl-2-（methylsulfonyl）-（1，3，5-三甲基-1，2-二甲磺酰基苯）	$C_{10}H_{14}O_2S$	198	0.22
26.20	Tetrasulfide，di-2-propenyl（二烯丙基四硫醚）	$C_6H_{10}S_4$	210	2.66
31.21	1，3，5-Trithiane（硫甲醛三聚体）	$C_4H_3O_2S_2$	138	0.15
39.59	Hexadecanoic acid，methyl ester（棕榈酸，甲基酯）	$C_3H_6S_3$	270	0.10
42.05	8，11-Octadecadienoic acid，methyl ester（8，11-十八碳二烯酸甲基酯）	$C_{17}H_{34}O_2$	294	0.10
42.14	9，12，15-Octadecatrienoic acid，methyl ester，（Z，Z，Z）-［（Z，Z，Z）-9，12，15-十八烷三烯酸甲酯］	$C_{19}H_{32}O_2$	292	0.27
42.92	9，12，15-Octadecatrienoic acid，ethyl ester，（Z，Z，Z）-［（Z，Z，Z）-9，12，15-十八烷三烯酸乙酯］	$C_{20}H_{34}O_2$	306	0.19
46.01	Tritetracontane（四十三烷）	$C_{43}H_{88}$	604	0.22

2.5　讨论

GC-MS 是鉴定植物挥发油化学成分领域普遍采用的分析技术，通过高分辨毛细管气相色谱、保留指数与计算机资料数据相匹配的质谱图的联合使用，已成为广泛采用的植物精油化学成分鉴定标准。在植物挥发油中，较少种类的主要化学成分在总挥发油量中的占比很高。可以看出，虽然挥发油的各种化学组成成分复杂，但其中多数成分含量较低，含量高的主要成分集中分布。

采用上述分析鉴定条件从水蒸气蒸馏法提取的沙葱挥发油中分离出 60 个峰，得总离子流图，对总离子流图得各峰并经质谱扫描后得质谱图，经过计算机数据系统检索及人工检索，鉴定出 37 种化学成分。其主要成分为二甲基三硫醚、二烯丙基二硫化物、甲基-3-烯丙基三硫醚、二甲基四硫醚、二烯丙基三硫醚、甲基烯丙基二硫醚、二烯丙基四硫醚，相对含量占总挥发油量的 78.92%。郭海忱等（1992）对大蒜挥发油成分的质谱进行研究，确认的 10 种化学成分中的二烯丙基硫醚、甲基烯丙基三硫醚、二烯丙基三硫醚、甲基烯丙基硫醚、二烯丙基二硫醚、甲基烯丙基二硫醚等化合物与本试验结果中的沙葱挥发油化学成分一致。魏永生等（2006）采用 GC-MS 技术，对洋葱挥发油的化学组成进行分析，结果认为，洋葱挥发油的主要化学成分为以二丙烯基二硫醚、二丙基三硫醚、二丙基二硫醚为代表的含硫化合物。从这些研究结果中看出，大多数葱属植物挥发油的主要化学成分可能为含硫化合物。

　　采用旋转蒸发仪通过 GC-MS 技术提取沙葱挥发油，对沙葱挥发油的化学成分进行研究，结果共鉴定出肉桂酸乙酯、草酸二丁酯、二乙基二缩醛等 15 种化学成分，该结果与本试验鉴定出的化学成分不一致。这可能是因为沙葱生长地、沙葱挥发油提取方法等差异导致鉴定结果的差异，需要日后进一步的研究。

2.6　小结

　　采用气相色谱-质谱联用仪对水蒸气蒸馏法提取的沙葱挥发油的化学组成进行分析、鉴定，应用 Xcalibur 专业分析软件对总离子流图进行分析，共取 60 个色谱峰，应用 NIST Ms Search 2.0 数据库进行检索，共鉴定出 37 种化合物。鉴定出的化合物中大多数为含硫化合物，如二甲基三硫醚、二烯丙基二硫化物、甲基-3 烯丙基三硫醚、二甲基四硫醚、二烯丙基三硫醚、甲基烯丙基二硫醚、二烯丙基四硫醚等，含量分别为 12.71%、2.53%、28.84%、10.53%、12.21%、9.44%、2.66%，总的含量达到总组成含量的 78.92%。

7 批北苍术样品药效组分的高效液相色谱测定

苍术为菊科植物茅苍术 [*Atractylodes lancea* （Thunb.）DC.］或北苍术 [*Atractylodes chinensis* （DC.）Koidz.］的干燥根茎。具有燥湿健脾、祛风散寒、明目之功效，用于湿阻中焦、脘腹胀满、泄泻、水肿、脚气痿蹶、风湿痹痛、风寒感冒、夜盲、眼目昏涩等病证。目前，对苍术化学成分的定量分析方法主要有气相色谱和高效液相色谱等。同时定量检测苍术中苍术素、苍术酮和β-桉叶醇的分析方法主要是气相色谱法，高效液相色谱法和其他方法文献报道较少。目前研究人员利用气相色谱法分别建立同时检测苍术素、苍术酮和β-桉叶醇含量的方法。此外，也有用气相色谱仪串联质谱检测仪建立同时测定β-桉叶醇、苍术素和苍术酮含量的方法。为了进一步提高检测灵敏度，研究者使用高效液相色谱法分别建立同时检测苍术素、苍术酮、β-桉叶醇含量的方法，建立的检测方法虽然在检测灵敏度上具有一定的优势，但存在出峰时间过长或需要多波长检测等不足。为了建立一种简单、易于操作和灵敏度较高的方法，本研究探讨利用高效液相色谱法检测北苍术中β-桉叶醇、苍术酮和苍术素的含量，建立用同一波长检测北苍术中这三种成分的方法，为我国传统中药成分的提取和检测提供参考。

1 试验材料与方法

1.1 主要仪器与材料

主要试验仪器包括高效液相色谱仪（Waters e2695）；二极管阵列检测器（Waters 2998）；Empower 2 软件；电子天平（AL104）；数码超声波清洗器（KQ5200DV）；防腐隔膜真空泵（GM 0.33 A）；溶剂过滤器（1 L）。

主要试验材料包括β-桉叶醇对照品；苍术素对照品；苍术酮对照品；甲醇、乙腈（均为色谱纯）；7 批次北苍术样品（经北京农学院园林学院鉴定为北苍术），具体信息见表 1。

表 1 北苍术样品信息

批次	产地	属性
1	内蒙古自治区 1	野生
2	内蒙古自治区 2	野生
3	内蒙古自治区赤峰市	野生
4	河北省	野生
5	陕西省商洛市	野生

（续）

批次	产地	属性
6	陕西省安康市	野生
7	北京市怀柔区河北村	种植

1.2　色谱条件

色谱柱 YMC-Pack ODS-A（150 mm×4.6 mm，5 μm）。流动相：乙腈 58.5%，0～20 min；58.5%～85%，20～60 min；10% 甲醇 41.5%，0～20 min；10% 甲醇 41.5%～15%，20～60 min。检测波长为 200 nm；流速为 1.0 mL/min；柱温为 26℃。

1.3　溶液的配制

1.3.1　混合对照品溶液的配制

精密称取 10 mg β-桉叶醇对照品，放入 10 mL 锥形瓶，加入 10 mL 甲醇，定容，混匀，命名为溶液 1。精密称取苍术素对照品 5 mg，将苍术酮对照品 5 mg 放入 5 mL 锥形瓶，加入 5 mL 溶液 1，定容，混匀。此时，甲醇溶液中 β-桉叶醇、苍术素和苍术酮的浓度均为 1 mg/mL，命名为混合对照品溶液 A；精密量取 1 mg/mL 混合对照品溶液 A 2.5 mL 加入 5 mL 锥形瓶，加入 2.5 mL 甲醇，混匀，此时混合对照品溶液的浓度均为 0.5 mg/mL；精密量取 0.5 mg/mL 的混合对照品溶液 2.5 mL 加入 5 mL 锥形瓶，加入 2.5 mL 甲醇，混匀，此时混合对照品溶液的浓度均为 0.25 mg/mL；依次类推，直至进行到 8 个倍比稀释。包括混合对照品溶液 A 在内，得到 9 个浓度梯度的混合对照品溶液 B，浓度分别为 1.000 0、0.500 0、0.250 0、0.125 0、0.062 5、0.031 3、0.015 7、0.007 9、0.004 0 mg/mL。

精密吸取 4 mL 溶液 1，加入 4 mL 甲醇，混匀；从中吸取 5 mL 溶液，加入 3 mL 甲醇，混匀，命名为溶液 2。精密称取苍术素对照品 5 mg，加入 10 mL 甲醇，混匀；从中吸取 5 mL 溶液，加入 5 mL 甲醇，混匀，命名为溶液 3。精密称取苍术酮对照品 5 mg，加入 10 mL 甲醇，混匀；从中吸取 5 mL 溶液，加入 3 mL 甲醇，混匀，命名为溶液 4。精密量取 5 mL 溶液 2，2.5 mL 溶液 3，2.5 mL 溶液 4，配制成混合对照品溶液 C。

1.3.2　北苍术样品溶液的配制

取北苍术样品粉末，过 3 号筛（孔径 270 μm），精密称定，置 50 mL 具塞锥形瓶中，精密加入甲醇 10 mL，密塞，称定，超声波处理（功率 250 W，频率 40 kHz），于 40℃ 放置 1 h 至冷却，再称定，用甲醇补足损失的质量，摇匀，用孔径 74 μm 滤网过滤，即得北苍术样品溶液。

1.4　方法学考察

1.4.1　专属性测定

分别精密吸取 0.125 0 mg/mL 的混合对照品溶液和北苍术样品溶液 10 μL 进样，用

Empower 2 软件计算混合对照品和北苍术样品中 β-桉叶醇、苍术素和苍术酮的保留时间，以及北苍术样品的分离度和理论塔板数，导出混合对照品和北苍术样品的色谱图。

1.4.2　线性关系测定

分别取 9 个浓度梯度的混合对照品溶液 B 2 mL，用 0.22 μm 有机滤膜过滤到进样瓶中，自动取 10 μL 进样，用 Empower 2 软件计算峰面积。以混合对照品（mg/mL）为横坐标，以峰面积（μv×s）为纵坐标，用 Excel 2016 软件做出混合对照品线性关系图。

1.4.3　精密度、重复性和稳定性测定

精密吸取 0.125 0 mg/mL 的混合对照品溶液 10 μL，用上述"1.2 色谱条件"，连续进样 6 次，用 Empower 2 软件计算峰面积，用 Excel 2016 软件计算相对标准偏差（relative standard deviation，RSD），进行精密度的测定。精密吸取北苍术样品溶液，连续进样 6 次，每次 10 μL，计算峰面积和 RSD，进行重复性测定。设置程序分别在 0、2、4、6、8、24 h 进样，每次 10 μL，计算峰面积和 RSD，进行稳定性测定。

1.4.4　加样回收测定

分别称取 0.25 g 北苍术样品粉末，按照本文"1.3.2 北苍术样品溶液的配制"制备 6 个北苍术样品溶液，各精密吸取 1 mL，分别加入 1 mL 混合对照品溶液 C，混匀，此为 6 个加样回收溶液。分别精密吸取 10 μL 混合对照品 C、6 个北苍术样品溶液和 6 个加样回收溶液，注入高效液相色谱仪，分别测定，计算各成分的含量。按照 2020 年版《中国药典》中关于回收率的计算方法进行计算。

1.5　北苍术样品含量测定

分别精密称取北苍术样品 0.25～0.3 g，按本文"1.3.2 北苍术样品溶液的配制"中的方法配制样品溶液，色谱条件按本文"1.2 色谱条件"进行测定，用 Empower 2 软件计算峰面积，然后以外标法计算北苍术样品中 β-桉叶醇、苍术素和苍术酮的含量。

2　试验结果与分析

2.1　方法学考察

2.1.1　专属性测定

北苍术样品中 β-桉叶醇、苍术素和苍术酮的保留时间与相应的对照品基本一致，且 β-桉叶醇、苍术素和苍术酮与前后峰的分离度均大于 2020 年版《中国药典》中规定的 1.5；北苍术样品中 β-桉叶醇、苍术素和苍术酮的理论塔板数分别为 16 284、14 939 和 49 778（图 1）。

2.1.2　线性关系测定

混合对照品线性关系见图 2（彩图 28）。β-桉叶醇、苍术素和苍术酮的线性方程分别为 $y=2E+7x+39\ 661$，$y=8E+7x+316\ 345$，$y=2E+7x+17\ 758$；R^2 分别为 0.999 8、0.999 2、0.999 9。

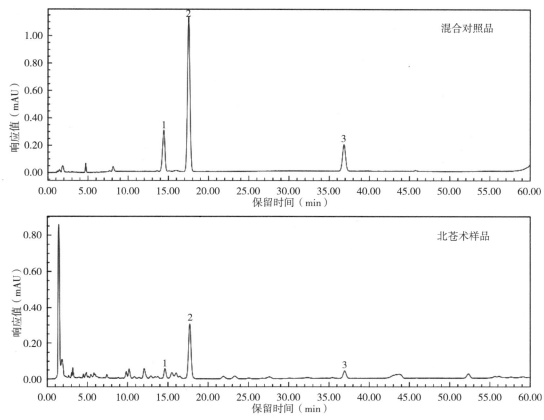

图 1　混合对照品和北苍术样品 HPLC 图谱

注：1 为 β-桉叶醇；2 为苍术素；3 为苍术酮

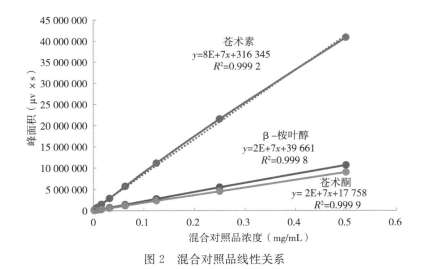

图 2　混合对照品线性关系

2.1.3　精密度、重复性和稳定性测定

精密吸取 0.125 0 mg/mL 的混合对照品溶液 10 μL 注入高效液相色谱仪，连续进样 6

次，β-桉叶醇、苍术素和苍术酮的 RSD 分别为 0.24％、0.23％、0.20％，表明精密度良好。

精密吸取北苍术样品溶液，连续进样 6 次，每次 10 μL，β-桉叶醇、苍术素和苍术酮的 RSD 分别为 1.5％、1.38％、0.85％，表明重复性良好。

分别在 24 h 的不同时间内精密吸取北苍术样品溶液 6 次，每次 10 μL，β-桉叶醇、苍术素和苍术酮的 RSD 分别为 0.98％、1.32％、1.11％，表明北苍术样品在 24 h 内基本稳定。

2.1.4　加样回收测定

如表 2 所示，β-桉叶醇、苍术素和苍术酮平均回收率分别为 99.07％、100.18％ 和 100.81％，RSD 分别为 1.17％、0.73％ 和 1.36％。β-桉叶醇、苍术素和苍术酮平均回收率符合 2020 年版《中国药典》中规定的 92％～105％ 的标准，表明回收合格。

表 2　加样回收结果

成分	样品量 （g）	原有量 （mg）	加入量 （mg）	测得量 （mg）	回收率 （％）	平均回收率 （％）	RSD （％）
β-桉叶醇	0.250 8	0.148 8	0.156 3	0.305 1	100.01	99.07	1.17
	0.251 0	0.148 3	0.156 3	0.301 1	97.80		
	0.250 2	0.146 8	0.156 3	0.299 3	97.55		
	0.250 4	0.146 2	0.156 3	0.301 0	99.04		
	0.250 2	0.149 0	0.156 3	0.305 7	100.23		
	0.250 4	0.149 9	0.156 3	0.305 9	99.81		
苍术素	0.250 8	0.061 2	0.062 5	0.123 4	99.57	100.18	0.73
	0.251 0	0.061 9	0.062 5	0.124 9	100.88		
	0.250 2	0.060 8	0.062 5	0.122 7	99.18		
	0.250 4	0.060 6	0.062 5	0.123 5	100.69		
	0.250 2	0.060 9	0.062 5	0.123 4	99.90		
	0.250 4	0.061 8	0.062 5	0.124 9	100.87		
苍术酮	0.250 8	0.077 3	0.078 1	0.157 2	102.33	100.81	1.36
	0.251 0	0.078 5	0.078 1	0.156 7	100.05		
	0.250 2	0.078 2	0.078 1	0.155 5	99.04		
	0.250 4	0.075 9	0.078 1	0.155 5	101.87		
	0.250 2	0.079 6	0.078 1	0.159 1	101.84		
	0.250 4	0.077 2	0.078 1	0.155 1	99.73		

2.2　北苍术样品含量测定

7 批北苍术样品，每批 3 个重复，用高效液相色谱仪进行测定，北苍术中 β-桉叶醇、苍术素和苍术酮含量见表 3。结果表明，陕西省商洛市样品的 β-桉叶醇含量最高，为 30.983 5 mg/g，内蒙古自治区 2 样品的 β-桉叶醇含量最低，为 3.762 1 mg/g。内蒙古自治区赤峰市样品的苍术素含量最高，为 4.416 7 mg/g，陕西省商洛市样品的苍术素含量最低，为 0.248 1 mg/g。河北省样品的苍术酮含量最高，为 8.483 4 mg/g，陕西省安康市样品的苍术酮含量最低，为 0.501 5 mg/g。在所有北苍术样品中，陕西省商洛市样品的 β-桉叶醇含量最高，为 30.983 5 mg/g，而该产地样品的苍术素含量却最低，为 0.248 1 mg/g。

表3　北苍术样品3种成分测定结果（n=3）

批次	产地	β-桉叶醇含量		苍术素含量		苍术酮含量	
		平均值 (mg/g)	RSD (%)	平均值 (mg/g)	RSD (%)	平均值 (mg/g)	RSD (%)
1	内蒙古自治区1	6.343 5	0.43	3.827 9	0.98	0.895 1	2.59
2	内蒙古自治区2	3.762 1	0.19	3.747 3	0.87	1.755 8	1.91
3	内蒙古自治区赤峰市	4.199 5	1.87	4.416 7	1.12	4.557 2	1.58
4	河北省	4.288 4	1.59	2.167 5	0.66	8.483 4	1.11
5	陕西省商洛市	30.983 5	1.00	0.248 1	2.17	0.805 8	2.17
6	陕西省安康市	5.189 5	2.06	4.000 0	1.42	0.501 5	1.17
7	北京市怀柔区河北村	5.534 3	0.20	2.151 9	1.13	0.816 3	2.10

3　讨论

3.1　波长的选择

用 190～400 nm 波长对 β-桉叶醇、苍术素和苍术酮对照品进行扫描分析，发现 β-桉叶醇在 194.7 nm 处吸光度值最大，然后逐渐减小。苍术素的吸收范围较广，在 335.6 nm 处有最大吸光度值。在 200～210 nm 范围内，苍术酮吸光度值逐渐减小，到 110 nm 处到达低点，然后逐渐升高，到 220.5 nm 处到达高点，然后逐渐降低，直至没有光吸收。综合考虑，选择 200 nm 作为吸收波长。

3.2　流动相比例的选择

在波长 200 nm、流速 1.0 mL/min、柱温 26℃和色谱柱规格型号等条件不变的前提下，只改变乙腈和 10% 甲醇比例，乙腈和 10% 甲醇比例分别为 65∶35、60∶40、59.5∶40.5、59∶41、58.5∶41.5、58∶42、55∶45。发现3种目的成分的出峰时间顺序均为 β-桉叶醇、苍术素和苍术酮，但是只有乙腈和 10% 甲醇比例为 58.5∶41.5 时，β-桉叶醇、苍术素和苍术酮与前后峰的分离度均大于 2020 年版《中国药典》中规定的 1.5，此时 β-桉叶醇、苍术素和苍术酮的保留时间分别为 15.098、18.442、46.042 min。因为在苍术素与苍术酮保留时间之间很长时间看不到其他成分，故调整 20～60 min 乙腈与 10% 甲醇比例为（58.5∶41.5）～（85∶15），此条件下 β-桉叶醇、苍术素和苍术酮的保留时间分别为 15.054、18.385、37.654 min。调整 20～60 min 乙腈与 10% 甲醇比例后，β-桉叶醇和苍术素的保留时间基本没有变化，而苍术酮的保留时间缩短了 8.388 min，并且苍术酮与前后峰的分离度均大于 1.5。从而筛选出本试验的最佳流动相比例。

本试验建立了用高效液相色谱法同时检测北苍术中 β-桉叶醇、苍术素和苍术酮含量的方法，该方法简单、准确，为高效液相色谱法用于北苍术的质量检测提供了方法学保障。

18 批苍术样品高效液相色谱指纹图谱

中药指纹图谱具有特征性、整体性、模糊性等特点，可充分反映中药复杂体系中各成分的整体状况，是目前中药成分质量控制较有效的手段之一。本试验建立了 18 批苍术的高效液相色谱指纹图谱，用相似度指纹图谱评价系统进行相似度评价，应用聚类分析、主成分分析进行系统评价，以期为该药材质量控制提供参考依据。

1 试验材料与方法

1.1 主要仪器与材料

主要试验仪器包括 E2695 高效液相色谱仪；2998 二极管阵列检测器；Empower 2 软件；电子天平（AL10）；数码超声波清洗器（KQ5200DV）；负压型防腐隔膜真空泵（GM-0.33 A）；溶剂过滤器（1 L）。

主要试验材料包括白术内酯Ⅰ对照品；（4E，6E，12E）-十四碳三烯-8，10-二炔-1，3-二乙酸酯对照品；苍术素对照品；甲醇、乙腈（均为色谱纯）；18 批苍术样品，具体信息见表 1。

表 1 苍术样品信息

批次	品种	产地	经度	纬度
S1	北苍术	内蒙古自治区	97°12′—126°04′	37°24′—53°23′
S2	北苍术	河北省	113°27′—119°50′	36°05′—42°40′
S3	北苍术	河北省	113°27′—119°50′	36°05′—42°40′
S4	北苍术	内蒙古自治区	97°12′—126°04′	37°24′—53°23′
S5	北苍术	陕西省安康市	108°01′—110°01′	31°42′—33°49′
S6	北苍术	内蒙古自治区赤峰市	116°21′—120°58′	41°17′—45°24′
S7	北苍术	北京市怀柔区	116°17′—116°63′，	40°41′—41°4′
S8	北苍术	内蒙古自治区兴安盟	119°28′—121°23′	46°39′—47°39′
S9	北苍术	吉林省	121°38′—131°19′	40°50′—46°19′
S10	北苍术	辽宁省	118°53′—125°46′	38°43′—43°26′
S11	北苍术	河北省承德市	115°54′—119°15′	40°12′—42°37′
S12	茅苍术	陕西省商洛市	108°34′—111°01′	33°02′—34°24′
S13	茅苍术	湖北省英山县	115°03′—116°04′	30°31′—31°08′
S14	茅苍术	湖北省罗田县	115°06′—115°46′	30°35′—31°16′

（续）

批次	品种	产地	经度	纬度
S15	茅苍术	安徽省霍山县	115°52′—116°32′	31°03′—31°33′
S16	茅苍术	湖北省神农架国家森林公园	109°56′—110°58′	31°15′—31°75′
S17	茅苍术	陕西省商洛市	108°34′—111°01′	33°02′—34°24′
S18	茅苍术	湖北省英山县	115°03′—116°04′	30°31′—31°08′

1.2　色谱条件

色谱柱 Venusil MP C_{18}（150 mm×4.6 mm，5 μm）；流动相为 10% 甲醇、甲醇和乙腈，梯度洗脱，洗脱程序见表 2；检测波长为 270 nm；流速为 1.0 mL/min；柱温为 30℃；进样量为 10 μL。

表 2　梯度洗脱程序

时间（min）	10% 甲醇（%）	甲醇（%）	乙腈（%）
0	60	20	20
15	50	20	30
25	43	2	55
35	43	2	55
40	45	5	50
50	45	5	50
60	30	5	65
70	15	5	80
75	5	5	90
100	5	5	90
105	0	20	80
120	0	60	40

1.3　溶液的配制

1.3.1　对照品溶液的制备

取白术内酯 I、（4E，6E，12E）-十四碳三烯-8，10-二炔-1，3-二乙酸酯、苍术素对照品适量，置于 10 mL 棕色容量瓶中，加甲醇定容，摇匀，即得对照品溶液。将对照品溶液用孔径为 0.45 μm 的有机滤膜过滤到 2 mL 进样瓶中，备用。

1.3.2　供试品溶液的制备

取苍术药材粉末，过 3 号筛（孔径 270 μm），精密称定，置 50 mL 具塞锥形瓶中，精密加入甲醇 10 mL，密塞，称定，超声波处理（功率 250 W，频率 40 kHz），于 40℃ 放置 1 h 冷却，再称定，用甲醇补足损失的质量，摇匀，用孔径 74 μm 滤网过滤，即得供试品溶液。将供试品溶液用孔径为 0.45 μm 的有机滤膜过滤到 2 mL 进样瓶中，备用。

1.4 方法学考察

1.4.1 精密度测定

取 S8 供试品溶液，连续进样 6 次，记录色谱图，采用国家药典委员会编制的"中药色谱指纹图谱相似度评价系统（2012 版）"软件对所得色谱图进行数据分析。

1.4.2 稳定性测定

取 S8 供试品溶液，分别在 0、4、8、16、20、24 h 进样，记录色谱图，采用国家药典委员会编制的"中药色谱指纹图谱相似度评价系统（2012 版）"软件对所得色谱图进行数据分析。

1.4.3 重复性测定

取同一批苍术药材（S8）6 份，按本文"1.3.2 供试品溶液的制备"中的方法制备供试品溶液，色谱条件按本文"1.2 色谱条件"进行测定，记录色谱图。采用国家药典委员会编制的"中药色谱指纹图谱相似度评价系统（2012 版）"软件对所得色谱图进行数据分析。

1.5 指纹图谱的建立及相似度分析

对 18 批苍术药材按本文"1.3.2 供试品溶液的制备"分别制备供试品溶液，在本文"1.2 色谱条件"下进样，用 Empower 2 软件导出 AIA 格式色谱图，用"中药色谱指纹图谱相似度评价系统（2012 版）"软件进行相似度评价。将 S1 号样品的图谱设为参照图谱，采用中位数法，时间窗宽度设为 0.5 min，进行多点校正和色谱峰匹配。

1.6 聚类分析

以 18 批苍术样品的共有峰峰面积为变量，利用 SPSS 20.0 软件进行聚类分析。

1.7 主成分分析

以 18 个共有峰峰面积为变量，利用 SPSS 20.0 软件进行主成分分析。

2 试验结果与分析

2.1 方法学考察

2.1.1 精密度测定

取 S8 供试品溶液，连续进样 6 次，利用"中药色谱指纹图谱相似度评价系统（2012 版）"软件进行相似度评价，结果 6 个色谱图的相似度均大于 0.98，白术内酯 I 和苍术素的保留时间的 RSD 分别为 0.07% 和 0.10%，峰面积的 RSD 分别为 1.33% 和 1.25%。表明仪器精密度良好。

2.1.2 稳定性测定

取 S8 供试品溶液，分别在 0、4、8、16、20、24 h 进样，利用"中药色谱指纹图谱相似度评价系统（2012 版）"软件进行相似度评价，结果 6 个色谱图的相似度均大于 0.98，白术内酯Ⅰ和苍术素的保留时间的 RSD 分别为 0.22％和 0.35％，峰面积的 RSD 分别为 2.65％和 1.20％。表明供试品溶液在 24 h 内稳定。

2.1.3 重复性测定

精密称取 S8 供试品 6 份，每份 0.25g，制备供试品溶液并进行测定。利用"中药色谱指纹图谱相似度评价系统（2012 版）"软件进行相似度评价，结果 6 个色谱图的相似度均大于 0.98，白术内酯Ⅰ和苍术素的保留时间的 RSD 分别为 0.10％和 0.13％，峰面积的 RSD 分别为 2.41％和 1.37％。表明高效液相色谱法重复性良好。

2.2 指纹图谱的建立及相似度评价

2.2.1 指纹图谱的建立

将 S1 号样品的图谱设为参照图谱，采用中位数法，时间窗宽度设为 0.5 min，进行多点校正和色谱峰匹配，除去 5 min 以前和 70 min 以后的峰，得到指纹图谱叠加图，并生成对照指纹图谱，最终确定 18 个共有峰（图 1、彩图 29）。

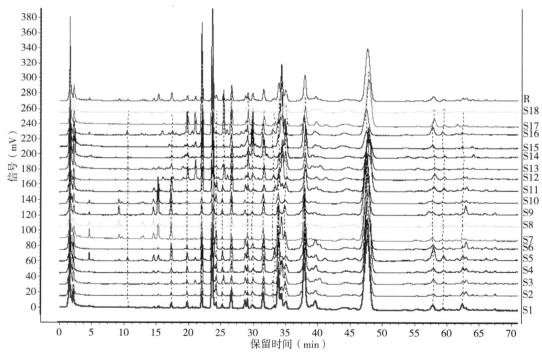

图 1　18 批苍术的 HPLC 图谱

2.2.2 共有峰确认和参照峰的选择

将已确定的指纹图谱中的 18 个共有峰与混合对照品的色谱峰做比较，指认了其中 3 个共有峰，分别为白术内酯Ⅰ（13 号峰）、（4E，6E，12E）-十四碳三烯-8，10-二炔-1，3-二乙酸酯（14 号峰）、苍术素（15 号峰），见图 2 和彩图 30。

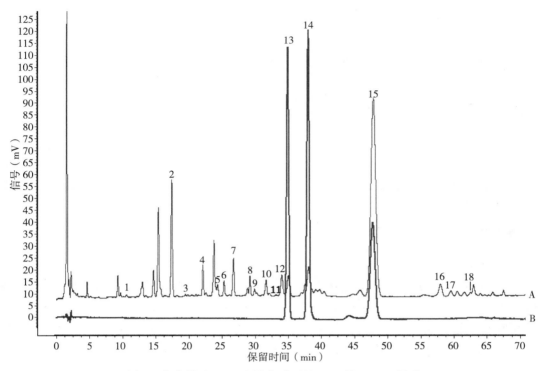

图2　苍术样品（A）和混合对照品（B）的HPLC图谱

注：13为白术内酯Ⅰ；14为（4E，6E，12E）-十四碳三烯-8，10-二炔-1，3-二乙酸酯；15为苍术素

2.2.3　相似度评价

将18批苍术药材的HPLC指纹图谱数据导入"中药色谱指纹图谱相似度评价系统（2012版）"软件进行相似度评价。结果，各批药材的相似度在0.48～0.98（表3）。其中，S1、S2、S3、S4、S5、S6、S7、S8、S9、S10、S11、S14、S17和S18之间的相似度大于0.90或接近0.90；S12除与S15的相似度达到0.98外，与其他批次样品的相似度均小于0.90；S13除与S16的相似度为0.95外，与其他批次样品的相似度均小于0.90。

表3　18批样品相似度

N	S1	S2	S3	S4	S5	S6	S7	S8	S9	S10	S11	S12	S13	S14	S15	S16	S17	S18	R
S1	1.00																		0.98
S2	0.95	1.00																	0.95
S3	0.95	0.93	1.00																0.98
S4	0.97	0.98	0.95	1.00															0.96
S5	0.96	0.88	0.87	0.91	1.00														0.94
S6	0.97	0.95	0.97	0.97	0.87	1.00													0.96
S7	0.91	0.87	0.92	0.91	0.89	0.88	1.00												0.94
S8	0.91	0.89	0.91	0.94	0.86	0.91	0.97	1.00											0.92
S9	0.93	0.91	0.94	0.95	0.85	0.95	0.95	0.97	1.00										0.94
S10	0.93	0.89	0.94	0.93	0.88	0.93	0.97	0.96	0.98	1.00									0.94
S11	0.97	0.95	0.96	0.98	0.92	0.96	0.93	0.95	0.96	0.95	1.00								0.98

（续）

N	S1	S2	S3	S4	S5	S6	S7	S8	S9	S10	S11	S12	S13	S14	S15	S16	S17	S18	R
S12	0.73	0.71	0.80	0.69	0.67	0.75	0.68	0.63	0.70	0.71	0.70	1.00							0.81
S13	0.73	0.70	0.68	0.67	0.82	0.61	0.65	0.58	0.55	0.58	0.68	0.61	1.00						0.76
S14	0.88	0.87	0.97	0.89	0.81	0.91	0.89	0.87	0.90	0.90	0.91	0.83	0.67	1.00					0.95
S15	0.72	0.73	0.80	0.69	0.66	0.75	0.67	0.63	0.70	0.69	0.71	0.98	0.60	0.83	1.00				0.81
S16	0.65	0.58	0.63	0.57	0.73	0.55	0.57	0.50	0.48	0.50	0.62	0.59	0.95	0.64	0.58	1.00			0.70
S17	0.95	0.87	0.91	0.90	0.98	0.88	0.90	0.85	0.86	0.89	0.92	0.75	0.83	0.87	0.73	0.76	1.00		0.96
S18	0.91	0.87	0.97	0.90	0.83	0.95	0.89	0.87	0.92	0.94	0.91	0.81	0.61	0.95	0.79	0.57	0.89	1.00	0.95
R	0.98	0.95	0.98	0.96	0.94	0.96	0.94	0.92	0.94	0.94	0.98	0.81	0.76	0.95	0.81	0.70	0.96	0.95	1.00

注：R 为对照图谱；N 为样品编号。

2.3　聚类分析

18 批苍术样品的 HPLC 指纹图谱中 18 个共有峰峰面积经标准化处理后，应用 SPSS 20.0 进行聚类分析，选择以组间连接作为聚类方法，度量标准选择平方 Euclidean 距离，绘制树状图，所得聚类分析结果见图 3。当分类距离为 25 时，苍术样品分为 2 类，S12、S15 和 S16 聚为一类，S1～S11、S13、S14、S17、S18 聚为一类。当分类距离为 20 时，苍术样品分为 3 类，S12、S15 和 S16 聚为一类，S13 和 S17 聚为一类，S1～S11、S14、S18 聚为一类。

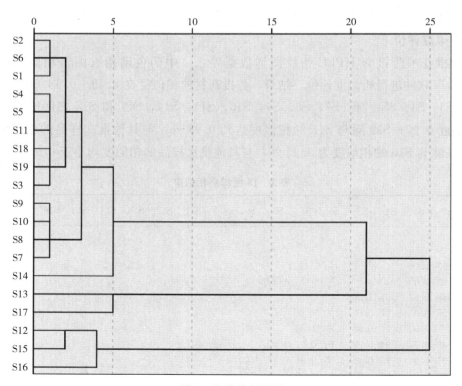

图 3　聚类分析结果

2.4　主成分分析

依据 18 批苍术样品 HPLC 指纹图谱，以筛选的 18 个共有峰峰面积为分析变量，将其导入 SPSS 20.0 统计软件进行主成分分析，得到主成分特征值和方差贡献率（表 4）、陡坡图（图 4）。以特征值 1 为提取标准，筛选得到 5 个主成分，主成分 1＝5.917，主成分 2＝4.226，主成分 3＝2.885，主成分 4＝1.617，主成分 5＝1.219。主成分 1 的方差贡献率为32.875％，2 的方差贡献率为 23.477％，3 的方差贡献率为 16.029％，4 的方差贡献率为8.986％，5 的方差贡献率为 6.772％，5 个主成分的累计方差贡献率达 88.139％。

表 4　主成分特征值和方差贡献率

主成分	特征值	方差贡献率（％）	累积方差贡献率（％）
1	5.917	32.875	32.875
2	4.226	23.477	56.352
3	2.885	16.029	72.381
4	1.617	8.986	81.367
5	1.219	6.772	88.139

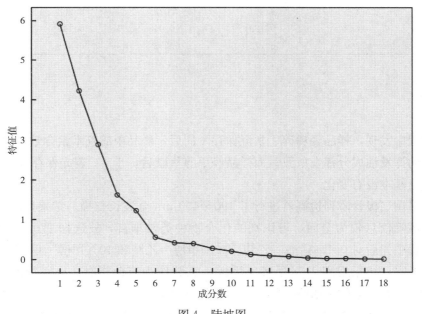

图 4　陡坡图

由表 5 可知，第 1 主成分主要反映了 1、3、4、6、7、11、16、17 号色谱峰的主要信息；第 2 主成分主要反映了 5、12、14、15、18 号色谱峰的主要信息，14 号峰为（4E，6E，12E）-十四碳三烯-8，10-二炔-1，3-二乙酸酯、15 号峰为苍术素；第 3 主成分主要反映了8、9、10、13、14 号色谱峰的主要信息，13 号峰为白术内酯Ⅰ，14 号峰为（4E，6E，12E）-十四碳三烯-8，10-二炔-1，3-二乙酸酯；第 4 主成分主要反映了 2、17 号色谱峰的主要信息；第 5 主成分主要反映了 10 号色谱峰的主要信息。

表 5　主成分矩阵

色谱峰	主成分				
	1	2	3	4	5
1	0.927	−0.112	−0.139	−0.081	0.026
2	−0.081	0.135	−0.651	0.455	0.255
3	0.846	−0.210	0.112	−0.369	0.201
4	0.734	−0.383	−0.028	−0.476	−0.021
5	−0.167	0.741	0.011	−0.518	−0.025
6	0.823	−0.263	−0.163	−0.410	0.139
7	0.786	−0.087	−0.009	0.188	−0.293
8	0.218	−0.381	0.470	0.233	−0.645
9	−0.042	−0.547	0.740	0.136	0.253
10	0.183	0.006	0.674	0.264	0.624
11	0.888	0.188	0.157	0.245	0.049
12	0.157	0.884	0.275	−0.244	−0.182
13	−0.475	−0.251	0.739	−0.064	−0.143
14	0.069	0.680	0.669	−0.092	−0.072
15	0.045	0.954	−0.137	0.153	−0.043
16	0.859	0.264	0.029	0.262	0.002
17	0.732	0.125	−0.018	0.441	−0.191
18	0.269	0.772	0.253	0.091	0.194

3　讨论

　　试验过程中发现，样品经粉碎、常温保存 1 周后，样品中的苍术素含量减少，这可能是样品粉末中的挥发油成分挥发所致；而样品经甲醇萃取后，于 4℃ 避光保存 3 个月，样品中的苍术素含量基本没有变化。

　　本试验采用二极管阵列检测器进行了 190～400 nm 全波长扫描。结果发现，在 270 nm 处所得的色谱峰信息较为全面，可识别的化合物种类较丰富，故选择 270 nm 作为检测波长。试验过程中先后对 0.1% 磷酸:乙腈、10% 甲醇:乙腈和 10% 甲醇:甲醇:乙腈作为流动相进行了考察，结果发现 10% 甲醇:甲醇:乙腈作为流动相时，出峰较多，峰型较好，且白术内酯 I 和苍术素的色谱峰均得到了较好的分离度。

　　本试验采用 HPLC 法建立了苍术药材的指纹图谱。结果显示，苍术指纹图谱中共标定出 18 个共有峰。通过与混合对照品指认，共鉴别出其中的 3 个共有峰，分别为白术内酯 I、(4E，6E，12E)-十四碳三烯-8，10-二炔-1，3-二乙酸酯、苍术素。

　　总之，本试验建立了苍术 HPLC 指纹图谱，对部分共有峰进行了化学成分指认，初步反映了苍术整体化学特征，检测方法简单可行，重复性、稳定性良好，同时结合聚类分析和主成分分析多方面评价苍术质量，为苍术整体质量控制提供了比较全面的评价模式。

金银花中异绿原酸 A 含量检测方法的建立

金银花为忍冬科植物忍冬（*Lonicera japonica* Thunb.）的干燥花蕾或待初开的花。通常在夏初金银花开放前对其进行采收，干燥。该植物具有清热解毒、疏散风热之疗效，用于痈肿疔疮、喉痹、丹毒、热毒血痢、风热感冒、温热发病等病证。现有研究表明，金银花中含有多种有机酸类成分且均为活性成分。异绿原酸 A 为金银花中有机酸活性成分的一种。本试验建立了一种用高效液相色谱仪检测金银花 70％甲醇提取液中异绿原酸 A 含量的方法。

1   试验材料与方法

1.1   主要仪器

主要试验仪器为高效液相色谱仪。

1.2   色谱条件

色谱柱为 Waters XSelect HSS T3 柱（150 mm×4.6 mm，5 μm）；流动相为乙腈：0.1％磷酸（20：80）；流速为 1.0 mL/min；检测波长为 330 nm；柱温为 25℃。

1.3   对照品的制备

精密称取 4.8 mg 异绿原酸 A，用 10 mL 甲醇溶解，混匀。吸取此异绿原酸 A 对照品 2 mL，置于 10 mL 容量瓶中，用甲醇定容至刻度，混匀，得到 96 μg/mL 的溶液，分别吸取 96 μg/mL 异绿原酸 A 溶液 0.5、1、1.5、2、2.5 mL，置 5 mL 容量瓶中，用甲醇定容至刻度，混匀，分别得到 9.6、19.2、28.8、38.4、48 μg/mL 的溶液，包括 96 μg/mL 的溶液在内，组成 6 个浓度的对照品溶液。

1.4   样品的制备

取金银花粉 0.2 g，精密称定，置具塞锥形瓶中，精密加入 70％甲醇 50 mL，称定，超声波处理（功率 200 W，频率 40 kHz，温度 40℃）30 min，放置冷却，再称定，用 70％甲醇补足减失的重量，摇匀，过滤，即得样品溶液。

2 试验结果

2.1 方法学考察

2.1.1 专属性测定

分别吸取异绿原酸 A 对照品和金银花 70％甲醇溶液样品各 10 μL，注入高效液相色谱仪中，结果在异绿原酸 A 色谱峰相应的位置上，样品出现相同保留时间的色谱峰（图 1）。

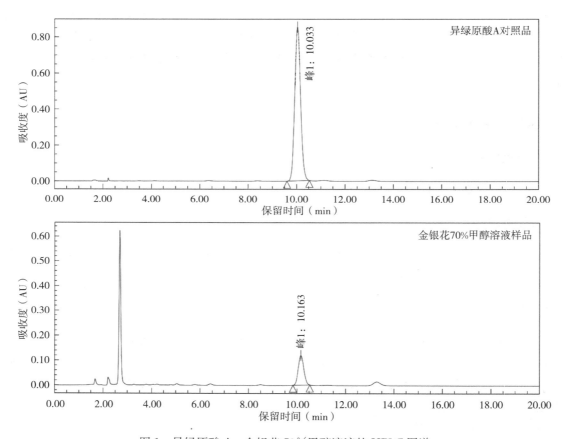

图 1　异绿原酸 A、金银花 70％甲醇溶液的 HPLC 图谱

2.1.2 线性关系考察

分别精密吸取浓度为 9.6、19.2、28.8、38.4、48、96 μg/mL 的异绿原酸 A 对照品 10 μL，注入高效液相色谱仪，用 Empower 3 软件计算出峰面积后，以异绿原酸 A 浓度（μg/mL）为横坐标，峰面积为纵坐标，得到回归方程为 $y = 30\ 919x - 14\ 075$，$R^2 = 0.999\ 3$。计算结果表明，在 9.6～96 μg/mL 范围内，峰面积与异绿原酸 A 浓度呈良好的线性关系（图 2）。

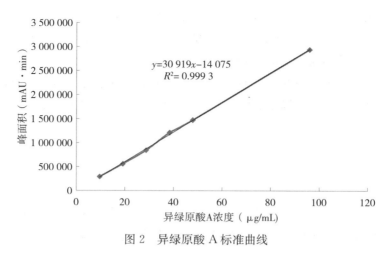

$$y=30\ 919x-14\ 075$$
$$R^2=0.999\ 3$$

图 2　异绿原酸 A 标准曲线

2.1.3　精密度测定

分别取异绿原酸 A 对照品 10 μL，进样 6 次，计算 6 次的峰面积的相对标准偏差（RSD）为 0.62%，说明仪器精密度良好。

2.1.4　重复性测定

取 6 份 10 μL 金银花 70% 甲醇溶液样品注入色谱仪，计算 6 份样品峰面积的 RSD 为 0.74%，说明 HPLC 法重复性良好。

2.1.5　稳定性测定

取样品，分别于 1、3、5、7、9、24 h 进样 10 μL，测定峰面积后，24 h 内峰面积的 RSD 为 1.36%，说明样品溶液稳定。

2.1.6　加样回收率测定

称取 1 mg 异绿原酸 A 对照品，放置于 25 mL 容量瓶中，加入甲醇定容，混匀。量取此异绿原酸 A 溶液 2.5 mL，置 5 mL 容量瓶中，加入 2.5 mL 已知异绿原酸 A 含量的样品，混匀，进行 6 个重复。进样 20 μL 注入色谱仪，计算加样回收率。计算得到 6 份样品的平均回收率为 102.07%，RSD 为 1.02%，说明加样回收率良好。

2.2　样品的测定

取 10 μL 金银花 70% 甲醇溶液，注入高效液相色谱仪，按照本文"1.2 色谱条件"进行测定，通过外标一点法计算样品中异绿原酸 A 的含量，结果样品中异绿原酸 A 含量为 33.82 μg/mL。

3　讨论

取 10 μL 金银花蒸馏水提取液样品溶液（生药含量 10 g/L），注入高效液相色谱仪，按照本文"1.2 色谱条件"进行测定，通过外标一点法计算样品中异绿原酸 A 的含量，结果样品中异绿原酸 A 含量为 13.16 μg/mL；取 10 μL 金银花 70% 甲醇提取液样品溶液（生药含量 4 g/L），注入高效液相色谱仪，按照本文"1.2 色谱条件"进行测定，通过外标一点法计算样品中异绿原酸 A 的含量，结果样品中异绿原酸 A 含量为 33.82 μg/mL，表明甲醇提取法提取率高。在金银花蒸馏水提取液中异绿原酸 A 的平均回收率为 236.55％（$n=6$），RSD＝1.63％，金银花甲醇提取液中异绿原酸 A 的平均回收率为 102.07％（$n=6$），RSD＝1.02％，说明本试验采用的蒸馏水提取液对异绿原酸 A 的回收率有干扰，而 70％甲醇提取液则没有干扰。

4　小结

本试验采用高效液相色谱法检测了金银花 70％甲醇提取液中异绿原酸 A 的含量，方法学考察证明该方法良好，可以作为金银花 70％甲醇提取液中异绿原酸 A 含量测定的方法。

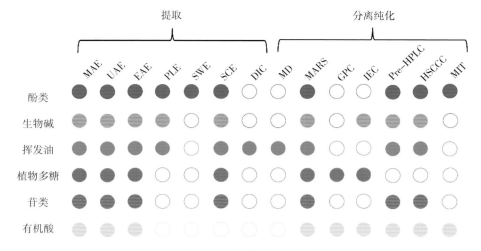

彩图 1 不同天然活性物质常用的制备工艺

注:实心圆圈表示常用方法

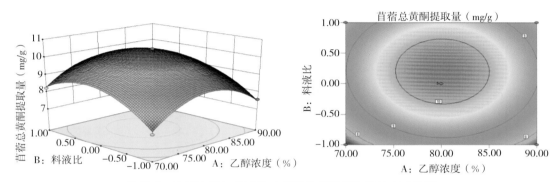

彩图 2 乙醇浓度与料液比对苜蓿总黄酮提取量的交互作用

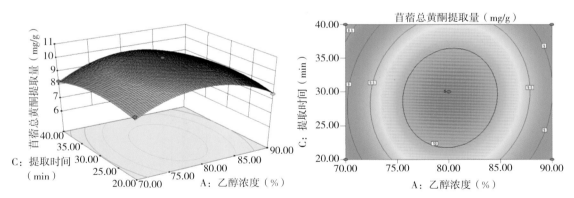

彩图 3 乙醇浓度与提取时间对苜蓿总黄酮提取量的交互作用

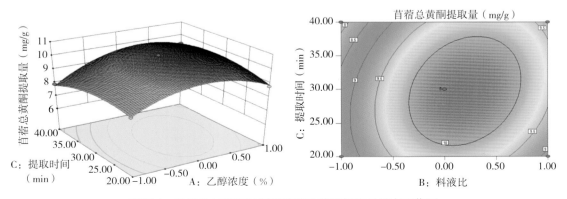

彩图 4 料液比与提取时间对苜蓿总黄酮提取量的交互作用

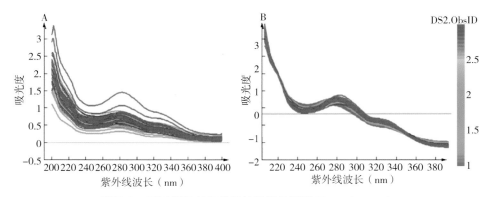

彩图 5 不同等级玄参的紫外线指纹图谱（200～400 nm）

A. 玄参样品紫外线原始指纹图谱　B. 玄参样品经平滑矫正后的紫外线指纹图谱

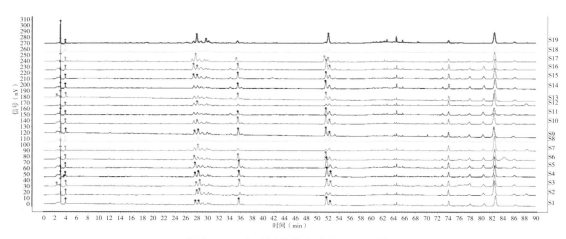

彩图 6 19 个不同苜蓿品种的 HPLC 图

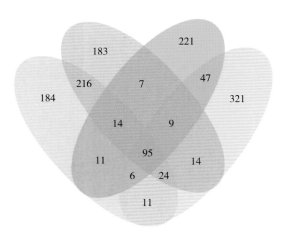

彩图 7 韦恩图示例

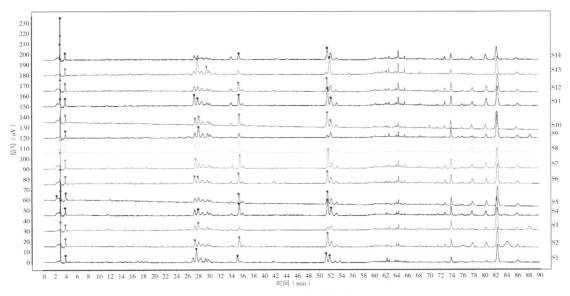

彩图 8　HPLC 指纹图谱

（资料来源：潘予琮，2022）

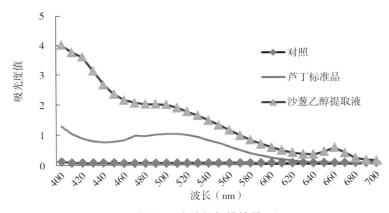

彩图 9　全波长扫描结果

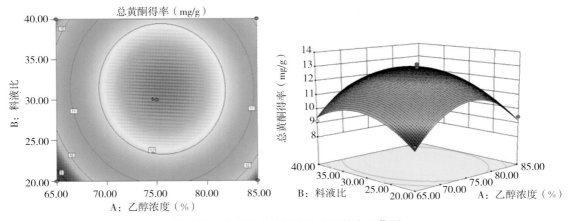

彩图 10　乙醇浓度与料液比之间的交互作用

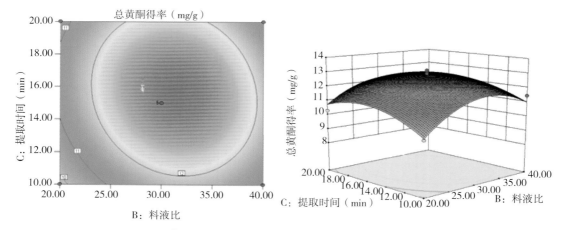

彩图 11　料液比与提取时间之间的交互作用

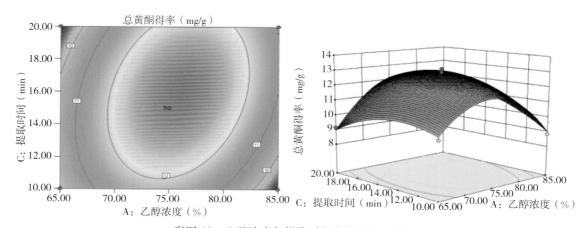

彩图 12　乙醇浓度与提取时间之间的交互作用

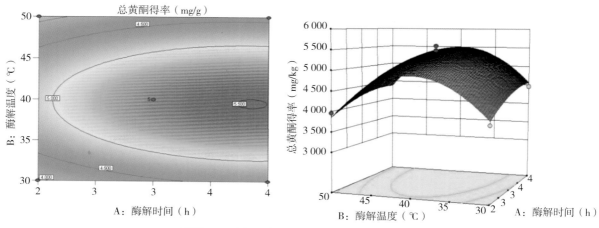

彩图 13　酶解温度和酶解时间之间的交互作用

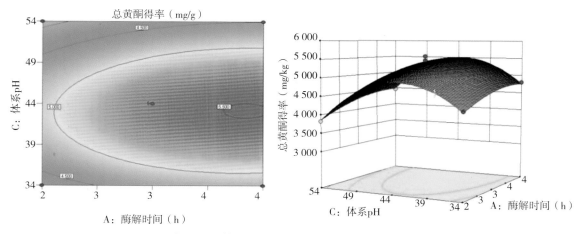

彩图 14　体系 pH 和酶解时间之间的交互作用

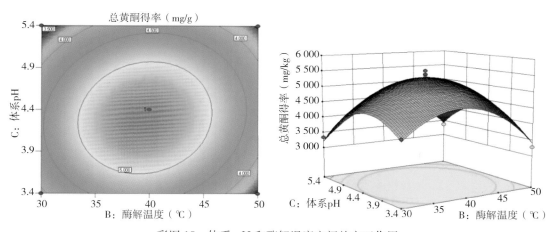

彩图 15　体系 pH 和酶解温度之间的交互作用

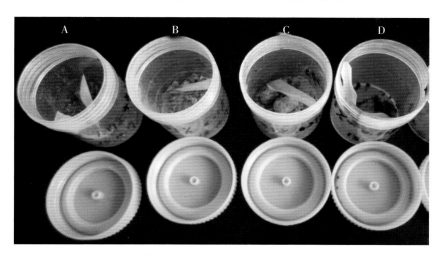

彩图 16　沙葱总黄酮各洗脱组分
A. 蒸馏水洗脱组分　B.35％乙醇洗脱组分　C.55％乙醇洗脱组分　D.75％乙醇洗脱组分

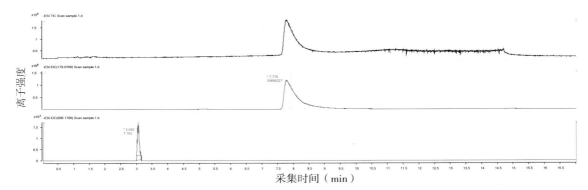

彩图 17　蒸馏水洗脱组分总离子谱(TIC)与提取离子流色谱(EIC)

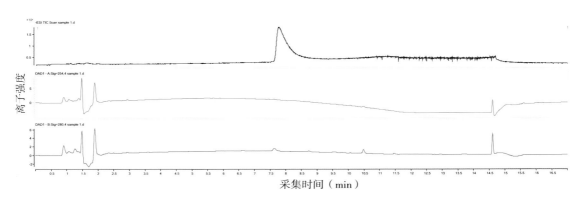

彩图 18　蒸馏水洗脱组分(TIC)谱与高效液相色谱(DAD)

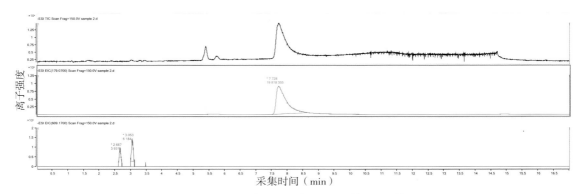

彩图 19　35％乙醇洗脱组 TIC 谱与 EIC 谱

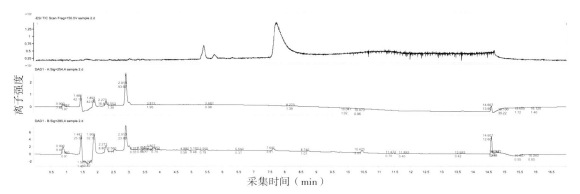

彩图 20　35％乙醇洗脱组 TIC 谱与 DAD 谱

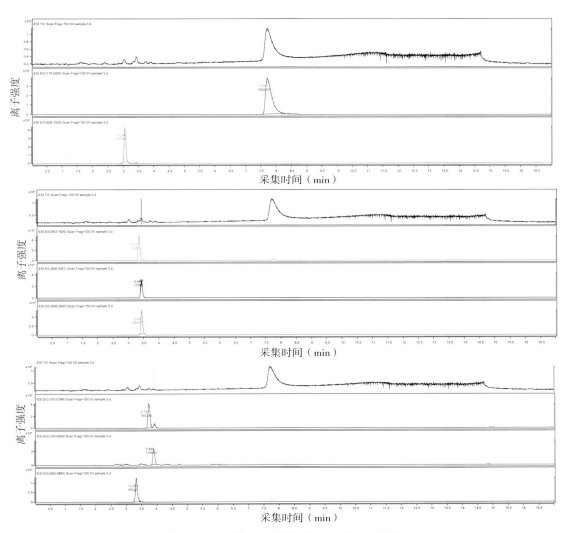

彩图 21　55％乙醇洗脱组分 TIC 谱与 EIC 谱

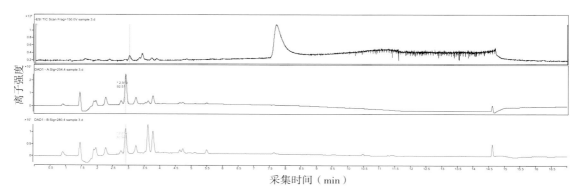

彩图 22　55％乙醇洗脱组分 TIC 谱与 DAD 谱

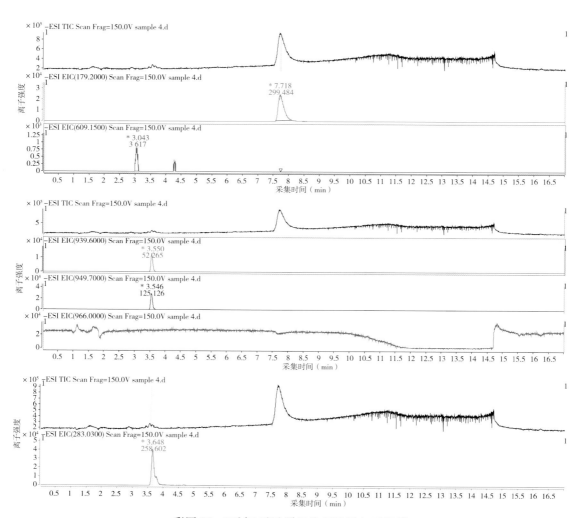

彩图 23　75％乙醇洗脱组分 TIC 谱与 EIC 谱

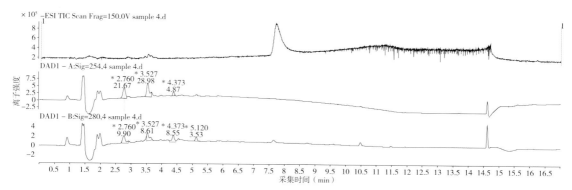

彩图 24　75％乙醇洗脱组分 TIC 谱与 DAD 谱

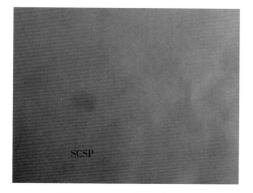

彩图 25　SCSP 的纸层析图谱

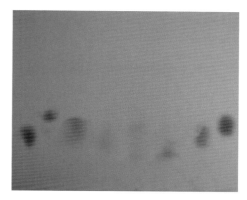

彩图 26　SCSP 薄层层析结果

彩图 27　沙葱多糖冻干图

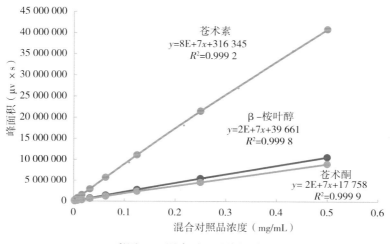

彩图 28　混合对照品线性关系

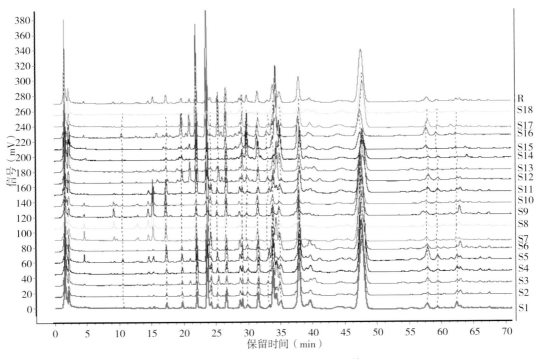

彩图 29　18 批苍术的 HPLC 图谱

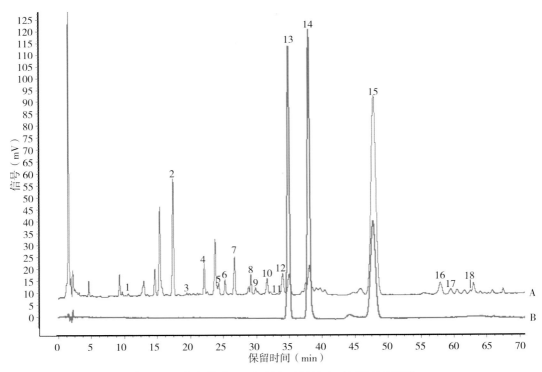

彩图 30　苍术样品(A)和混合对照品(B)的 HPLC 图谱

注:13 为白术内酯Ⅰ;14 为(4E,6E,12E)-十四碳三烯-8,10-二炔-1,3-二乙酸酯;15 为苍术素